零起点学创业系列

LINGQIDIAN XUECHUANGYE XILIE

零起点

学办 肉狗养殖场

马金友　魏刚才　主编

U0201230

化学工业出版社

·北京·

**图书在版编目（CIP）数据**

零起点学办肉狗养殖场/马金友，魏刚才主编.—北
京：化学工业出版社，2015.4（2024.10重印）
（零起点学创业系列）
ISBN 978-7-122-22988-5

Ⅰ.①零… Ⅱ.①马…②魏… Ⅲ.①肉用型-犬-
饲养管理②肉用型-犬-养殖场-经营管理 Ⅳ.①S829.2

中国版本图书馆 CIP 数据核字（2015）第 027696 号

责任编辑：邵桂林　　　　　　　　文字编辑：赵爱萍
责任校对：王　静　　　　　　　　装帧设计：刘丽华

出版发行：化学工业出版社（北京市东城区青年湖南街 13 号　邮政编码 100011）
印　　装：北京盛通数码印刷有限公司
850mm×1168mm　1/32　印张 10¼　字数 303 千字
2024 年 10 月北京第 1 版第 15 次印刷

购书咨询：010-64518888　　　　　　　售后服务：010-64518899
网　　址：http://www.cip.com.cn
凡购买本书，如有缺损质量问题，本社销售中心负责调换。

定　　价：35.00 元　　　　　　　　　版权所有　违者必究

# 本书编写人员名单

**主　　编**　马金友　魏刚才

**副 主 编**　殷玉鹏　孙　瑞　周春香

**编著人员**（按姓氏笔画排列）

马金友（河南科技学院）

孙　瑞（郑州铁路职业技术学院）

杨显辉（郑州铁路职业技术学院）

周春香（雏鹰农牧集团股份有限公司）

殷玉鹏（西北农林科技大学）

程灵均（新乡市红旗区动物疫病预防控制中心）

魏刚才（河南科技学院）

# 前 言

　　肉狗属哺乳纲、食肉目、犬属动物，适应力和抗病力强，生长发育速度快，繁殖能力强，易于饲养管理。肉狗不仅具有极大的肉用价值，而且具有极高的药用价值，全身是宝，市场潜力巨大。狗肉味道鲜美，肉质细腻，营养丰富，是高级的美容保健佳品，具有较好的市场效益。近年来，肉狗养殖深受养殖者青睐，成为人们创业致富的一个好途径。但开办肉狗养殖场不仅需要养殖技术，也需要掌握开办养殖场的有关程序和经营管理知识等。但目前市场上有关学办肉狗养殖场的书籍几乎没有，严重制约许多有志人士的创业步伐和发展速度。为此，组织有关专家编写了本书。本书注重系统性、实用性和可操作性。

　　本书全面系统地介绍了开办肉狗养殖场的技术和管理知识，具有较强的实用性、针对性和可操作性，为成功开办和办好肉狗养殖场提供技术保证。本书共分为：办场前的准备、肉狗养殖场的建设、品种引进及繁殖、肉狗的饲料营养、肉狗的饲养管理、肉狗的疾病防治和肉狗场的经营管理七章。本书不仅适宜于农村知识青年、打工返乡人员等创办肉狗养殖场者及肉狗养殖场（户）的相关技术人员和经营管理人员阅读，也可以作为大专院校和农村函授及培训班的辅助教材和参考书。

　　由于水平有限，书中可能会有疏漏之处，敬请广大读者批评指正。

编者

零起点

# 目 录

第一章　办场前的准备 ≪≪≪

第一节　肉狗养殖业的特点及办场条件 ………………………… 1
一、肉狗养殖业特点 ………………………………………… 1
二、开办肉狗养殖场的条件 ………………………………… 3
第二节　市场调查分析 …………………………………………… 5
一、市场调查的内容 ………………………………………… 5
二、市场调查方法 …………………………………………… 7
第三节　肉狗场的生产工艺 ……………………………………… 9
一、肉狗养殖场性质和规模 ………………………………… 9
二、生产工艺流程和种群结构 ……………………………… 13
三、生产指标 ………………………………………………… 14
四、饲养管理方式 …………………………………………… 15
五、狗场环境参数 …………………………………………… 15
六、建设标准 ………………………………………………… 15
七、卫生防疫制度 …………………………………………… 16
八、狗舍样式、构造的选择和设备选型 …………………… 16
九、管理定额及狗场人员组成 ……………………………… 17
十、狗舍种类、幢数和尺寸的确定 ………………………… 17
十一、粪污处理利用工艺及设备选型配套 ………………… 17
第四节　狗场的投资概算和效益预测 …………………………… 17
一、投资概算 ………………………………………………… 17
二、效益预测 ………………………………………………… 18
三、举例 ……………………………………………………… 18
第五节　办场手续和备案 ………………………………………… 20
一、项目建设申请 …………………………………………… 20
二、养殖场建设 ……………………………………………… 21

三、 动物防疫合格证办理 …………………………………… 21

四、 工商营业执照办理 ……………………………………… 22

五、 备案 ……………………………………………………… 22

## 第二章 肉狗养殖场的建设

第一节 肉狗场场址的选择和规划布局 ……………………… 23

一、 场址选择 ………………………………………………… 23

二、 规划布局 ………………………………………………… 25

第二节 肉狗舍的建筑 ………………………………………… 27

一、 肉狗舍的建筑形式 ……………………………………… 27

二、 肉狗舍的建筑要求 ……………………………………… 28

三、 肉狗舍的建筑标准 ……………………………………… 30

四、 肉狗场内的附属建筑 …………………………………… 30

第三节 肉狗场的设备用具 …………………………………… 32

一、 常用设施 ………………………………………………… 32

二、 辅助设备 ………………………………………………… 33

## 第三章 品种引进及繁育

第一节 肉狗品种介绍及引进 ………………………………… 34

一、 肉狗品种介绍 …………………………………………… 34

二、 肉狗的品种选择和引进 ………………………………… 40

第二节 肉狗的选育和利用 …………………………………… 42

一、 肉狗的选择 ……………………………………………… 42

二、 肉狗选配 ………………………………………………… 46

三、 肉狗的杂交改良 ………………………………………… 47

第三节 肉狗的繁殖 …………………………………………… 50

一、 肉狗的生殖生理 ………………………………………… 50

二、 狗的配种 ………………………………………………… 57

三、 狗的妊娠 ………………………………………………… 69

四、 狗的分娩 ………………………………………………… 71

## 第四章 肉狗的饲料营养

第一节 肉狗的营养需要 ……………………………………… 78

一、 肉狗需要的营养物质 …………………………………… 78

二、 肉狗的营养标准 …………………………………………… 88
第二节 肉狗的常用饲料 ………………………………………… 90
一、 常用饲料种类 ……………………………………………… 90
二、 常用饲料营养成分含量 …………………………………… 98
第三节 肉狗的饲料配制 ………………………………………… 102
一、 饲料配方设计方法 ………………………………………… 102
二、 参考饲料配方 ……………………………………………… 104
三、 肉狗饲料的加工和调制 …………………………………… 106

## 第五章　肉狗的饲养管理　　　　　　　　　　《《《

第一节 肉狗的生物学特征 ……………………………………… 109
一、 肉狗的生活习性 …………………………………………… 109
二、 肉狗的行为特点 …………………………………………… 113
第二节 肉狗饲养管理的原则 …………………………………… 117
一、 肉狗饲养的一般原则 ……………………………………… 118
二、 肉狗管理的一般原则 ……………………………………… 120
第三节 不同类型狗的饲养管理 ………………………………… 122
一、 种公狗的饲养管理 ………………………………………… 122
二、 种母狗的饲养管理 ………………………………………… 124
三、 仔狗的饲养管理 …………………………………………… 130
四、 商品肉狗的饲养管理 ……………………………………… 142
五、 其他肉狗的饲养管理 ……………………………………… 157
第四节 不同季节的管理 ………………………………………… 161
一、 春季管理 …………………………………………………… 161
二、 夏季管理 …………………………………………………… 162
三、 秋季管理 …………………………………………………… 164
四、 冬季管理 …………………………………………………… 164
第五节 其他管理措施 …………………………………………… 164
一、 狗的抓取 …………………………………………………… 164
二、 狗的运输 …………………………………………………… 165
三、 狗的标记 …………………………………………………… 165

## 第六章　肉狗的疾病防治　　　　　　　　　　《《《

第一节 肉狗疾病的诊疗 ………………………………………… 166

一、肉狗疾病的诊断 ……………………………………… 166
二、肉狗疾病的治疗方法 ………………………………… 184
第二节 肉狗疾病的综合防制 …………………………………… 199
一、加强饲养管理 ………………………………………… 199
二、加强隔离卫生 ………………………………………… 201
三、严格消毒 ……………………………………………… 209
四、确切免疫 ……………………………………………… 215
五、合理用药 ……………………………………………… 221
第三节 肉狗的常见病防治 ……………………………………… 230
一、病毒性传染病 ………………………………………… 230
二、细菌性传染病 ………………………………………… 241
三、寄生虫病 ……………………………………………… 248
四、营养代谢病 …………………………………………… 258
五、中毒病 ………………………………………………… 262
六、狗的其他疾病 ………………………………………… 265

## 第七章 狗场的经营管理

第一节 经营管理的概念、意义、内容及步骤 ………………… 279
一、经营管理的概念 ……………………………………… 279
二、经营管理的意义 ……………………………………… 280
三、经营管理的内容 ……………………………………… 280
第二节 经营预测和决策 ………………………………………… 281
一、经营预测 ……………………………………………… 281
二、经营决策 ……………………………………………… 281
第三节 狗场的计划管理 ………………………………………… 286
一、交配分娩计划 ………………………………………… 286
二、狗群周转计划 ………………………………………… 287
三、饲料使用计划 ………………………………………… 289
四、产品生产计划 ………………………………………… 290
五、年财务收支计划 ……………………………………… 290
第四节 生产运行过程的经营管理 ……………………………… 291
一、制订技术操作规程 …………………………………… 291
二、制订工作程序 ………………………………………… 291
三、制订综合防疫制度 …………………………………… 292
四、劳动组织 ……………………………………………… 292

五、记录管理 …………………………………………… 292

六、产品销售管理 ………………………………………… 297

第五节 经济核算 …………………………………………… 299

一、资产核算 ……………………………………………… 299

二、成本核算 ……………………………………………… 301

三、赢利核算 ……………………………………………… 304

## 附录 〈〈〈

一、常见的抗菌药物配伍结果 …………………………… 306

二、允许使用的饲料添加剂品种目录 …………………… 312

三、允许作治疗使用，但不得在动物性食品中检出
残留的兽药 ……………………………………………… 313

四、禁止使用，并在动物性食品中不得检出残留的兽药 …… 314

## 参考文献 〈〈〈

第一章

<<<<<

# 办场前的准备

**核心提示**

开办肉狗养殖的目的不仅是为市场提供优质量多的产品，更是为了获得较好的经济效益。开办肉狗场，不仅需要场地、建筑物、饲料、设备用具等生产资料，也需要饲养管理人员等，这些都需要资金的投入。所以，开办肉狗养殖场前要了解肉狗养殖业的特点及开办应具备的条件，进行市场调查和分析，确定肉狗养殖场的性质、规模、生产工艺，以便进行投资决策和资金筹措。最后申办各种手续并在有关部门备案。

## 第一节　肉狗养殖业的特点及办场条件

### 一、肉狗养殖业特点

#### （一）产品价值大

肉狗属哺乳纲、食肉目、犬属动物，不仅具有极大的肉用价值，而且具有极高的药用价值，全身都是宝，市场潜力巨大。狗肉味道鲜美，肉质细腻，营养丰富，是高级的美容保健佳品。狗肉含有丰富的蛋白质、维生素和矿物质，脂肪含量低。其蛋白质含量要高于猪肉、牛肉，且人体必需氨基酸含量丰富。矿物质中除钙、磷等常量元素以外，还含有锌、硒、锰、铁等很重要的微量元素。维生素有维生素 A（含量高达 157 毫克/100 克，牛肉只有 6 毫克/100 克，猪肉为 114 毫克/100 克）、维生素 $B_1$、维生素 $B_2$、维生素 D 等。狗肉作为美味佳肴为广大消费者所喜欢。一些大中城市宾馆、饭店、家庭也相继把狗肉搬上餐桌、宴席，受到广大食客的青睐和欢迎。

狗肉的药用价值很高，有很高的滋补价值。狗肉可提高人体的抗病能力，增强人的体质，民间素有"狗肉具有大补虚劳"之说，认为狗肉有回阳救逆、温肾壮阳、御寒止痛的功能，除可治阳痿、夜尿多、胃寒、四肢发凉等肾阳虚病症外，还可治疗老年人虚寒性慢性哮喘，以及久治不愈的疾病。各地群众都喜食狗肉，尤其冬季，视其为滋补食品。因此，狗肉药膳、狗肉制品，一直受到人们的喜爱，盛行在食品市场且百吃不厌。

狗皮进行深加工，不仅可制成裘皮大衣、狗皮褥子，是很好的御寒品，对风湿病有良好的疗效，在北方很受欢迎和喜爱，而且可制成狗皮膏药（原名"消痞狗皮膏"，中医外用药，用丁香、肉桂等药共研细末，掺入宝珍膏内并摊在狗皮上制成），具有消痞止痛的功效，主治癥瘕痞块、筋骨疼痛等症；狗骨味甘、性平、无毒，有除风祛湿、活血止痛的功效，可泡制药酒或制成注射剂，治疗风湿性关节炎、风湿病、四肢麻木等病症；烧成灰可治疮瘘及乳痈等；狗肾，包括狗的阴茎和睾丸、主含雄性激素、蛋白质和脂肪，可入药，有补肾、壮阳、益精之功效，主治阳痿、遗精、早泄、肾虚和女性崩漏带下等症；狗宝是生长在狗胃里的一种石头样的东西，主要含磷酸钙、碳酸镁、磷酸镁等，有降气开郁、消积、解毒之功能，主治胸胁胀满、噎膈反胃、痈疽疮疡等症；狗蹄含有丰富的蛋白质和胶质，有通乳、滑肌的功用，可治妇女产后无乳；鲜狗血可治猪腹胀、直泻不止等症。

（二）生长发育速度快，繁殖能力强

肉狗属已驯化的动物，具有适应能力强、易饲养、繁殖率高、产胎多、生长快等特点。在一般的饲养管理条件下，尤其是在饲料中，不加生长素和化学性质的添加剂的情况下，出生后6个月出栏，体重在25千克以上，8～10个月体重可达40千克以上。一只母狗一胎可产8只左右，一年2～3胎，可产16～24只。

（三）适应力和抗病力强

狗对环境的适应能力很强，能够在极其恶劣的环境中生存和繁衍后代。整个地球上只要有生物生存的足迹，就有狗的足迹。在北极和南极，在沼泽和沙漠，在高山和平原，在沿海和内陆都有狗的存在。如青龙狗的亲本来源于我国的西部和北部，自然环境条件比较差，夏季生长在暴风雨中，冬季生长在凛凛寒风中，这造就了它有很强的适应能力。冬季可以在我国北方-30～-40℃条件下正常生长、发育和繁殖，夏季可以在我国南方 30℃以上的气候条件下正常生长、发育和繁殖，母狗年产仔两窝，每窝 6～7 只。

狗有极强的耐受饥饿的能力，即使在一周之内没有食物，也不会发生十分衰弱的现象。狗的抗外伤性很强，在很严重的伤势下多数能活过来，并且自愈能力很强。因此，狗具有很强的抗病能力，病毒感染率低，治愈率高，死亡率低。医学外科手术将狗视为最理想的实验动物。

### （四）易于饲养

肉狗吃的是杂食，既吃五谷杂粮（如玉米面、高粱面、豆粕、菜子饼、麸皮等），又吃蔬菜（如马铃薯、白菜等）和动物下脚料（如鸡鸭肠子、猪牛血、弃肺子、肉边子等）。各地可根据当地的饲料资源，就地取材，降低饲料成本；饲料加工简单方便，既可以吃稀食、又可以吃干料，可根据各地的加工条件决定喂给哪种饲料，加工后每日喂两次，就完全能够满足肉狗生长发育的要求，所以肉狗易于饲养。

### （五）市场行情好

狗肉味道香美，肉质细腻，为高蛋白、低脂肪、低胆固醇、营养价值高的肉类食品，我国人民素有食狗肉的传统。特别是现在对鸡、鸭、鱼、猪、牛、羊肉的消费已基本得到满足的情况下，人们开始转向享用肉香味美、滋补强身、延年益寿的狗肉。目前和未来几年肉狗市场很好，前景诱人。

【提示】近年来，肉狗养殖业发展较快，肉狗的养殖数量不断增加，以狗肉、狗皮、狗毛为主的加工业迅速兴起，成为农民致富的一个新途径，这与肉狗养殖业上述生产特点有很大关系。

## 二、开办肉狗养殖场的条件

### （一）市场条件

开办肉狗养殖场的目的是为了获得较好的资金回报，获得较多的经济效益。只有通过市场才能体现其产品价值和效益高低。市场条件优越，提供产品得到市场认可，产品价格高，生产资料充足易得，同样的资金投入和管理就可以获得较高的投资回报，否则，不了解市场和市场变化趋势，市场条件差，盲目上马或扩大规模，就可能导致资金回报差，甚至亏损。

市场条件优越包括产品适销对路、销售渠道可靠，市场开发能力强，市场信息易获得等。产品符合消费者和经销者的要求，适销对路，容易实现其价值；产品有好的销售网和销售商，销售渠道畅通，可以减少投资风险和降低生产成本；市场的开发能力强，可以打开和扩大市场或潜在市场，增加和促进产品的销售；获得最多的信息（如技术信息、市场信息、价格信息等），可以不断提高养肉狗水平，找到更多的销售市场，制订销售策略和价格等，最大限度提高养肉狗效益。

（二）技术条件

投资肉狗养殖场，办好肉狗养殖场，技术是关键，必须具备一定的养殖技术及经营管理能力。如日常的饲养管理技术、繁殖技术、疾病防治技术，更重要的是根据不同的养殖项目进行管理，制订完善的饲养管理方案。否则，不能进行科学的饲养管理，不能维持良好的生产环境，不能进行有效的疾病控制，会严重影响经营效果。规模越大，对技术的依赖程度越强。小型肉狗养殖场的经营者必须掌握一定的养殖技术和知识，并且要善于学习和请教；大中型肉狗养殖场最好设置有专职的技术管理人员，负责好全面的技术工作。

（三）资金条件

肉狗养殖生产特别是专业化生产，需要场地、建筑狗舍，购买设备用具和引进种狗以及技术培训等，这都需要一定的资金。因规模大小的差异，资金的需求量也不同，所以，准备办肉狗养殖场前，要考虑自身的经济能力，有多少钱办多大事。如果考虑不周，没有充足的资金保证或良好的筹资渠道，上马后出现资金短缺，会影响肉狗养殖场的正常运转。

资金需求主要有固定资金和流动资金。固定资金包括土地租赁费、建设费、设备购置费和种狗引种费等；流动资金包括饲料费、药费、水电费、人员工资、折旧维修费以及运输、差旅等费用。新办肉狗养殖场，相当长一段时间内没有产品，没有收益，需要大量的资金投入。

# 第二节 市场调查分析

随着养殖业的不断发展，市场竞争不断加剧，开办肉狗养殖场前需要加大市场调查的力度，根据市场情况进行正确的决策，力求使生产更加符合市场要求，以获得较好的生产效益。

## 一、市场调查的内容

影响肉狗养殖业生产和效益提高的市场因素较多，都需要认真做好调查，获得第一手资料，才能进行分析、预测，最后进行正确决策，市场调查的具体内容有如下方面。

### （一）市场需求调查

**1. 市场容量调查**

市场容量调查，一是进行区域市场总容量调查。通过调查，有利于企业从整体战略上把握发展规模，是实现"以销定产"的最基本策略。应该在建场前进行调查，以市场情况确定规模和性质。二是具体批发市场销量、销售价格变化的调查。这类调查对销售实际操作作用较大，需经常进行。此调查有利于帮助企业及时发现哪些市场销量、价格发生了变化，查找原因，及时调整生产方向和销售策略。三是国际市场变化调查。肉狗的产品种类多，许多产品在国际市场占有优势，国际市场变化对我国肉狗养殖业影响较大。因此，调查国际市场，可以根据国际市场需求调整生产。同时还要了解潜在市场，为项目的决策提供依据。

**2. 适销品种调查**

肉狗的品种多种多样，有的是专用肉用型，有的是使用狼狗杂交的，有的是本地品种（笨狗）等，不同地区对产品的需求有较大差异，所以进行适销品种的调查，在宏观上对品种的选择具有参考意义，在微观上对产品结构调整，对满足不同市场需求也很有价值。

### 3. 产品要求调查

肉狗的产品种类多，消费者对各种产品的数量需求和质量要求也不同。其生产的产品有狗肉、狗皮、狗的内脏等，而且可以加工成不同的产品，消费者对产品的要求也各有不同，通过市场调查，了解消费者对产品的要求，其作用：一是在销售上可灵活调节，为不同市场需求提供不同的产品，做到适销对路；二是弄清不同市场对产品的要求，还可为深度开发潜在的市场，扩大市场空间提供依据。

### 4. 效益调查

养殖效益如何是开办肉狗养殖场人群最为关心的问题，也直接影响到以后肉狗养殖场的生产经营。肉狗养殖场性质和规模与养殖效益之间关系密切。性质不同生产的产品不同，市场价格不同，投入不同，效益也就不同。规模不同，产品数量不同，生产和销售成本不同，需要投资不同，获得的效益也就不同。通过性质、规模对养殖效益影响的调查，可以合理确定自己开办肉狗养殖场的性质和最适宜的规模，以便获得更好的经济效益。

### （二）市场供给调查

对养殖企业来说，要想获得经营效益，仅调查需求方的情况还不行，对供给方的情况也要着力调查，因为市场需要是由需求和供给两个方面组成的。

### 1. 当地区域产品供给量

对当地主要生产企业、养殖户等在下一阶段的产品预测上市量的调查有利于做好阶段性的销售计划，实现有计划的均衡销售。

### 2. 外来产品的输入量

目前信息、交通都很发达，跨区域销售的现象越来越普遍，这是一种不能人为控制的产品自然流通现象。在外来产品明显影响当地市场时，有必要对其价格、货源持续的时间等作充分的了解，作出较准确的评估，以便确定生产规模或进行生产规模的调整。

### 3. 相关替代产品的情况

肉类食品中的兔、鸡、鸭、鹅、猪、牛、羊、鱼等都会相互影响，毛皮动物之间也会有影响，有必要了解相关肉类和毛皮类产品的情况。

### （三）市场营销活动调查

#### 1. 竞争对手的调查

调查的内容包括竞争者产品的优势、竞争者所占的市场份额、竞争者的生产能力和市场计划、消费者对主要竞争者的产品的认可程度、竞争者产品的缺陷以及未在竞争产品中体现出来的消费者要求。

#### 2. 销售渠道调查

销售渠道是指商品从生产领域进入消费领域所经过的通道，肉狗产品的销售渠道有多种，如生产企业—批发商—零售商—消费者；生产企业—屠宰厂—零售商—消费者；生产企业—贸易公司—消费者等。调查掌握销售渠道，有利于企业产品的销售。

### （四）其他方面调查

如市场生产资料调查，饲料、燃料等供应情况和价格，人力资源情况等。

## 二、市场调查方法

市场调查的方法很多，有实地调查、问卷调查、抽样调查等，目前调查家禽市场多采用实地调查当中的访问法和观察法。

### （一）访问法

访问法是将所拟调查事项，当面或书面向被调查者提出询问，以获得所需资料的调查方法。访问法的特点在于整个访谈过程是调查者与被调查者相互影响、相互作用的过程，也是人际沟通的过程。在肉狗交易市场调查中经常采用个人访问。

个人访问法是指访问者通过面对面地询问和观察被访者而获得信息的方法。访问要事先设计好调查提纲或问卷，调查者可以根据问题顺序提问，也可以围绕调查问题自由交谈，在谈话中要注意做好记录，以便事后整理分析。访问对象有批发商、零售商、消费者、养肉狗户、市场管理部门等，调查的主要内容是市场销量、价格、品种比例、品种质量、货源、客户经营状况、市场状况等。

要想取得良好的效果，访问方式的选择是非常重要的，一般来讲，个人访问有三种方式。

### 1. 自由问答

指调查者与被调查者之间自由交谈，以获取所需的市场资料。自由问答方式，可以不受时间、地点、场合的限制，被调查者能不受限制地回答问题，调查者则可以根据调查内容和时机，调查进程，灵活地采取讨论、质疑等形式进行调查，对于不清楚的问题可采取讨论的方式解决。进行一般性、经常性的市场调查多采用这种方式，选择公司客户或一些相关市场人员做调查对象，自由问答，获取所需的市场信息。

### 2. 发问式调查

又称倾向性调查，指调查人员事先拟好调查提纲，面谈时按提纲进行询问。进行肉狗市场的专项调查时常用这种方法，目的性较强，有利于集中、系统地整理资料，也有利于提高效率，节省调查时间和费用。选择发问式调查，要注意选择调查对象，尽量选择与本行业有关的人员，以全面了解市场状况、行业状况。

### 3. 限定选择

又称强制性选择，类似于问卷调查，指个人访问调查时列出某些调查内容选项，让调查对象选择。此方法多适用于专项调查。

### （二）观察法

观察法是指调查者在现场对调查对象直接观察、记录，以取得市场信息的方法。观察法有自然、客观、直接、全面的特点。在调查肉狗市场中，运用观察法调查的主要内容大体上如下。

### 1. 市场经营状况观察

选择适当的时间段观察市场整体状况，包括档口的多少、大小、设置，顾客购买情况，肉狗产品库存情况，结合访问等得到的资料，初步综合判断市场经营状况等。

### 2. 产品质量、档次的观察

观察肉狗的体重、毛色，观察肉狗毛的长短、粗细以及肉狗皮的规格大小、被毛质量等，可以判断肉狗及产品的质量档次。

### 3. 顾客行为观察

通过观察顾客活动及其进出市场的客流情况，如顾客购买肉狗产品的偏好，对价格、质量的反映、评价，对品种的选择，不同时间的客流情况等，可以得出顾客的构成、行为特征，产品畅销品种，客流规律情况等市场信息。

**4. 顾客流量观察**

观察、记录市场在一定时段内进出的车辆量，购买者数量、类型，借以评定、分析该市场的销量、活跃程度等。

**5. 痕迹观察**

有时观察调查对象的痕迹比观察活动本身更能取得准确的所需资料，如通过批发商的购销记录本、市场的一些通知、文件资料等，可以掌握批发商的销量、卖价以及市场状况，收集一些难以直接获得的可靠信息。

为提高观察调查法的效果，观察人员要在观察前做好计划，观察中注意运用技巧，观察后注意及时记录整理，以取得深入、有价值的信息，做出准确的调查结论。

在实际调查中，往往将访问、观察等调查方法综合运用，我们要根据调查目的、内容具体不同而灵活运用方法，才能取得良好效果。

# 第三节　肉狗场的生产工艺

肉狗养殖场生产工艺是指肉狗养殖生产中采用的生产方式（狗群组成、周转方式、饲喂饮水方式、清粪方式和产品的采集等）和技术措施（饲养管理措施、卫生防疫制度、废弃物处理方法等）。工艺设计是开办肉狗养殖场的基础，也是以后进行生产的依据和纲领性文件。经过市场的调查，确定狗场建设，首先进行生产工艺设计，根据工艺设计进行投资估测、效益预测和投资分析，最后进行筹资、投资和建设。

## 一、肉狗养殖场性质和规模

（一）肉狗养殖场性质和规模的概念

**1. 肉狗养殖场性质**

根据生产任务和繁育体系，肉狗场分为种狗场和商品狗场。种狗场任务是进行纯繁，生产纯种狗，供应商品狗场或养狗户；商品狗场是利用纯种狗进行品种间杂交，生产大批体质健壮、生长速度快、适应性好、抗病能力强的杂交后代，以肉、皮等产品供应市场需求。

**2. 狗场规模**

狗场规模就是狗场饲养狗的多少。狗场规模表示方法一般有三种：一是以存栏繁殖母狗只数来表示；二是以年出栏商品狗只数来表示；三是以常年存栏狗的只数来表示。

我国肉狗养殖业起步较晚，规模化程度还不高，养殖规模相对较小，以小规模的养殖专业户居多。

**（二）影响肉狗养殖场性质和规模的因素**

肉狗养殖场经营方向和规模的大小，受到内外部各种主客观条件的影响，主要有如下因素。

**1. 市场需要**

市场的活狗价格、狗肉价格、狗皮价格和饲料价格等是影响肉狗养殖场性和饲养规模的主要因素。狗场生产的产品是商品，商品必须通过市场进行交换而获得价值。同样的资金，不同的经营方向和不同的市场条件获得的回报也有很大差异。确定狗场经营方向（性质），必须考虑市场需要和容量，不仅要看到当前需要，更要掌握大量的市场信息并进行细致分析，正确预测市场近期和远期的变化趋势和需要（因为现在市场价格高的产品，等到你生产出来产品时价格不一定高），然后进行正确决策，才能取得较好的效益。

市场需求量、狗产品的销售渠道和市场占有量直接关系到狗场的生产效益。如果市场对狗产品需求量大，价格体系稳定健全，销售渠道畅通，规模可以大些，反之则宜小。只有根据生产需要进行生产，才能避免生产的盲目性。

**2. 经营能力**

经营者的素质和能力直接影响到肉狗养殖场的经营管理水平，规模越大，层次越高的肉狗养殖场，对经营者的经营能力要求越高。经营者的素质高，能力强，能够根据市场需求不断进行正确决策，不断引进和消化吸收新的科学技术，合理的安排和利用各种资源，充分调动饲养管理人员的主观能动性，获得较好经济效益，可以建设较大规模或层次较高的肉狗养殖场；如果经营者的素质不高，缺乏灵活的经营头脑，饲养规模以小为宜，肉狗养殖场性质为商品场较好。

**3. 资金数量**

肉狗养殖场建设需要一定资金，层次越高，规模越大，需要的投资也越多。如种用肉狗场，基本建设投资大，引种费用高，需要的资金量要远远大于同样规模的商品肉狗养殖场；同样性质场，规模越大需要的资金量也就越多。不根据资金数量多少而盲目上层次、扩规模，结果投产后可能由于资金不足而影响生产正常进行。因此确定肉狗养殖场性质和规模要量力而行，资金拥有量大，其他条件具备的情况下，经营规模可以适当大一些。

### 4. 技术水平

现代肉狗养殖业对品种、环境、饲料、管理等方面都要求较高的技术支撑，肉狗的高密度舍内饲养和多种应激反应严重影响肉狗的健康，也给疾病控制增加了更大的难度。要保证狗群健康，发挥正常的生产性能，必须应用先进技术。

不同性质的肉狗养殖场，对技术水平要求不同。高层次肉狗养殖场要求的技术水平高，需要进行杂交制种、选育等工作，其质量和管理直接影响到下一代肉狗和商品肉狗的质量和生产表现，生产环节多，饲养管理过程复杂，对隔离、卫生和防疫要求严格，对技术水平要求高；而商品肉狗场生产环节少，饲养管理过程比较简单，相对技术水平较低。如果不考虑技术水平和技术力量，就可能影响投产后的正常生产。

不同规模的肉狗养殖场，对技术水平要求也不同。规模越大，对技术水平要求越高。不根据技术水平高低，盲目确定规模，特别是盲目上大规模，缺乏科学技术，不能进行科学的饲养管理和疾病控制，结果肉狗的生产潜力不能发挥，疾病频繁发生，不仅不能取得良好的规模效益，甚至会亏损倒闭。

### (三) 肉狗养殖场性质和规模的确定

#### 1. 肉狗养殖场性质的确定

肉狗养殖场性质不同，狗群组成不同，周转方式不同，对饲养管理和环境条件的要求不同，采取的饲养管理措施不同，狗场的设计要求和资金投入也不同。所以，建设肉狗养殖场要综合考虑社会及生产需要、技术力量和资金状况等因素来确定自己的经营方向（如果市场对种用狗需求量大，市场价格高，又有雄厚的资金和技术，可以开办种狗场；如果资金、技术力量薄弱，种狗市场需求不旺盛，最好开办商品肉狗养殖场），否则，就可能影响投资效果。

### 2. 肉狗养殖场规模的确定

肉狗养殖的最终结果是为了获取利益，饲养规模过小，生产成本较高，经济效益较差；规模过大，超出了饲养者的承受能力，养殖条件差，肉狗的生产性能低，反而经济效益也差。因此，选择什么样的养殖规模是决定饲养效益的前提和关键环节。而肉狗场规模的大小又受到资金、技术、市场需求、市场价格以及环境的影响，这就需要饲养者精于统筹规划，根据资源情况确定适度规模。适度规模的确定方法如下。

（1）对比分析法 通过调查养殖规模不等的肉狗场，了解投资状况、人员安排、生产情况以及养殖效益等，进行比较分析，得出养殖效益较好的规模。假如对多个存栏肉用种狗 5～10 组、11～30 组、31～50 组、51～100 组（每组为 1 公 4 母）的肉狗场调查发现，11～30 组规模的肉狗场产仔率高、成活率高，生产成本较低，均狗效益最好；规模增大，资金占用量大，均狗效益稍差，但总收入多。由此可知，如果资金有限，可以发展 11～30 组规模，如果资金雄厚，可以扩大养殖规模。

（2）综合评分法 此法是比较在不同经营规模条件下的劳动生产率、资金利用率、肉狗的生产率和饲料转化率等项指标，评定不同规模间经济效益和综合效益，以确定最优规模。

具体做法是先确定评定指标并进行评分，其次合理的确定各指标的权重（重要性），然后采用加权平均的方法，计算出不同规模的综合指数，获得最高指数值的经营规模即为最优规模。

（3）投入产出分析法 此法是根据动物生产中普遍存在的报酬递减规律及边际平衡原理来确定最佳规模的重要方法。也就是通过产量、成本、价格和赢利的变化关系进行分析和预测，找到盈亏平衡点，再衡量规划多大的规模才能达到多赢利的目标。

养肉狗生产成本可以分为固定成本和变动成本两种。肉狗场占地、肉狗舍笼具及附属建筑、设备设施等投入为固定成本，它与产量无关；种狗的购入成本、饲料费用、人工工资和福利、水电燃料费用、医药费、固定资产折旧费和维修费等为变动成本，与主产品产量呈某种关系。可以利用投入产出分析法求得盈亏平衡时的经营规模和计划一定盈利（或最大赢利）时的经营规模。利用成本、价格、产量之间的关系列出总成本的计算公式：

$$PQ = F + QV + PQx$$

$$Q = \frac{F}{[P(1-x)-V]}$$

式中　$F$——某种产品的固定成本；

$x$——单位销售额的税金；

$V$——单位产品的变动成本；

$P$——单位产品的价格；

$Q$——盈亏平衡时的产销量。

【例1】某肉狗场固定资产投入 30 万元，计划 10 年收回投资；每千克肉狗的变动成本为 13 元，肉狗价格为 16 元/千克，每只繁殖母狗年产 20 只仔狗，肉狗 40 千克/只出售，求盈亏平衡时的规模和赢利 10 万元的规模？

解：（1）盈亏平衡时繁殖种母狗的存栏量

因固定成本=300000.0 元÷10 年=30000.0 元/年

则盈亏平衡时出售的肉狗量=30000.00 元÷（16－13）千克/元=10000 千克

盈亏平衡时繁殖种母狗的存栏量=10000 千克÷（40×20）千克/只≈13 只

如果获得利润，繁殖种母狗存栏量必须超过 13 只（另外还存栏种公狗 3 只）。

（2）如要赢利 10 万元，需要存栏繁殖种母狗 ［（30000＋100000）元÷（16－13）元/千克］÷800 千克/只≈54 只（还存栏种公狗 13 只）

（4）成本函数法　通过建立单位产品成本与养肉狗生产经营规模变化的函数关系来确定最佳规模，单位产品成本达到最低的经营规模即为最佳规模。

## 二、生产工艺流程和种群结构

### （一）肉狗场的工艺流程

肉狗场的工艺流程见图 1-1。目前许多肉狗场还没有按照工艺流程进行周转，各个时期的种母狗都在一个圈内饲养，断奶后将幼狗移入幼狗舍进行培育或育肥。周转模式简单，不利于清洁消毒。

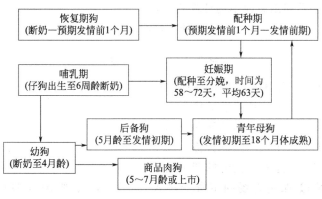

图 1-1 肉狗场的工艺流程

## （二）种群结构

种公狗：以 3～6 岁者为主，有部分青年公狗。

种母狗：青年狗占 20%～30%，3～5 岁狗占 60%～70%，优秀老龄狗占 10%。

## 三、生产指标

为了准确计算狗群结构，确定各类狗群的存栏数、狗舍及各类狗舍所需的栏位数、饲料用量和产品数量，科学制订生产计划以及落实生产责任制，必须根据肉狗的生产力水平、经营管理水平和环境设施等，正确确定生产指标（生产工艺参数）。肉狗场的生产指标见表 1-1。

表 1-1 肉狗场的生产指标

| 项 目 | 参 数 | 项 目 | 参 数 |
|---|---|---|---|
| 妊娠期/天 | 58～72（平均 63） | 繁殖周期/天 | 180 左右 |
| 哺乳期/天 | 30～40 | 母狗年产胎次/次 | 2 |
| 发情周期/月 | 5～6 | 母狗窝产仔数/只 | 8～10 |
| 断奶至受胎/月 | 3 左右 | 种狗利用年限/年 | 5～6 |
| 公母比例 | 1∶（10～15）（本交） | 肉狗出栏期/天 | 160～200 |
|  | 1∶（60～90）（人工授精） |  |  |

## 四、饲养管理方式

### 1. 饲养方式

饲养方式是指为便于饲养管理而采用的不同设备、设施（栏圈、笼具等），或每圈（栏）容纳畜的多少，或管理的不同形式。如按饲养管理设备和设施的不同，可分为笼养、缝隙地板饲养、板条地面饲养或地面平养；按每圈（栏）饲养的头（只）数多少，可分为群养和单个饲养。饲养方式的确定，需考虑畜禽种类、投资能力和技术水平、劳动生产率、防疫卫生、当地气候和环境条件、饲养习惯等。肉狗养殖多采用地面圈养。

### 2. 饲喂方式

饲喂方式是指不同的投料方式或饲喂设备（例采用链环式料槽等机械喂饲）或不同方式的人工喂饲，或采用有槽喂饲、料箱和无槽饲喂等。采用何种喂饲方式应根据投资能力、机械化程度等因素确定。目前肉狗养殖多采用人工喂饲。

### 3. 饮水方式

饮水方式分水槽饮水和各种饮水器（杯式、鸭嘴式）自动饮水。水槽饮水不卫生，劳动量大；饮水器自动饮水清洁卫生，劳动效率高。

### 4. 清粪方式

清粪方式有机械清粪和人工清粪。狗场由于采用地面圈养，所以清粪方式是以人工清粪为主。可以结合漏缝地板和训练肉狗定点排粪实现机械清粪。

## 五、狗场环境参数

狗场环境参数和标准包括温度、湿度、通风量和气流速度、光照强度和时间、有害气体浓度、空气含尘量和微生物含量等，为建筑热工、供暖降温、通风排污和排湿、光照等设计提供依据。

## 六、建设标准

狗场建设和狗舍建筑标准包括狗场占地面积、场址选择、建筑物布局、圈舍面积、采食宽度、通道宽度、门窗尺寸、狗舍高度等，这些数据不仅是狗场建筑设计和技术设计的依据，也决定着狗场占地面积、狗舍建筑面积和土建投资多少。狗舍参考面积见表1-2。

表1-2　狗舍参考面积

| 类　型 | 标准 |
|---|---|
| 一般狗舍/（米²/圈） | 8～12 |
| 种公狗单圈/（米²/圈） | 4～4.5 |
| 妊娠后期种母狗单圈/（米²/圈） | 3.5～4 |
| 妊娠前期、空怀母狗合群圈养/（米²/条） | 2 |
| 青年狗合群圈养/（米²/条） | 1.5 |
| 幼狗、断奶狗合群饲养/（米²/条） | 1 |
| 哺乳母狗单圈饲养/（米²/条） | 4.5 |
| 育肥狗合群圈养/（米²/条） | 1.5～2 |

## 七、卫生防疫制度

疫病是肉狗生产的最大威胁，积极有效的对策是贯彻"预防为主，防重于治"的方针，严格执行国务院发布的《家畜家禽防疫条例》和农业部制定的《家畜家禽防疫条例实施细则》。工艺设计应据此制订出严格的卫生防疫制度。此外，狗场还须从场址选择、场地规划、建筑物布局、绿化、生产工艺、环境管理、粪污处理利用等方面注重设计并详加说明，全面加强卫生防疫，在建筑设计图中详尽绘出与卫生防疫有关的设施和设备，如消毒更衣淋浴室、隔离舍、装车卸车台等。

## 八、狗舍样式、构造的选择和设备选型

狗舍样式、构造的选择，主要考虑当地气候和场地地方性小气候、狗场性质和规模、狗的种类以及对环境的不同要求、当地的建筑习惯和常用建材、投资能力等。

狗舍设备包括饲养设备（栏圈、笼具、网床、地板等）、饲喂及饮水设备、清粪设备、通风设备、供暖和降温设备、照明设备等。设备的选型须根据工艺设计确定的饲养管理方式（饲养、饲喂、饮水、清粪等方式）、狗对环境的要求、舍内环境调控方式（通风、供暖、降温、照明等方式）、设备厂家提供的有关参数和价格等进行选择，

必要时应对设备进行实际考察。各种设备选型配套确定之后，还应分别算出全场的设备投资及电力和燃煤等的消耗量。

### 九、管理定额及狗场人员组成

管理定额的确定主要取决于狗场性质和规模、不同畜群的要求、饲养管理方式、生产过程的集约化及机械化程度、生产人员的技术水平和工作熟练程度等。管理定额应明确规定工作内容和职责，以及工作的数量（如饲养狗的只数、狗应达到的生产力水平、死淘率、饲料消耗量等）和质量（如狗舍环境管理和卫生情况等）。管理定额是狗场实施岗位责任制和定额管理的依据，也是狗场设计的参数。由于影响管理定额的因素较多，而且其本身也并非严格固定的数值，故实践中需酌情确定并在执行中进行调整。

### 十、狗舍种类、幢数和尺寸的确定

在完成了上述工艺设计步骤后，可根据狗群组成、占栏天数和劳动定额，计算出各狗群所需栏圈数、各类狗舍的幢数；然后可按确定的饲养管理方式、设备选型、狗场建设标准和拟建场的场地尺寸，徒手绘出各种狗舍的平面简图，从而初步确定每幢狗舍的内部布置和尺寸；最后可按狗舍间的功能关系、气象条件和场地情况，作出全场总体布局方案。

### 十一、粪污处理利用工艺及设备选型配套

根据当地自然、社会和经济条件及无害化处理和资源化利用的原则，与环保工程技术人员共同研究确定粪污利用的方式和选择相应的排放标准，并据此提出粪污处理利用工艺，继而进行处理单元的设计和设备的选型配套。

## 第四节　狗场的投资概算和效益预测

### 一、投资概算

投资概算反映了项目的可行性，同时有利于资金的筹措和准备。

（一）投资概算的范围

投资概算可分为三部分：固定投资、流动资金、不可预见费用。

**1. 固定投资**

包括建筑工程的一切费用（设计费用、建筑费用、改造费用等）、购置设备发生的一切费用（设备费、运输费、安装费等）。

在狗场占地面积、狗舍及附属建筑种类和面积、狗的饲养管理和环境调控设备以及饲料、运输、供水、供暖、粪污处理利用设备的选型配套确定之后，可根据当地的土地、土建和设备价格，粗略估算固定资产投资额。

**2. 流动资金**

包括饲料、药品、水电、燃料、人工费等各种费用，并要求按生产周期计算铺底流动资金（产品产出前）。根据狗场规模、狗的购置、人员组成及工资定额、饲料和能源及价格，可以粗略估算流动资金额。

**3. 不可预见费用**

主要考虑建筑材料、生产原料的涨价，其次是其他变故损失。

（二）计算方法

狗场总投资＝固定资产投资＋产出产品前所需要的流动资金＋不可预见费用。

## 二、效益预测

按照调查和估算的土建、设备投资以及引种费、饲料费、医药费、工资、管理费、其他生产开支、税金和固定资产折旧费，可估算出生产成本，并按本场产品销售量和售价，进行预期效益核算。

有静态分析法和动态分析法两种。一般常用静态分析法，就是用静态指标进行计算分析，主要指标公式如下。

投资利润率＝年利润/投资总额×100％

投资回收期＝投资总额/平均年收入

投资收益率＝（收入－经营费－税金）/总投资×100％

## 三、举例

【例2】年出栏500只肉狗的肉狗场投资概算和效益分析。

**1. 投资估算**

（1）固定资产投资　390000.00元

① 狗场建筑投资　900米²（其中狗舍面积750米²，附属用房150米²）×400元/米²＝360000.00元

② 设备购置费　栏具、风机、采暖、光照、饲料加工等设备30000.00元

（2）土地租赁费　3亩×1500元/（亩·年）＝4500.00元

（3）种狗购置费　25只种母狗（种公狗按照种母狗搭配）×1200只＝30000.00元（包括种狗购置费）。

（4）流动资金　74415.00元

种母狗的饲料费用　25只×0.75千克×2.50元×280天＝13125.00元

种公狗饲料费用　6只×1.2千克×2.50元×280天＝5040.00元

育肥狗饲料费用　250只×0.5千克×2.50元×180天＝56250.00元

总投资＝498915.00元

**2. 效益预测**

（1）总收入　出售肉狗收入500只×40千克/只×18元/千克＝360000.00元

（2）总成本

① 狗舍和设备折旧费　狗舍利用10年，年折旧费39000.00元；设备利用5年，年折旧费6000.00元

② 年土地租赁费　4500.00元

③ 种狗摊销费　种狗利用年限5年，每年摊销费用6000.00元

④ 饲料费用　136179.375元

种母狗的饲料费用　25只×0.75千克×2.50元×365天＝17109.375元

种公狗的饲料费用　6只（加上青年公狗）×1.2千克×2.50元×365天＝6570.00元

育肥狗饲料费用　500只×0.5千克×2.50元×180天＝112500.00元

⑤ 人工费　3人×30000元/（人·年）＝90000元

⑥ 水电费、杂费等　10000.00元

合计：291679.375元

（3）年收入　年收益＝总收入－总成本＝360000.00 元－291679.375 元＝68320.625 元

（4）资金回收年限　资金回收年限＝498915.00÷68320.625≈7.30

（5）投资利润率　投资利润率＝年利润÷总投资×100％＝68320.625÷498915.00×100％≈13.95％

# 第五节　办场手续和备案

规模化养殖不同于传统的庭院养殖，养殖数量多，占地面积大，产品产量和废弃物排放多，必须要有合适的场地，最好进行登记注册，这样可以享受国家的有关养殖优惠政策和资金扶持。登记注册需要一套手续，并在有关部门备案。

## 一、项目建设申请

### （一）用地申批

近年来，传统农业向现代农业转变，农业生产经营规模不断扩大，农业设施不断增加，对于设施农用地的需求越发强烈（设施农用地是指直接用于经营性养殖的畜禽舍、工厂化作物栽培或水产养殖的生产设施用地及其相应附属设施用地，农村宅基地以外的晾晒场等农业设施用地）。

《国土资源部、农业部关于完善设施农用地管理有关问题的通知》（国土资发〔2010〕155 号）对设施农用地的管理和使用作出了明确规定，将设施农用地具体分为生产设施用地和附属设施用地，认为它们直接用于或者服务于农业生产，其性质不同于非农业建设项目用地，依据《土地利用现状分类》（GB/T 21010—2007），按农用地进行管理。因此，对于兴建养殖场等农业设施占用农用地的，不需办理农用地转用审批手续，但要求规模化畜禽养殖的附属设施用地规模原则上控制在项目用地规模 7％以内（其中，规模化养牛、养羊的附属设施用地规模比例控制在 10％以内），最多不超过 15 亩。养殖场等农业设施的申报与审核用地按以下程序和要求办理。

### 1. 经营者申请

设施农业经营者应拟定设施建设方案，方案内容包括项目名称、建设地点、用地面积，拟建设施类型、数量、标准和用地规模等；并与有关农村集体经济组织协商土地使用年限、土地用途、补充耕地、土地复垦、交还和违约责任等有关土地使用条件。协商一致后，双方签订用地协议。经营者持设施建设方案、用地协议向乡镇政府提出用地申请。

**2. 乡镇申报**

乡镇政府依据设施农用地管理的有关规定，对经营者提交的设施建设方案、用地协议等进行审查。符合要求的，乡镇政府应及时将有关材料呈报县级政府审核；不符合要求的，乡镇政府及时通知经营者，并说明理由。涉及土地承包经营权流转的，经营者应依法先行与农村集体经济组织和承包农户签订土地承包经营权流转合同。

**3. 县级审核**

县级政府组织农业部门和国土资源部门进行审核。农业部门重点就设施建设的必要性与可行性，承包土地用途调整的必要性与合理性，以及经营者农业经营能力和流转合同进行审核，国土资源部门依据农业部门审核意见，重点审核设施用地的合理性、合规性以及用地协议，涉及补充耕地的，要审核经营者落实补充耕地情况，做到先补后占。符合规定要求的，由县级政府批复同意。

（二）环保审批

由本人向项目拟建所在乡镇提出申请并选定养殖场拟建地点，报县环保局申请办理环保手续（出具环境评估报告）。

【注意】环保审批需要附项目的可行性报告，与工艺设计相似，但应包含建场地点和废弃物处理工艺等内容。

## 二、养殖场建设

按照县国土资源局、环保局、县发改局、县经信局批复进行项目建设。开工建设前向县农业局或畜牧局申领"动物防疫合格证申请表"、"动物饲养场、养殖小区动物防疫条件审核表"，按照审核表内容要求施工建设。

## 三、动物防疫合格证办理

养殖场修建完工后，向县农业局或畜牧局申请验收，县农业局派专人按照审核表内容到现场逐项审核验收，验收合格后办理动物防疫合格证。

## 四、工商营业执照办理

凭动物防疫合格证到当地工商局按相关要求办理工商营业执照。

## 五、备案

养殖场建成后需到当地畜牧部门进行备案。

第二章

<<<<<

# 肉狗养殖场的建设

**核心提示**

　　肉狗养殖场建设的目的是为肉狗创造一个适宜的环境条件，促进生产性能的充分发挥。肉狗养殖场舍的建筑应本着投资少、用料省、少占地、利用率高、经济适用、无污染的原则，又有利于生产和防疫。按照工艺设计要求，选择一个隔离条件好、交通运输便利、地势高燥、水源条件好的场址，合理进行分区规划和布局，加强狗舍的保温隔热、通风换气和采光设计，配备完善的设施设备等是创造适宜环境条件的基础。

## 第一节　肉狗场场址的选择和规划布局

### 一、场址选择

　　选择场址，是肉狗场设计的一个重要组成部分。肉狗养殖场的规划与布局十分重要，它不同于散养狗，重要的是将狗限制在特定的环境内，不准自由活动。要求场址的选择必须适合肉狗生理特点和生活习性，同时也要因地制宜，厉行节约，经济适用，还要考虑交通方便，有利于人员管理等综合因素。选场址时要符合科学要求和客观规律。为了降低成本和节约土地，场址可选择地面上无任何建筑物的空地或旧的厂房。选择场址要考虑如下条件。

　　（一）地势

　　狗场应建在地势高燥、向阳背风、通风和排水条件良好的地方。

平原地区要选择地势较高或地势稍向东南倾斜的地方；山区要选在阳坡的上段，要注意避开风口和终年云雾缭绕处。所选场地应在下雨或雪融后不积水，场舍内不泥泞，易干燥，有比较充足的阳光照射，冬季能避免寒风的侵害，为狗的正常生活创造一个良好舒适的环境。

（二）土壤

场地土壤与肉狗有着紧密的联系，不良的土质对狗体的健康和狗舍建筑物都会产生有害影响。场地土壤的土质要坚实、渗水性好，土壤洁净。绝对不能在发生过狗恶性传染病的地区建设狗场。场地最好是沙质壤土，透水性好，能保持干燥，导热性小，有良好的保温性能，可为肉狗提供良好的生活条件。沙质壤土的颗粒比较大，渗水性强，饱和差，因此，在结冻时不会膨胀，能满足建筑场地的要求，而黄土、壤土则不行，渗水性很差，含水量多，容易潮湿和雨后泥泞，影响狗场的卫生和生产。

（三）水源

水对肉狗养殖十分重要。狗场场地的水源必须符合如下条件：一是要保证水量充足，能满足使用；二是水良好，要经化学分析检验，水质符合国家制定的人畜用水质量标准；三是便于取用和保护。所以，在对待水源上一定要慎重，尤其在山区建场对场地的水源要有充分的把握，应该先探水源后建场，不可不顾水源状况盲目建场。对于水源，对于水面狭窄的塘湾死水，旱井苦水，由于微生物、寄生虫较多，而且水中富含杂质污染严重，不能做狗场水源使用。水源质量标准见表 2-1。

（四）位置

场地位置关系到狗场的隔离卫生和环境污染。场地应远离村庄和居民区，距离保持在 3000～500 米，并位于其下风向和饮水水源的下游，不应建在化工厂、农药厂、造纸厂、制革厂、罐头厂和屠宰场等容易造成环境污染行业的下风处或附近；远距沼泽地区，因为沼泽地区是外寄生虫和蚊蝇集聚的场所；距主要交通要道在 300 米左右，以防传染病的发生。肉狗听觉敏感，生性好动。如有噪声干扰或经常有噪声干扰，会影响其正常休息和睡眠，使狗产生应激反应，影响肉狗的正常生长发育。另外，要注意饲料来源方便，尤其是动物性饲料的

表 2-1 水源质量标准

| 指 标 | 项 目 | 标 准 |
|---|---|---|
| 感官性状及一般化学指标 | 色度/(°) | ≤30 |
| | 混浊度/(°) | ≤20 |
| | 臭和味 | 不得有异臭异味 |
| | 肉眼可见物 | 不得含有 |
| | 总硬度(以 $CaCO_2$ 计)/(毫克/升) | ≤1500 |
| | pH 值 | 5.0~5.9 |
| | 溶解性总固体/(毫克/升) | ≤1000 |
| | 氯化物(以 $Cl^-$ 计)/(毫克/升) | ≤1000 |
| | 硫酸盐(以 $SO_4^{2-}$ 计)/(毫克/升) | ≤500 |
| 细菌学指标 | 总大肠杆菌群数/(个/100 毫升) | 成畜≤10;幼畜和禽≤1 |
| 毒理学指标 | 氟化物(以 $F^-$ 计)/(毫克/升) | ≤2.0 |
| | 氰化物/(毫克/升) | ≤0.2 |
| | 总砷/(毫克/升) | ≤0.2 |
| | 总汞/(毫克/升) | ≤0.01 |
| | 铅/(毫克/升) | ≤0.1 |
| | 铬(六价)/(毫克/升) | ≤0.1 |
| | 镉/(毫克/升) | ≤0.05 |
| | 硝酸盐(以 N 计)/(毫克/升) | ≤30 |

来源,不能离得太远。

（五）供电充足

狗场选址应选在供电比较充足的地方,以利养狗综合加工业的开展。

## 二、规划布局

肉狗饲养场,特别是大型饲养场的各种建筑布局必须合理,不然会影响科学饲养制度和防疫措施的贯彻实施,甚至影响以后发展。肉狗饲养场必须从人畜安全和健康角度出发,考虑地势和主导风向来进行分区规划,见图 2-1。

（一）生产区

生产区是养狗场的核心,是狗场中进行生产活动的地区。其中包括种狗、仔狗和肉用狗饲养区,配种室,饲料调制间,料库,粪场

图 2-1　肉狗场的布局模式图

等。生产区条件的好坏直接影响到养狗场的经济效益。因此，生产区应设置在地势高燥、通风、排水良好、不受各种干扰的地方，场内要有足够的面积，以保证必要的防疫间距。生产区内和各种设施主要是为生产服务，要有利于提高生产效率。

## （二）行政管理区

行政管理区是养狗场经营管理部门所在地。由于这些机构是养狗场后勤部门，与外界联系较多，为便于管理和防疫，必须与生产区隔

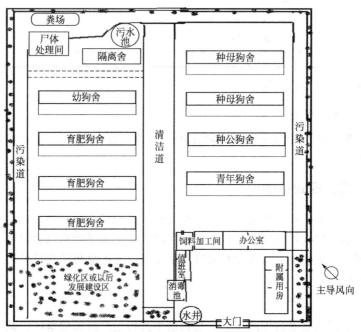

图 2-2　肉狗场的总体布局

开。行政管理区应建在狗场地势较高地段的上风口，防止狗场对管理区的污染。

（三）隔离区

隔离区包括隔离狗舍、病狗舍、兽医室。隔离狗舍是对饲养生产区的狗及外购狗进行饲养观察、防疫检疫的场所；病狗舍是养患病狗的场所；兽医室是场内防疫、治病的场所。这些建筑应建在狗场的下风处和地势最低的地方，与生产区狗舍距离至少50米，并在四周设隔离带，防止疫病传播。隔离舍与病狗舍、兽医室相互隔离，并有一定距离，兽医室应配备完备的废物无公害处理设施。肉狗场的总体布局见图2-2。

# 第二节　肉狗舍的建筑

狗舍的建筑要掌握因地制宜、经济实用的原则，既要坚固耐用，又要符合狗的生活习性和卫生条件。狗舍最好是砖、瓦、水泥结构，应有防雨、防潮、防风、防寒、防暑的基本设施。

## 一、肉狗舍的建筑形式

狗舍建筑的基本原则是狗舍面积的大小、围栏的高低、狗舍高度、活动场所的面积等要求合适，保证狗能自由活动，同时要适合饲养管理人员的工作需要，在经济投入上要坚持建筑物坚实耐用、美观大方、造价低廉，且要适合当地气候特点。狗的年龄不同、用途不同，狗舍面积的大小也不同，要适合不同类型狗群的需要。

（一）狗舍建筑形式

狗舍建筑形式繁多，归纳起来有单列式和双列式两种。一般经常使用的多为平养狗舍，只有在土地十分紧张的情况下才建筑多层楼房式狗舍。

### 1. 单列式狗舍

单列式狗舍是常用的平养狗舍（图2-3）。建筑包括走道、狗食宿地方和活动场所三部分。活动场所一般建在狗舍外面，紧接狗舍。狗舍内建若干个小的圈舍（也就是狗的吃食、饮水和休息的地方），圈舍内设食槽、饮水槽。根据狗舍的不同使用性质，增设必要的设备，如繁殖母狗需增设护仔栏、狗床等。舍内建筑将走道设在光照不好的一边，圈舍在光照好的一边，这种狗舍，适用于各种不同年龄狗的养殖。

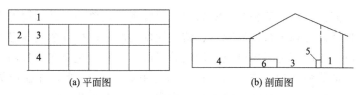

(a) 平面图　　　　　　　　　(b) 剖面图

图 2-3　单列式狗舍平面和剖面图

1—走道；2—工作间；3—狗舍；4—运动场；5—食槽、水槽；6—狗窝

### 2. 双列式狗舍

双列式狗舍是一种比较经济的平养狗舍（图2-4）。将走道设在狗舍中间，走道两边建筑圈舍，这种狗舍的缺点是有一侧日光照射不充分，空气流通不如单列式狗舍。这种圈舍多用在短期养殖观察、试验快速育肥和待出售的狗。

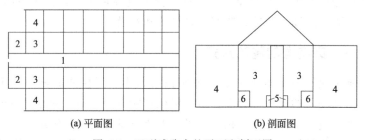

(a) 平面图　　　　　　　　　(b) 剖面图

图 2-4　双列式狗舍的平面和剖面图

1—走道；2—工作间；3—狗舍；4—运动场；5—食槽、水槽；6—狗窝

### （二）产房建筑

产房是怀孕母狗分娩产仔的地方。建筑要比成年狗舍高一些，炎热季节要能防暑降温，严冬季节能去寒保暖，使用面积和运动场地要大一些。地面要防滑。

## 二、肉狗舍的建筑要求

### （一）狗舍的类型和内部结构

种公狗、妊娠期至哺乳期母狗以及病狗单圈饲养；其余小群圈养，每圈收容空怀狗或后备狗 3～4 只，或同性别肥育狗 5～6 只，幼狗可多些。

狗舍的两头有门。临清洁道一端设值班室。舍内北侧为宽 1.5 米人行道，南侧分隔成 2 米×2.5 米大小的小圈。邻圈之间砌一道与檐等高的墙，以减少干扰、防止蹿圈和圈间粪尿互流。人行道侧一般用铁丝网相隔，但产仔舍仍用实墙。在前墙一角自地面向上开一高 45 厘米、宽 30 厘米的狗出入口并安装闸门。

### （二）狗舍的采光和通风

日光和空气是保持狗舍卫生的重要条件，是狗生命所必需的，如果缺少光照，体内合成维生素就会受到干扰，易患骨软症和皮肤病。如果狗舍内空气不新鲜，二氧化碳、氨气、硫化氢等含量增高，可影响狗的生长发育，轻则刺激皮肤、黏膜，降低其抵抗力，重则可使狗发生二氧化碳或氨气、硫化氢等气体中毒。因此，狗舍要保证光照和通风良好。

狗舍要安装采光窗，采光窗的面积为狗舍面积的 1/8～1/5 为宜，通过窗户的开闭，调整狗舍内的空气，保持空气新鲜，并做到冬暖夏凉。一般安装玻璃窗，夏季既可通风、防蚊蝇，冬天又可保暖。狗舍的自然换气要充分，也可安装特殊的人工换气装置。

我国狗舍的标准走向为稍偏东北或西南的东西向，以利于采光、夏季防暑、冬季防西北风。

### （三）狗舍防潮

狗有厌恶潮湿的习性，所以狗舍内要有防湿与排水设备。狗舍过于潮湿，狗易感染皮肤病和寄生虫病，潮湿的空气可使狗无力、气喘、易患传染病。狗舍内空气的相对湿度以 50%～60% 为好，狗床应高于地面 20～30 厘米，狗舍内要有排水沟，并保持畅通。

### （四）狗舍的保温和防暑

高温和低温对狗的健康不利。高温可使狗发生中暑，影响食欲和生长；低温可使狗患呼吸器官疾病和某些传染病。为了防止高温、低温对狗的不良影响，夏天要注意狗舍的通风、遮阳，可在狗舍周围种植树木，防止太阳直射；冬天注意防寒，防止穿堂风及贼风的侵袭，在狗床加厚垫草或草袋，门窗处加盖防风帘。最好是在狗床上设置睡觉暖箱，尤其是在北方的冬季，特别注意保温与通风的矛盾，使狗舍的温度保持在冬季 13～15℃，夏季 21～24℃。

### （五）狗舍的间距

狗舍之间的距离不仅影响采光、通风，也影响到狗场的卫生和防火。狗场内各建筑物之间的距离应符合防火要求、光照通风的要求和卫生要求，保持适宜的距离。建筑场地防火距离为 10～12 米，同类狗舍之间的建筑距离在 15 米以上，不同类型狗舍之间的建筑距离为 30 米以上。建筑狗舍要根据不同类型决定有关距离。

### （六）运动场

设在圈舍外，应有遮阳措施。种狗舍和幼狗舍的运动场大小为 5 米×2.5 米，肉狗舍和隔离舍的南北长 2 米即可。地面要求与舍内相同，并略向粪尿沟倾斜。南面可用钢筋栅栏。相邻运动场间设置高约 2 米的网墙，其下部的砖砌防护墙高 60 厘米，墙上固定铁丝网。不宜用间距较大的钢筋栅栏，以免邻圈的狗隔栏咬架或蹿圈时挂伤。

### （七）粪尿沟和沉淀池

在运动场靠近舍墙一侧修筑半封闭式粪尿沟，沟顶盖水泥板，板下南北两侧各垫高 3～5 厘米，使舍内和运动场上所排的污水都能流入沟内。沟底应有一定坡度，便于污水通畅地流往下风向的沉淀池。

## 三、肉狗舍的建筑标准

**1. 狗舍面积**

见表 1-2。

**2. 料槽、水槽规格**

青年狗的固定食槽，宽度是上口净宽 15 厘米，下口宽 10 厘米；槽位长（每条狗）25 厘米，深 8～10 厘米；水槽，一般用能活动的器具。因为水槽容易污染，活动水槽清刷方便，如修固定水槽也可，它的上口宽度、高度较固定食槽减低一些即可。

## 四、肉狗场内的附属建筑

**1. 狗的活动场所**

是连接于狗舍外边的部分，是供狗活动和排便的场所。活动场所外围可以用砖砌，也可用铁丝网制成，活动场所一般是露天的。砖墙的实用性强，四周高度 1.5 米以上，地面或夏季十分炎热的地区，可以架设顶棚防暑。活动场所面积一般为 6～8 米$^2$，保证狗有足够的空间和充分活动。场所要有部分遮光和避雨的功能。

**2. 病狗舍**

病狗舍是关养病狗的房间。建筑在场区内下风处的最后边。建筑要求：质量较高，冬暖夏凉，地面良好，以利保持卫生。有条件的狗场，还可建筑观察狗舍，它有别于病狗舍，是饲养检疫期间（从外边购进的）的狗或尚未确定用途的狗的饲养地方。

**3. 排污沟**

排污沟指在圈舍和活动场所的粪便清除运走之后，用清水冲刷地面后污水的排放渠道。一般用混凝土做成，表面要求平展，根据排放量大小，沟的深度和宽度要适中，沟底面要有一定坡度，以保证排污流畅。排污沟有主沟和支沟。支沟开口于活动场所平面上，接收活动场所排污水。

**4. 消毒室**（包括兽医卫生室）

消毒室（包括兽医卫生室）是专门用于饲养员和有关工作人员消毒的房子。以上人员进入生产区之前，必须在这里经过一度的消毒措施，包括洗手、全身紫外线照射、换工作衣和换鞋等。兽医卫生室一般紧接消毒室。

**5. 消毒池**

消毒池是狗场防疫灭病设施。分区分段设立，以隔绝传染源。生产区及各列狗舍的出入口处均设消毒池。所有进入人员或车辆，必须经过消毒池药液消毒后方可进入生产区或狗舍。为了方便定期更换消毒池内的药物废水，池子底面上取一个边沿外开口，通入消毒池的地漏里。用来消毒车辆的消毒池，其宽度要大于车辆的宽度，保证车轮在消毒池中滚动一圈，以达到消毒目的。消毒药水深度 15 厘米左右即可。每列狗舍门口也设有消毒池，宽度同门宽，长度 1 米以上，深度 10 厘米左右。消毒池也可采用铺石灰粉消毒。

**6. 道路**

狗场要设置清洁道和污染道，不交叉。清洁道是场内专门用于运送清洁物质的道路，如运输饲料、设备、用具等。建筑清洁道的原因是防止把外界的细菌和病毒带入狗场，保证内部卫生的要求。清洁道一般是水泥路面，建在狗场中轴线上，清洁道可以通往生产区大门口处，然后通往前门，最好不通后大门。污染道是运输场内、圈舍内外污物和粪便用的道路，如病狗、消毒笼具等均走此路。它通往狗场左右后门，不通往前门，以免疾病的相互交叉感染。道路顶端要设回车场地。污染道建在狗场的两侧。

### 7. 其他建筑

如大门、防疫墙（围墙）、办公生活用房、饲料加工间、仓库、车库、配电室等，也要布局合理。

# 第三节 肉狗场的设备用具

为了使狗的管理工作顺利进行，狗舍内要有必备的设施和用具，供饲养人员使用和满足狗活动的需要。设备和用具又分常用设施和辅助工具。

## 一、常用设施

### 1. 狗床

由木板铺成狗床，长与宽是由狗窝决定的，一般是将床铺满狗窝的水泥地面，狗在木床上休息，主要作用是保持狗窝和狗体的清洁卫生，减少皮肤病的发生。冬季再在上铺上垫草能保持窝内温暖。如是母狗单圈时，铺上垫草也可做产仔室。母狗产床长 1.3 米，宽 1 米，四周围沿高 20 厘米。

### 2. 产仔箱和补饲栏

为了确保产仔的安全，人为地为产仔母狗作窝，称产仔箱。产仔箱为长方体，边长 0.8 米，高 0.2 米，内铺干净且柔软的垫草。产仔箱前面设一个半圆形，高度 0.1 米的开口供产仔母狗自由出入，不伤乳头；补饲栏高 45 厘米，宽 50 厘米，长 60 厘米，栏杆间距 12 厘米左右。

### 3. 保定架

亦称固定架。保定架用木板、木方制成，木板长、宽各为 1 米，在木板上按狗的体形打通十余个孔，供穿绳绑狗用。下方接较粗木方，并在木方四端设两条木方长腿，以固定木板牢固不动。

**4. 狗夹子**

狗夹子是用来抓狗并暂时固定头的。用较粗钢筋加工制成，长把与夹子连接处有一活动轴，可调整夹子的开口大小。

**5. 浴池**

供狗在夏季高温时防暑降温和清洁身体。绝大部分狗在炎热的夏季喜欢洗澡，为适应狗的这一特性，修建浴池。长 20 米，宽 3 米，深 1 米左右即可，池中水要经常换新，以保持水质清洁。

**6. 脖套、链子**

脖套是套在狗脖子上的皮带，便于抓狗和带领出舍、出游。链子拴在脖套上，供拴狗和牵狗时用。

**7. 食盆、水盆**

供狗采食和饮水的用具。一般采取铝制，轻便易洗涮，不易碎。必须每日清洗干净，特别是盆内底边部分，清洗不净，易残留积物，发霉变质，影响饲喂。

## 二、辅助设备

辅助设备指为饲养服务的设备，如推粪车，天天用于清除粪便和污物。食桶，用于运输食物。用于清毒和清扫卫生的大小喷雾器和清扫用具。金属制的毛刷，用于梳理和刷拭被毛，特别是在换毛期使用梳毛用具，可增加皮肤的血液循环，检查体外寄生虫等。

<<<<<

# 品种引进及繁育

　　品种是决定肉狗生产性能的内在因素，只有选择具有高产潜力的优良品种，才可能取得较好的经济效益。品种多种多样，必须根据市场需求、饲养条件以及品种的特性科学选择品种；做好种狗的选择和选配工作，充分利用杂交优势，生产高产、优质的商品肉狗。

## 第一节　肉狗品种介绍及引进

### 一、肉狗品种介绍

　　我国养狗食肉虽有几千年的历史，但目前尚无正式认定的专用的肉狗品种。全球范围内迄今为止尚未有专门化的肉用品种。近些年来，随着肉狗养殖业的兴起，人们不断从体型大、产肉多、生长速度快、繁殖率高的狗种中培育出多种"优良肉用种狗"。同时，从国外引进一些良种，这些都极大地推动了肉狗养殖业的发展。目前有的利用两个不同的品种、类型间公母狗进行简单的杂交生产杂交种。因其性状遗传不稳定，杂种后代存在分离现象。饲养者在进行肉狗品种选择时，应注意这一点。

　　【注意】品种是基础，俗话说"好种出好苗"。肉狗品种是指一些体型大、生长发育快、肉用性能良好的地方品种，如瑞士的圣伯纳狗、德国的大丹狗、中国的藏獒、英国的马士迪夫犬等。近年来，也不断推出一些新的肉狗品种，如吉林肉用狗研究所培育的青龙狗、苏州沛县培育的苏沛良种肉狗等。在肉狗养殖业中，尤其是规模饲养场，要充分利用有利条件，进行杂交培育，利用杂交优势提高肉狗的生长效率和经济价值。

肉狗根据其体型大小可分为大型、中型和小型三大类。大型肉狗体重一般在 40 千克以上，体高 70 厘米以上，体长 70 厘米以上，如圣伯纳狗、大丹狗、藏獒、马士迪夫犬等；中型肉狗体重一般在 20～40 千克，体高 40 厘米以上，体长 50 厘米以上，如杜宾狗、苏联红、太行犬、松狮犬等品种；小型肉狗一般是体重在 20 千克以下，体高、体长在 40 厘米以下的品种，如我国的沙皮狗等。

（一）大型肉狗品种

**1. 圣伯纳狗**

【产地】原产瑞士。

【外形特征】头大而宽，鼻梁短直，眼中等而下陷，并露出第三眼睑，耳中等下垂，背宽而直，胸宽而深，腹圆而微收，全身肌肉发达，尾长而有力。被毛有长毛和短毛之分，毛色多为红黄色带有白色斑块，或白色带有红黄色斑块。嘴、眼、耳有黑色毛。

【生产性能】成年公狗体高 70～90 厘米，成年母狗体高 63～80 厘米；成年公狗体重 75～100 千克，成年母狗体重 55～85 千克。窝产仔数 8～12 只，一年两胎。

性情温顺，耐粗饲，抗病力强，饲料转化率高，生长速度快，产仔数多，肉质好，有显著的杂交优势。

**2. 大丹狗**

【产地】产于德国，意大利和西班牙亦有分布。

【外形特征】头呈长方形，眼中等大小，鼻头为黑色，耳中等而竖立，颈部长而肌肉发达，胸宽而深，腹部紧收，臀部宽而斜，安静时尾下垂，四肢较长，前后躯肌肉发达。被毛短而厚，且有光泽，毛色有虎纹色型、淡黄褐色型、花色型、黑色型等。

【生产性能】成年公狗体高 80 厘米以上，成年母狗体高 70 厘米以上；成年公狗体重 80 千克以上，成年母狗体重 65 千克以上。窝产仔数 8～12 只，一年两胎。

性情温顺，抗病力强，耐粗饲，生长发育快，产仔数多，肉用性能良好，具有明显的杂交优势。

### 3. 马士迪夫犬

【产地】原产于中国西藏，公元前55年输入欧洲，在英国经过繁殖后被定为英国地方狗品种。

【外形特征】头宽呈长方形，唇轻度下垂，耳下垂，体躯结实紧凑，背腰平直，后躯肌肉发达，胸宽而深，臀部宽，尾根高，尾平时下垂于飞节，紧张时高扬，高度不超过背线。被毛短厚，毛色有金黄褐色、浅黄褐色、银白色及虎斑色，嘴、耳、鼻、眼四周为黑色。

【生产性能】成年公狗体高75厘米以上，成年母狗体高65厘米以上；成年公狗体重85千克以上，成年母狗体重70千克以上。窝产仔数6~10只，一年两胎。

性情温柔，抗病力强，耐粗饲，早期生长发育快，肉用性能优良，具有明显杂交优势。

### 4. 藏獒

【产地】原产于中国西藏。

【外形特征】头大而方，吻短鼻宽。眼睛黑黄，四点眼（眉上有黄色或白色圆点毛）。耳大而下垂。骨架大而结实，四肢粗壮，尾大而侧卷，全身肌肉发达。毛色以黑色居多，其次有金黄色、白色等，体躯和胸前多带有黄褐色或金黄色斑，四肢为黄色。全身被毛粗长而密，体毛长10~15厘米，尾毛长20~30厘米。

【生产性能】成年公狗体高80厘米以上，成年母狗体高65厘米以上。成年公狗体重100千克左右，成年母狗体重40千克以上。窝产仔数4~8只，8月龄可达性成熟，每年初冬（10~11月份）发情一次，但在海拔较低的半农半牧区，气候温暖，管理适当，则可在一年内春秋两次发情。

抗病力强，耐寒冷，对主人忠诚，生长速度中等，肉用性能良好，杂交改良效果明显。

### 5. 纽波利顿獒犬

【产地】祖先可能是古罗马的角斗犬，在意大利南部被作为牧场犬和农家犬喂养，又名拿破仑獒犬。

【外形特征】头宽呈方形，上唇下垂，耳下垂，体躯紧凑结实，前胸宽而深，臀部宽阔，短尾，前后躯肌肉发达，毛色为灰色和棕色等，四肢下部、嘴常见有白色毛，胸腹下有白斑。

【生产性能】成年公狗体高 80 厘米以上，成年母狗体高达 70 厘米以上；成年公狗体重 80 千克以上，成年母狗体重 60 千克以上；窝产仔数 7～10 只，一年两胎。性情温顺，抗病力强，耐粗饲，生长发育快，肉用性能优良。

（二）中型肉狗品种

**1. 杜宾狗**

【产地】原产于德国。

【外形特征】头呈长楔形，鼻端呈黑色，耳直立，躯体强壮，胸深，背结实短而直，腹部收起。四肢肌肉发达，尾长而下垂呈刀状。毛色有黑色与褐色，通常在前胸、四肢、颈下及尾内侧有界限分明的锈色斑。

【生产性能】成年狗体高 66～70 厘米（公）和 61～66 厘米（母）；成年狗体重 30～40 千克（公）和 25～35 千克（母）；窝产仔数 8～13 只，一年两胎。嗅觉灵敏，聪明大胆，服从性好，生长速度快，产仔率高，肉用性能好。

**2. 罗威纳犬**

【外形特征】头中等长，耳中等大小，下垂呈三角形，鼻宽而呈圆形，胸宽而深，腰短而深，臀宽，四肢健壮。全身肌肉发达，尾常断掉 4/5，被毛短而微密，毛色为黑色带锈色至赤褐色斑。

【生产性能】成年狗体高 61～70 厘米（公）和 56～64 厘米（母）；成年公狗体重 40～50 千克，成年母狗体重 30～45 千克；平均窝产仔数 6 只，一年两胎。聪明，机警，服从性好，生长速度快，肉用性能优良，杂交优势明显。

**3. 苏联红**

【产地】原产地为俄罗斯。

【外形特征】头短而宽，鼻端黑色，耳竖立，颈短，胸深而阔，背短而平直，躯体强壮，全身肌肉较丰满，四肢结实，尾下垂，毛色为黑色带红褐色，主要表现在前胸、鼻梁、四肢、尾内侧部位。被毛微密。

【生产性能】成年公狗体高 60～70 厘米，母狗体高 55～63 厘米；成年公狗体重 30～50 千克，成年母狗体重 25～40 千克；窝产仔数 8～12 只，一年两胎。性情温柔，服从性好，耐粗饲，生长快，产仔多，肉用性能中等，具有一定的杂交优势。

**4. 太行犬**

【产地】原产于我国的太行山地区。

【外形特征】头清秀，嘴短，耳小下垂，身高体大，胸阔而深，四肢粗壮，后肢肌肉发达，卷尾伸向背部，毛色以黑色、黄色为多，少数为褐色或白色。

【生产性能】成年公狗体高60厘米以上，母狗体高50厘米以上；成年公狗体重30千克以上，母狗体重25千克以上；窝产仔数8～12只，一年两胎。耐粗饲，适应性强，繁殖率高，出肉率高，生长速度中等。屠宰率57%～60%，腿臀重量约占胴体重的16%，净肉率平均80%。

**5. 松狮犬**

【产地】产于我国北方各地。

【外形特征】头形似狮子，额部宽而平坦，鼻端黑色，嘴宽、短，上唇盖住下唇。舌呈蓝色或蓝紫色，眼小、下陷、色暗，耳小直立或略向前倾，呈三角形，被饰毛所覆盖。胸宽而深，背短，四肢粗壮，尾很高，卷于背上。毛色有黑色、红褐色、蓝色、黄褐色和奶油色5种，无魔纹或杂色。

【生产性能】松狮犬有长毛型与短毛型之分，长毛型全身被覆长毛，颈肩部被长毛而直如狮鬃状；短毛型，被毛浓密蓬松。成年狗体高40～60厘米，体重25～30千克；窝产仔数4～6只，一年两胎。耐粗饲，抗病力强，肉质鲜嫩，可作为杂交改良母本。

**6. 下司狗**

【产地】产于麻江县东南部。

【外形特征】耳竖立，两眼炯炯有神，眼皮、鼻及舌头红色。胸部深阔，背腰平直，前后躯肌肉发达。全身短垂，雪白如玉。鼠尾，直而尾尖向上，且脸和嘴上有硬毛直立，犹如长针状。

【生产性能】成年狗体高50～60厘米，体重25千克左右，体长50～75厘米；窝产仔数5～8只，一年两胎。耐粗饲，抗病力强，可作为杂交改良母本。

**7. 鞑子犬**

【产地】原主产于内蒙古。

【外形特征】体型中等，被毛密，中长毛，有额毛。

【生产性能】成年狗体高 40～60 厘米，体重 25～35 千克，最重可达 45 千克。窝产仔数 5～8 只，一年两胎。耐粗饲，耐寒，抗病力强，肉质好，是杂交改良的优良母本。

### 8. 青龙犬

【产地】产于吉林。吉林省肉用犬研究所培育的肉用狗新品种。

【外形特征】饰毛较长，尾巴上卷，臀部特别丰满。

【生产性能】育成体重 30～50 千克，最大可超过 50 千克。窝产仔数 6～7 只，一年两胎。耐粗饲，适应性强，抗逆性强，生长速度快，性情温顺，肉质好，营养丰富。青龙犬出肉率高达 65% 以上，瘦肉率高达 85% 以上。

### 9. 苏沛良种肉狗

【产地】沛县。是沛县土种狗与中国藏獒、德国牧羊狗、日本狼青、苏联红犬等优良品种杂交而成。

【外形特征】嘴圆额宽，胸深宽，后躯圆大，眼大有神，双耳直立，背平宽。体毛有短、长两种，长毛系品种，体毛长 7～10 厘米，尾毛长 10～15 厘米，毛色分黑、青、红、黄色。尾垂直下垂，四肢粗壮，肌肉丰满。

【生产性能】成年狗体高 50～80 厘米；商品肉狗，饲养 4～6 月龄体重可达 25～40 千克，大的可达 50 千克以上。窝产仔数 8～12 只，一年两胎。耐粗饲，生长快，抗病能力强，适应性广，繁殖力高，肉质好，皮毛优。

### 10. 德国牧羊犬

【产地】原产于德国，是著名的良种狗。

【外形特征】额部宽大，头盖骨下倾，嘴长呈斧形，下颌强而有力。眼睛呈椭圆形，不突出，颜色深暗，耳朵长而直立。颈部强壮，胸深背平，前腿笔直，后腿弓形。尾长至飞节，被毛密生，静止时呈刀状下垂，兴奋时翘起甚至直立。背毛直而光滑，毛色有黑褐色、红褐色、黄褐色、白色、黑色、红色、花纹和杂斑色，但最流行的毛色为"黑背黄腹"。背上的毛直硬坚固，腹下的毛色暗密生。

【生产性能】体高 60～75 厘米，体重 30～40 千克。窝产仔数 4～7 只，一年两胎。聪明机灵，性情温和，忠于主人，耐寒力强，体型大小适中，肌肉发达，出肉量多，生长速度快。

**11. 广东黄狗**

【产地】广东的地方品种，分布于广东全省。

【外形特征】额平而宽，眼大有神，耳小直立，转动灵活。口鼻多为黑色（被毛为白色的为肉红色）。胸部深宽，腹部紧缩，背腰平直，臀部宽广，四肢粗壮。尾常卷曲于臀部之上，被称为"金钱尾"。被毛短粗，多为黄色，故称黄狗，也有黑色、褐色、白色的。

【生产性能】成年狗体高 45～50 厘米，体重 20～25 千克。在一般饲养条件下，5～6 个月公狗达 13～18 千克，母狗达 11～15 千克。屠宰率达 65%，净肉率达 46%。体型中等，生长快，耐粗饲，肉质好（瘦肉多，脂肪少，一般只有 2%～3%）。

（三）小型肉狗品种

**1. 猪肉狗**

【产地】原产于湘、桂、黔三省交界处的渊九民族山寨。

【外形特征】头如筒状，耳直立，背腰稍短呈圆筒状。被毛有黑色、白色、黄色等。

【生产性能】成年狗体高 45 厘米左右，体重 15～16 千克。窝产仔数 4～6 只，一年两胎。耐粗饲，适应性强，生长发育快，易肥育，肉鲜味美。

**2. 沙皮狗**

【产地】原产于广东省。

【外形特征】分为"大肉嘴型"（港系沙皮狗）和中国传统沙皮狗两种类型。共同特点为："河马型"头，面部有一条明显的皱褶，自眼角沿面颊直至嘴，头上有"寿"字形皱纹，三角形的细眼凹藏于稍突的眼盖骨内。

【生产性能】成年狗体高 35～45 厘米，体重 15～25 千克。窝产仔数 3～5 只，一年两胎。耐粗饲，耐热，性情温顺，肉质细嫩。

# 二、肉狗的品种选择和引进

（一）肉狗的品种选择

**1. 注意狗的生长速度**

肉狗以产肉为主要生产性能，要求其生长速度快，饲料报酬率高，产肉性能好，便于饲养。我国狗的品种甚多，不下数十种，这些品种大都用于狩猎、牧羊、工作、玩赏等，可以说目前尚无专用的肉狗品种。但在民间确实有一些体型大，肌肉丰满，骨架粗壮，耐粗饲的适于肉用狗种。如藏獒犬、太行犬等，还有一些能适应国内气候、环境的外国大型狗种，如圣伯纳犬、大丹犬等，也可作为良好的肉狗种。应用这些优良狗进行杂交选育，提高肉狗的生长效率和经济价值，是一种适合目前我国国情，投资少、见效快的办法。

**2. 注意狗的神经类型**

胆小畏怯或兴奋型的狗均不宜做肉狗；胆大、性情温和的安静型犬较适宜做肉狗。

**3. 注意品种的适应性**

在选择品种时首先要考虑需选择的品种形成过程中所处的环境条件，其次要考虑选择的品种是否能在新的地域内适应，只有两个地域有相似之处时，才能保证生产性能的发挥。

**（二）引种注意的问题**

**1. 引进健康的个体**

一般要求引入个体应是健康、发育正常、育成前期的个体。

**2. 引入时间的选择**

根据原产地和引入地的环境差别，引种安排在两地环境差异较小的季节进行调运，如由温暖地区引入寒冷地区，宜于夏季抵达，由寒冷地区引至温暖地区，则宜在冬季抵达。

**3. 严格执行检疫制度**

引进肉狗时，要通过临床检查和血清学试验对肉严格检疫，尤其要注重对狂犬病、犬瘟热、犬细小病毒病、犬传染性肝炎及钩端螺旋体病等常见病的检疫，检疫合格后方可引进。引进的肉狗要在养殖场隔离观察1个月，确定健康后方可混群饲养。

**4. 手续齐全**

引进种狗时一定要手续齐全，避免运输中出现问题和以后出现纠纷。供种方一定要提供三种文件，分别是动物检疫证（动物检疫部门出具检疫合格证明）、种狗卡及发票（含副本）。种狗卡可以细致查看和摘录，不必带走，动物检疫证和发票需要带走。

### （三）狗的运输

#### 1. 做好准备

准备好车辆和笼具，并进行消毒。狗笼要结实，双层笼，下层放置铁皮承粪板。笼内不能露出铁丝头或钉子尖，以免扎伤动物。笼底不要铺设油毡或垫草，以免积水弄湿狗体引起感冒或肺炎等；准备好运输途中需要的物品，包括水桶、饮水盆、手电筒以及维修笼具用的钳子、锤子、铁丝等，时间超过2天需要准备一点饲料。

#### 2. 装笼

成年狗或幼狗一个笼内可以收容多只，但不要太拥挤。狗笼在车上要固定牢靠，轻装轻卸。

#### 3. 运输管理

运输中要防雨淋、日晒，避免风直吹狗体。途中保持安静，避开人多的地方，快速、平稳、安全到达目的地。

#### 4. 运回后管理

运回后及时卸车，随即用0.0005％～0.02％的速灭杀丁溶液喷洒（20％的氰戊菊酯乳油1份加水至1000～4000份）对狗体喷雾至湿，杀灭体外寄生虫（冷天除外），然后放入观察舍内，休息1～2小时，先饮水后喂饲。对表现异常者要查明原因并作相应的处理。

新进狗只的观察不少于3周，确认健康、安全后再转入生产狗舍。在隔离期间要进行一次驱虫，彻底驱除体内寄生虫。隔离舍至少每天清扫一次，每周消毒1～2次。

## 第二节　肉狗的选育和利用

### 一、肉狗的选择

肉用种狗选择，就是根据肉狗的血缘、类型、外貌、肉质等特点，从各个品种中挑选出优质公、母狗留作种用。先要确定改良目的，然后一定要选择血缘纯正、无退化现象、神经类型稳定、结构匀称、体质健壮、生长发育快、抗逆性强、繁殖力高的品种作为肉狗种。

（一）肉狗的选择方法

肉狗的选择方法包含两层意思，一个是优良肉用种狗的选择方法，另一个是肉狗某些性状的选择方法。

**1. 肉用种狗的选择方法**

（1）外形选择法　主要是根据个体表型来进行选择。一般要求种用公母狗必须符合其品种特征，并达到规定的数量指标，凡达不到品种标准的一律不能作为种用。

（2）系谱选择法　主要是根据亲代所表现的肉用性能的好坏来确定是否留种的一种方法。如果祖先是非常优良的肉用种狗，其后代一般也会表现出良好的肉用性能特征。这一种选择方法常用于优良幼种狗的选择，选择的成败取决于双亲的基因型。

（3）后裔测定法　是根据狗的外形鉴定成绩、生产性能和生长发育情况的记录资料进行选择的一种方法。也就是说祖先好，后代也应该好，同一亲本所生的不同个体，其表现型都比较好，那选择的个体就比较可靠。如选择的幼狗无遗传病，其同窝狗也无遗传病，这只狗就可以留种，如果同窝有遗传病，就不能留种。

**2. 肉用性能的选择方法**

（1）单个性状的选择方法

① 表型选择　即根据肉狗的表型进行选种的方法。从理论上讲，根据基因型选择才能收到最好的效果。基因型往往难以确定，更无法度量，只有通过表型来予以估计。表型选择虽然效果差一些，但它可以缩短世代间隔，单位时间内的遗传进展有时可能很大。特别是对于遗传力高的性状表型选择效果较好。

② 基因型选择　即根据基因型进行选种的方法。肉狗所表现的性状有质量性状与数量性状两大类。前者的基因型比较简单，只要搞清楚等位基因间的关系，就可根据所需要的表型进行选种；后者的基因型比较复杂，要正确判断基因型是极为困难的，一般都是利用数量遗传学的原理和方法，根据本身或亲属的表型值来估计育种值——即基因的加性效应值。

③ 个体选择　根据个体表型值进行的选择，一般适用于遗传力高或标准差大的群体。

④ 家系选择　根据家系平均值进行选择，一般适用于家系大，

遗传力低，家系差异小的群体的选择。

⑤ 家系内选择　根据家系内偏差进行选择，一般适用于遗传力低，家系内差异大的群体的选择。

（2）多个性状的选择　有顺序选择法（也叫单个性状的依次改进）、独立淘汰法（也叫个别性状的独立淘汰）和综合选择法。

## （二）肉狗的选择标准

肉狗的选择标准见表3-1。

**表 3-1　肉狗的选择标准**

| 项目 | 选 择 标 准 |
|---|---|
| 肉种公狗 | 种公狗应雄性强，配种时能紧追母狗、频频排尿，其生殖器官应无缺陷、发育正常，阴囊紧系，年龄在1.5～5岁。精力充沛，兴奋性高，交配时间长（完成一次交配过程需15～20分钟）。凡生殖器官有缺陷（如隐睾、单睾或两侧睾丸大小不一样），配种时不排精液，不爬跨母狗，交配无力，交配时间短者均不宜留作种公狗。一般一只种公狗可配4～6只母狗 |
| 肉种母狗 | 种母狗应发情周期正常（约6个月发情1次），发情期持续11～16天，产仔多，乳房发育良好，有4～5对乳头，泌乳能力强，母性好，年龄在1～5岁。母性好是指产前会絮窝，产后能定时给仔狗哺乳，当仔狗爬出窝外时，能用嘴衔回窝内。凡乳头不到4对，年龄超过5岁，产仔不足5只，每年发情1次，母性不好，产后奶水不足者均不能留作种用 |
| 肉仔狗 | 选择肉仔狗的基本要求是：①体型适中，肉味鲜美细嫩，骨骼小，肉膘厚的狗；②抗病力强，耐粗饲的健康狗；③个性相对温驯，反应较迟钝，好吃、好睡，即所谓懒狗；④毛色纯正，如黄色、灰色、白色、黑色，被毛艳丽美观，油滑而有光泽，毛绒密而厚，枪毛少的狗，最好是四眼狗；⑤头型端正，背平直，胸围宽，腹部紧，尾直而有力，鼻镜湿润有凉感的狗。注意选择符合肉狗的选育和杂交改良符合良种肉用狗要求的良种进行饲养 |
| 健康状况 | （1）外表　被毛平整、光滑、柔软而有弹性，体型端正、匀称，头端正，头稍高于背，颈长适中，颈部与背部的反向延长线呈35°。背平直，臀部较肩略高，肩胛骨丰满，胸围宽，腹部紧，前后腿膝距适中，飞节角度良好，大腿丰满，趾紧握呈椭圆形。此外，还应注意以下外表特征：<br>①眼　健康狗的眼结膜呈粉红色，眼睛明亮不流泪，两眼大小一致，无外伤和疤痕。病狗常见眼结膜充血，甚至呈蓝色，患贫血病可见眼结膜苍白，眼角附有眼屎，两眼无光或流泪。 |

| 项目 | 选　择　标　准 |
|---|---|
| 健康状况 | ②鼻　健康狗的鼻镜湿润、有凉感,无浆液性或脓性分泌物。如鼻镜干燥,甚至干裂,则狗患有热性传染病。<br>③口腔　健康狗的口腔应清洁湿润,黏膜呈粉红色,舌鲜红无舌苔,无口臭,牙齿洁白无缺齿,为剪式咬合。狗嘴流涎或闭口不全的不宜做种狗。<br>④皮肤　健康狗的皮肤柔软、有弹性,皮温不高不低,手感温和,被毛蓬松、有光泽。病狗皮肤干燥,弹性差,被毛粗硬、杂乱。如有寄生虫,还可见斑秃、痂皮和溃烂。<br>⑤肛门　健康狗的肛门紧缩,周围清洁、无异物。狗患有痢疾等消化道疾病时,则肛门松弛,周围污秽不洁,甚至可见炎症和溃疡。<br>(2)精神状态　健康狗活泼好动,反应灵敏,警觉性高,愿意与人玩耍。病狗则精神沉郁,喜卧不愿动或垂头呆立,对外界刺激反应迟钝,甚至无反应,或对外界事物反应敏感,表现为惊恐不安,盲目运动,狂奔乱跑等。<br>(3)生理功能　听力、视力良好,嗅觉灵敏,食欲旺盛,生殖功能正常,繁殖力强。<br>(4)神经类型　不宜选胆小畏怯或兴奋性高的狗做种狗,应选择兴奋和抑制过程强而均衡,灵活性好,轻快敏捷,胆大,驰骋力强,注意力集中,富于忍耐性的狗作为种狗。<br>(5)年龄要求　在大中型肉狗饲养场,为了自己繁殖仔狗饲养或改良品种,往往需要引进年龄适当的种公狗及种母狗,这就需要进行年龄鉴定。狗的年龄通常可根据其外貌和牙齿的生长、磨损程度来判定。老龄狗被毛粗糙、无光泽,毛色浅(退色),下颌有白毛;眼睛无神,行动迟缓,灵活性差,比较稳重。青年狗则正好相反,被毛光滑、富有光泽,眼睛有神,充满活力,行动灵活。不过外貌鉴定不能确定狗的确切年龄,需结合牙齿来判定。肉狗一般能活 10～15 年。2～5 岁是狗的青壮年期,也是狗繁殖的最佳时期,7 岁以后开始出现衰老现象,10 岁左右丧失生殖能力,因此,要选择青壮年期的狗做种用狗。<br>(6)饮食欲　健康狗能吃能喝,食欲旺盛,喂给的食物在短时间尚能吃完,食后可见肚腹充满,粪的干稀和尿量适当。<br>(7)如有条件可请兽医检疫部门对布氏杆菌病、弓形虫病等传染性疾病做特殊检查 |

## (三) 肉狗的选择步骤

### 1. 经产母狗的选择

每胎选择一次,在仔狗断奶时进行。选种时,对其本身性状和当次繁殖的成绩以及以往所产后代的品质、生产性能等进行全面考察,挑出繁殖性能最优良的个体继续留种,不符合种用条件者育肥、淘汰。在考察繁殖力时要排出来自饲料、饲养管理和种公狗的不利影响。

**2. 成年种公狗选择**

每年夏季选择一次。把那些性欲旺盛（配种能力强）、在上一繁殖年度与配母狗受胎率高和产仔数多（可以反映精液品质优良）、后代生活力和生产性能优良（表明遗传力强）的种公狗留下来继续种用。

**3. 后备狗的选择**

仔狗断奶后到 1.5 岁需要经过多次选择。选择时间、方法和留种比例见表 3-2。

表 3-2　后备狗的选择步骤

| 选择次数 | 选择时间 | 要　求 | 选留比例 |
|---|---|---|---|
| 初选 | 断奶时 | 选择符合条件优良狗种的第 2～5 胎的后代，离乳后转入育种群。为了避免近亲交配，初选时可采用同一公狗的所配母狗的后代，即选公不选母，或选母不选公的方法。种狗要有记录 | 180～200 |
| 复选 | 满四月龄 | 选择生长发育良好，身体健壮，外生殖器无缺陷的留作种用 | 150～170 |
| 三选 | 7 月龄末 | | 130～150 |
| 四选 | 满周岁 | | 110-130 |
| 定群 | 1.5 岁 | 狗交配产仔后，看其交配受胎率、产仔数及仔狗成活率等情况，再进一步进行选择。将生产性能最好的留下来做种用，生产性能差的及时淘汰 | 100 |

在选种工作中，往往只注意到母狗的选择而忽视种公狗的选择。实际上，种公狗品质的好坏，对狗群生产性能影响更大。有条件的单位，除了对种公狗进行上述各项选择外，还应检查种公狗的精掖，看精子的密度、活力等。

## 二、肉狗选配

选配就是选择适合的公狗给母狗配种，也就是为公狗选择合适的配偶，实现最佳组合，以期获得优良的后代。在狗的选育中，不仅要注意选种，也要注意选配。

（一）选配的原则

**1. 强强交配**

选择具有共同优点的公母狗进行交配，会使双方优点在后代身上得到保持、巩固和发展。

**2. 互补交配**

在优良种狗不足的情况下，可以选择具有某一优点的狗与另一头具有相对缺点的狗交配，用优点去克服缺点。但应注意，不能用凸背去改造凹背，不能用"X"肢势纠正"O"肢势。

**3. 弱弱不配**

避免有相同缺点的公母狗交配。如果公母狗双方有相同缺点，交配会使双方缺点更加明显和巩固。

**4. 壮龄交配**

在选配年龄上，最理想的是壮龄配壮龄，或者老龄（母狗）配壮龄（公狗），尽量避免老龄配老龄。超过 5 岁而以前从未配过种的狗（处女狗），不宜参加配种。

（二）选配方法

**1. 近亲选配**

就是相配的公母狗之间有较近的血缘关系，如父女、母子、兄妹、同父异母兄妹、同母异父兄妹之间的交配。其目的是为了得到优良遗传，使狗的性状得到固定。利用近亲繁殖易纯化某些特点，可以从大量材料中筛选、培育出理想纯系来。但近亲选配，子代常有体弱、多病、生活力不强、受胎率低、产仔少、性情不稳定、先天性缺陷等现象，在一般情况下应尽量避免。

**2. 非近亲选配**

即普通杂交狗的任意交配，或亲缘关系在 5 代以上的公母狗交配，这种交配可以保持某些优美体型，是很受欢迎的一种选配法。

**3. 杂交选配**

用不同种类的狗繁殖后代，可以产生杂交优势，后代的生活力和生产性能会更好。

## 三、肉狗的杂交改良

所谓杂交是狗的不同品种及品系间的相互交配。杂交产生的后代叫杂种。在杂交组合中，一般父本品种名称在前，母本名称在后。杂交可分为育种性杂交、改良性杂交和生产性杂交（经济杂交）。养狗生产中，通过杂交可以提高狗的原有品种质量，迅速而有效地改良狗的遗传性生产力和培育狗的新品种，可以提高饲养肉狗的经济效益。

## （一）育种性杂交

育种性杂交是为一定的育种目的而采用的一种杂交方式，它可以通过以下几个途径进行。

### 1. 级进杂交

连续几代使用同一品种的公狗与另一品种的母狗进行杂交称为级进杂交，目的是利用种用价值更高的品种改造种用价值较低的品种，提高其生产性能，甚至改变其生产方向，故也称改造杂交或改良杂交。级进杂交的代数一般以3～4代为宜，因为此时被改良者已含有改良者血统的87.5%～93.75%，经济性状已基本接近良种。如果再杂交下去会使被改良者某些有利基因丢失。故此时的后代可纳入良种育种或自成体系，杂交模式见图3-1。

乙(♀被改良者)×甲(♂改良者)
↓
F1(♀)×甲(♂)
↓
F2(♀)×甲(♂)
↓
F3(♀)×甲(♂)
↓
F4(纳入良种或自群繁殖)

图 3-1　级进杂交模式图

### 2. 导入杂交

原有种群的生产性能基本符合生产和经济上的要求，但还有局部缺点，这种缺点在纯种交配下不容易克服，这时应采用导入杂交。其杂交模式如图3-2。

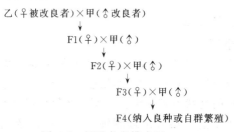

甲(♀)　×　乙(♂)
甲(♂)×F1(♀)　F1(♂)×甲(♀)
↓　　　　　↓
甲(♂)×F2(♀)　F2(♂)×甲(♀)
↓
F3(纳入育种群)

图 3-2　导入杂交模式图

导入杂交的两个关键点：一是必须针对原种群的具体问题，严格选择导入的外来品种，由于基因间关系的复杂性，仅据表型导入杂交是不行的，必须进行导入杂交试验，分析血统，确定导入的品种和导入的程度，以便使原种群的特点得以保存；二是在导入杂交中，必须对导入的种公狗进行严格的选择，选择类型相似，而且又有相应的优点的种公狗，至于个体的体质、适应性不必严格考虑。

**3. 育成杂交**

用两个或更多的种群相互杂交，在杂交后代中选优固定，造就一个符合需要的新种群，这种杂交叫育成杂交。育成杂交常用于培育新品种，在原有种群（或品种）不能满足人类在经济生活上的需要，又没有一个外来品种完全符合需求时，往往采用育成杂交。育成杂交没有固定的模式，可以从其他的经济杂交转化而来。其杂交参考模式如图 3-3。

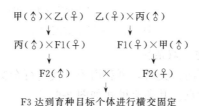

图 3-3　育成杂交杂交参考模式图

育成杂交时应注意两点：一是杂交亲本的选择。除当地原有品种外，应考虑外来品种的生产性能特点、适应性这两个方面（如图 3-3 中，假定甲品种和丙品种为引入的外来品种，与当地乙品种杂交，甲品种带来了多产性的有利基因，丙品种带来了生长快的有利基因，而乙品种则带来了具有良好适应性的有利基因，众多的有利基因组合，奠定了新品种的遗传基础）；二是杂交中的近交问题。当杂交出现理想型后，可采用适当的近交固定其优良性状。

**（二）经济性杂交**

经济性杂交是利用杂交优势，提高肉犬的经济利用价值的一种杂交方式。

**1. 二元杂交**（又称单杂交）

是以两个品种的个体相杂交，在杂交一代利用杂种优势取得高于纯种繁育的新品种。一般在培育新品种的初期使用。通常地方品种作为杂交改良的母本，引入品种作为父本。其杂交模式如图 3-4 所示。

甲(♂)×乙(♀)

↓

F1(供商品生产用)

图 3-4　二元杂交模式图

**2. 三元杂交**

以两个品种相杂交产生的子一代与第三个品种相杂交，利用含有 3 个品种血统成分的杂交二代进行商品生产（把 3 个种群参加的杂交叫三元杂交）。三元杂交的模式如图 3-5 所示。

甲品种×乙品种

↓

F1×丙品种

↓

F2(供商品生产用)

图 3 5　二元杂交模式图

**3. 四元杂交**（双杂交）

四个品种两两杂交后，再利用子一代进行杂交。通过两次杂交结合 4 个品种的优点。其杂交模式如图 3-6。

A(♂)×B(♀)　C(♂)×D(♀)

↓　　　　　↓

AB(♂)　　×　　CD(♀)

↓

ABCD(供商品生产用)

图 3-6　四元杂交模式图

【注意】在生产中进行大规模杂交繁殖前，必须先进行杂交组合试验，筛选出最佳的杂交组合，再依据此种模式进行推广应用。

# 第三节　肉狗的繁殖

## 一、肉狗的生殖生理

### （一）性成熟时间

狗出生后，发育到一定阶段，公狗睾丸能产生具有受精能力的精子，分泌雄性激素，母狗的卵巢能产生成熟的卵子，分泌雌激素，这时卵子与精子相结合具有受精能力，这个阶段公母狗的全部生殖器官已完全发育成熟，此时期可称性成熟。一般良种肉狗出生后8～12个月，早的6个月即达到性成熟。

刚达到性成熟的狗，体内的器官还没有发育完善（即还未达到体成熟），若勉强交配受孕，对母狗与仔狗都不利，母狗的发育受到很大影响，而仔狗则多因奶少，生长慢，成活率低。所以，最佳的繁殖时期是：大型狗在2岁以后，中小型狗在1.5岁左右，某些名贵纯种狗，初配时间应再晚一些。

### （二）初配年龄

初配年龄是指初次进行配种时的最合适年龄。达到性成熟的狗，虽然已有繁殖能力，但不适合配种。初配应在性成熟期后或更迟一些（达到成年体重的75%）。一般来说，初配年龄，母狗10～12月龄，公狗16～18月龄。

### （三）繁殖年限

种公狗一般利用4～5年，但以3～5岁配种能力最强；母狗繁殖的年限均为5～6年。超过8岁的狗发情不规律，症状不明显，持续时间短，受胎率低，产仔数少，产后缺奶或无奶。

### （四）发情与发情周期

发情是指狗发育到一定年龄所表现的一种性活动。

**1. 母狗的发情**

狗的发情不受季节的影响，一般一年发情两次，间隔5～7个月，在春季3～5月份和秋季9～11月份各发情一次。如果配后未受孕，则间隔一定时间后又开始第二次发情，两次发情的时间，往往受母狗年龄、体质、气候、饲养等因素的影响。通常将第一次发情开始至下一次发情开始的一段时间，称为发情周期。

一个完整的发情期包括三个方面的生理变化：一是母狗的精神状态（如兴奋、敏感和食欲不振等）和迫切的交配欲望；二是卵巢的变化（如卵泡发育、排卵等）；三是生殖道的变化（如外阴部、生殖道、子宫颈、子宫、输卵管等部位）。以上各种变化，因发情期的不同阶段而有着不同的差异。以发情旺期最为明显，发情早期和晚期次之。

发情期母狗具体表现是行为改变，精神兴奋，活动频繁，烦躁不安，叫声粗大，眼神集中，阴门肿胀潮红，爬跨别的狗。母狗在发情周期内，由于神经和激素的作用，其全身状态和生殖器官会发生一系列的复杂变化。依据这些变化特征，可将狗的发情周期分为四个阶段。

（1）发情前期　为发情的准备阶段，时间为7～10天；外观表现为阴门肿胀，充血潮红湿润，排出含有血液的黏液。前期临近结束时，母犬在行为上开始愿意接受交配。此期由阴道内流出的带血黏液是由雌激素引起的，是由于血液渗透的结果，这个时期生殖系统开始为排卵做准备，卵子已接近成熟，生殖道上皮组织开始增长，腺体活动加强，分泌物增多。公狗常会闻味而来，但母狗不接受交配。

（2）发情期　是发情征兆最明显且极愿意接受公狗交配的时期。到拒绝交配时止，持续4～12天，平均9天。外阴继续肿胀，变软，流出的黏液颜色变淡，出血减少至停止，母狗主动接近公狗，当公狗爬跨时主动下塌腰部，臀部对向公犬，将尾巴偏向一侧，阴门开闭，允许交配。发情期的第2～3天排卵，这是交配的最佳时机。

（3）发情后期　母狗拒绝与公狗交配，外阴肿胀消退，逐渐恢复正常，性情开始变得安静，讨厌公狗接近。一般维持2个月，然后进入乏情期。若已怀孕，则发情后进入怀孕期。

（4）乏情期　母狗的生殖器官进入不活跃状态，这个时期一般保持3个月，以后又进入下一个发情期。

**2. 公狗的发情**

公狗的发情期无规律性，没有明显的时间周期性。在母狗集中发情的春、秋季节，公狗睾丸进入性功能活跃状态，可产生大量品质优良的精液。当接近发情母狗时，由于受母狗阴部的发情黏液的嗅味刺激，便可引起高度兴奋，很快完成交配。

**3. 影响发情的因素**

影响母狗发情周期和发情的诸多因素中，除个体的遗传性外，还受营养、季节、内分泌等因素影响，其中营养因素的影响最显著。

（1）营养　在营养缺乏的情况下，狗的繁殖功能发育受阻，造成母狗不发情或发情不正常。例如，维生素E、某些必需氨基酸（赖氨酸、蛋氨酸、色氨酸、亮氨酸）和脂肪酸等缺乏，都能直接影响狗的生殖功能。在营养过剩的情况下，母狗过于肥胖，也不利于繁殖，影响发情，多数受孕困难。

（2）季节　家狗是在驯养条件下生活的动物，基本上失去了繁殖季节性，但不同季节的温度还可对其繁殖产生一定的影响。如在东北、内蒙古、西藏等严寒地区的母狗，其产仔季节首先会受到大自然的影响，逐步趋向于有利后代成活的季节发情、交配与产仔。

（3）内分泌　正常的内分泌功能是促进母狗正常发情的基本条件，内分泌的动态平衡失调，必然会引起繁殖功能紊乱。

另外，品种和年龄也会影响发情，如影响发情的持续时间以及发情表现程度。

### 4. 异常发情

母狗的异常发情多见于初情期，性成熟前以及发情季节的开始阶段。母狗营养缺乏、运动不足、饲养管理不当和环境温度突变等易引起异常发情，见表 3-3。

表 3-3　最常见的异常发情

| 异常发情 | 表　现 |
| --- | --- |
| 假发情 | 母狗表现发情征兆，但不排卵，光交配而不受胎。这种情况主要是促性腺激素释放激素分泌不足，不能有效抑制雌激素产生，致使雌激素剧增，则会出现发情明显而不孕的现象 |
| 安静发情（安静排卵） | 母狗无明显发情表现，但卵巢内部有卵泡发育成熟并排卵，这种情况较为常见，可试用促性腺激素或雌激素促使母狗发情 |
| 短促发情 | 母狗的发情期过短，如不注意观察，很易错过机会。其原因：一是由于发育的卵泡成熟太快，很快破裂排卵，缩短了发情持续期；二是由于卵泡停止发育或发育受阻 |
| 断续发情 | 母狗的发情时断时续，整个发情时间延续很长，多见于营养不良的母狗。这是卵泡交替发育所致。先发育的卵泡中途发生退化，新的卵泡又开始发育，因而会出现断续发情现象。当转入正常发情时，才可交配受孕 |
| 延长发情 | 母狗的发情持续时间延长，在 30 天左右还可接受公狗交配，但是不排卵。这可能是促性腺激素缺乏所致，同时也与卵泡囊肿有关 |
| 发情不出血 | 母狗没有正常发情时明显的出血症状，虽然外阴肿胀，愿意接受交配。发情不出血可能是由于雌激素分泌不足所致 |
| 乏情期延长 | 母狗乏情时间长短虽然不是固定不变的，但是乏情期太长，就属于不正常。这多见于过于肥胖的母狗。可能与雌激素不足有关，补充维生素 E，可促使其发情 |

| 异常发情 | 表　现 |
|---|---|
| 初情期推迟 | 母狗已到发情年龄,但不见发情表现。初期推迟的原因比较复杂,可能与丘脑下部垂体和性腺的异常有关 |
| 孕后发情 | 怀孕的母狗有发情表现。孕后发情主要是由于生殖激素分泌失调所致。在怀孕期内胎盘分泌雌激素的功能亢进,抑制垂体促性腺激素的分泌,使卵巢黄体分泌的孕酮不足,胎盘分泌的雌激素又剧增而引起狗的发情 |

### 5. 发情鉴定

正确的发情鉴定便于确定配种适期,提高受胎率。母狗发情时伴随着一系列的生理变化,性器官和性行为也发生明显变化是进行发情鉴定的依据。

(1)外阴变化　外阴部肿大,阴门的横径急剧增大,此种变化早于阴道流出血样分泌物。触诊外阴部时初期较硬,发情旺期时变柔软。发情开始后,外阴部潮红湿润,临近排卵时,阴唇高度肿胀。在排卵后阴唇很快缩小之后再度增大接近排卵前状态,以后逐渐消肿,恢复到正常状态。根据此种现象可以推算出排卵时间,即在阴唇横径缩小时配种为宜。

(2)发情出血　母狗在发情前期,阴道流出褐色或黄红色血样黏液,称为发情出血。详细观察发情出血的性状和数量,对发情鉴定是很重要的。最初流出的分泌物较少,且比较稀薄,以后则逐渐增多且变得浓稠,流血可持续8～10天。当血液流出增多时,阴门及前庭均肿大,触摸时感到坚实。此时母狗性情变得不安和兴奋,饮水量增多,时常排尿,这种排尿主要在于诱引公狗,若遇公狗爬跨交配时,母狗却拒绝交配。发情出血的持续时间一般为13～15天。

(3)诱情法　即用无配种能力的公狗试情,这是最准确的发情鉴定方法。处于配种适期的母狗,见到公狗会主动接近,表现出极愿意接受公狗交配的行为。甚至抢先爬公狗,并且做出交配姿势,来刺激公狗性欲。当公狗爬跨交配时,母狗表现温顺,站立不动,尾巴自然高举并左右摆动,让出阴门,呈有节律的收缩等,以迎接公狗交配。当狗不愿意交配时,则说明该狗不是处于配种适期。

(4)阴道涂片检查法　即通过阴道涂片的细胞组织学分析,来确定母狗发情与否及其所处阶段。母狗乏情期，阴道分泌物涂片中有大量小的圆形透明的白细胞，角化细胞指数少于 10%。发情前期，白细胞减少，角化细胞显著增多。发情期角化细胞指数达到最大值，可超过 80%，此时为配种的最适时期（角化细胞指数＝角化细胞数÷上皮细胞总数×100%）。

（5）电测法　即通过测定母狗阴道黏液的电阻值，来确定母狗发情及其所处阶段，发情前期的初期阴道黏液的电阻值为 250～700 欧姆，发情前期的最后一天为 495～1216 欧姆，发情期的后期电阻值下降。

**6. 诱导发情与超数排卵**

（1）诱导发情　是用人工的方法诱导母狗发情的一种繁殖技术，即在母狗乏情期内，利用外源激素（如促性腺激素等）或环境条件的刺激，来诱导母狗发情，以缩短母狗繁殖周期，提前配种，增加胎次，多生后代，提高繁殖率。对于乏情期过长，初情期推迟的狗，也可采用诱导发情的措施，使母狗发情配种。

常用的方法是给母狗肌内注射孕马血清促性腺激素 300～500 单位（精制品每支含 400 单位、1000 单位、3000 单位），连续 6 天，以后在发情期的前一天和第 2 天注射人绒毛膜促性腺激素 300～500 单位。也可注射己烯雌酚，每次 0.2～0.5 毫升等。

（2）超数排卵　超数排卵是在母狗发情周期的适当时期注射促性腺激素，以增加卵巢的功能，排出较多的卵子。狗的超数排卵的目的是为了提高产仔的数量。可以在发情前期注射孕马血清促性腺激素，出现发情后或配种当日再注射孕马血清促性腺激素，之后，隔日注射前列腺素，每次 12 毫升。

（五）性行为

**1. 公狗的性行为**

公狗的性行为大体上表现为性激动、求偶、爬跨、勃起、交配、射精及至结束交配。

（1）性激动　因母狗发情期雌性尿中含有较多类固醇物质，加上肛门腺分泌物的化学刺激，引起公狗的性兴奋。公狗凭嗅觉从 3 千米以外的远方都能找到发情母狗。

（2）求偶　公狗在母狗愿意接受交配前数周为母狗所吸引，多见对母狗表现出极为友好的动作，对母狗百依百顺。当公母狗会面时，公狗会昂首举尾的去接近母狗，嗅其外阴和尿，轻咬，调逗戏要母狗，有时面对母狗前肢按地，提高后躯，然后突然跃为正常姿势，并出现短促的排尿，试着往母狗背上搭前爪等，以求母狗的爱怜和注意，有的狗会不时地发出猜猜声。

（3）爬跨　公狗经过求偶后，阴茎勃起，表现出异常激动。大胆试探母狗的接纳程度，先将一前肢搭于母狗背上，如果母狗不反对，便迅速爬上去拥抱，后肢尽量往前压。若母狗个体小，后腿可离开地面。对缺乏爬跨经验对位不准的初配公狗，必须进行调教。调教时可选择有经验、温顺的经产母狗与之交配，这样，一方面公狗能得到母狗的密切配合，另一方面这种母狗能反过来爬跨公狗，使初配公狗从中得到启示。

（4）勃起　可分为两个阶段。第一阶段海绵体充血。在插入阴道时，阴茎骨支持阴茎呈半举起状态；第二阶段是在插入后，海绵体继续充血、膨胀，龟头延长部拉长，直径增大。

（5）交配　公狗爬跨后，由于腹直肌收缩，后躯来回推动，使阴茎从包皮内伸出插入母狗阴道内，同时两后肢交替蹬踏。待第二部分精液射完后，公母狗倒转，形成尾对式栓系状态，此过程可持续15～30分钟，母狗常发出猜猜声，有的倒地转动。公狗在这种状态，阴茎扭转180°，虽然没有任何表示，但它是极痛苦的。此时若将公母狗强行分开，双方都会受到伤害，甚至丧命。

（6）射精　狗的射精全过程可分为三个阶段。第一阶段是尿道小腺体分泌水样液体，它在交配冲插过程中首先分泌，起到冲洗和消毒阴道的作用；第二阶段是射精，指冲插停止后射出精液，时间较短，仅数秒钟；第三阶段是在公母狗以尾对尾的状态下，公狗射出含有大量前列腺液的精液。狗将精液射到子宫颈口或子宫颈口附近。

**2. 母狗的性行为**

（1）吸引公狗　当母狗发情时，经常排出尿液（这种"臭迹标记"，强烈地吸引着公狗），并喜欢接近公狗，乐于与公狗一齐奔跑游走和戏要。母狗在交配前多次嗅公狗的生殖器，跳跃追引公狗，斜尾部露出阴门，并且有节律地收缩阴门。

（2）允许交配　当母狗愿意接受交配时，常将尾部向着公狗，站立不动，尾根抬起，尾巴水平地偏向一侧。延长阴唇，使近于垂直状态的阴道前庭呈平直状态。当阴茎插入阴道后，母狗便会扭动身体，试图将公狗从背上掉下，或公狗自动下来，公母狗呈尾对尾姿势。

（3）交配结束　交配结束，公母狗分开后，各自用舌舔阴部，突然间双方变得冷淡。这时不可立即牵拉、驱赶。尤其是公狗在交配后出现腰部凹陷，俗称"掉腰子"，此时切不可让其剧烈运动，交配后不能马上给狗饮水，应休息片刻，活动一会儿后再给饮水。

## 二、狗的配种

### （一）配种适期和次数

**1. 配种适期**

由于精子进入母狗体内后要发生一系列的生理学和形态学变化，才能与卵子相结合形成受精卵，如果精子、卵子单独在输卵管中停留的时间过长会发生老化现象，因而配种时间要选择在排卵前后的一段时间内。一般地讲，配种应在排卵前 1.5 天到排卵后 3 天之间。这个时间的判断要根据母狗外阴部变化、阴道流血时间等情况进行。最佳的配种时机是在母狗发情的第 2～3 天。经产的母狗是从见到血的第 11～13 天是最适宜的配种时期。

**2. 配种的次数**

发情母狗的配种一般采用两次配种，前后时间间隔 24～48 小时。研究显示，正常发情的杂种狗交配 1 次，受胎率为 90%，纯种狗交配 1 次受胎率为 60%，交配 2 次受胎率为 87%，而发情期最初 4 天内间隔 48 小时交配两次的受胎率可达 95% 以上。

### （二）配种方法

肉狗的配种方法有自然交配法和人工授精法。

**1. 自然交配**

（1）自然交配　公母狗自行交配的方式。

（2）人工辅助措施　当公狗缺乏交配经验，或者公母狗体型差异较大等原因造成交配困难或不能顺利进行时，要人工辅助交配。人工辅助交配的要点是使公狗的阴茎顺利插入到母狗的阴道内，并正常地抽动和射精。要完成上述要求，可根据公母狗的体型和身高，适当调整它们所处的地面或地板高度。如果公大母小时，应使母狗站在一个较高的地势上或使母狗站立在一个具有适当高度的木板上，用手握住公狗的阴茎，使其以比较合适的角度插入母狗的阴道。如果母狗体型小，公狗相对强壮时，为防止在交配过程中公狗把母狗压倒，要用手或膝托住母狗的后腹。如果母狗的体型相对较大时，应让其站在一个较低地势的地方。在交配过程中，应使母狗固定，不宜乱走动，因为当公狗的阴茎插入母狗的阴道后由于抽动刺激，海绵体会逐渐膨胀至最硬大状态，从而与母狗发生交配连锁现象，这时母狗会扭动身体，试图将公狗从背上摔下，而公狗的阴茎也发生后转，形成尾对尾交配方式。所以，此时应使母狗稳定，使阴茎与阴道保持一个水平状态，防止公母狗的生殖器官损伤。

对于以下特殊情况的公母狗配种时，也应辅以人工帮助。

① 初配公狗或不敢爬跨母狗的公狗　对于这类公狗，要把母狗放入公狗舍内，减少人群围观，以免由于外界环境变化或嘈杂等刺激而影响公狗的性欲。在配种时，应固定母狗，使其外阴暴露，并辅助公狗爬跨，有必要时，可让这些公狗观察其他公狗的爬跨，以便使其熟悉配种过程，提高性欲。

② 对于性欲不强的公狗，要让其多接触发情母狗，使其能嗅到母狗发情时所分泌的外激素或其他特殊气味，舔触母狗外阴部，但又不让其爬跨，或爬跨过程中牵走使其交配不能进行，如此往复几次，可提高公狗的性欲。

③ 对于性欲较低的母狗，应人工固定，以免其在交配过程中躲避而妨碍交配进行。

④ 对于兴奋性过高的母狗，也应固定，以免它对公狗的撕咬或攻击。

⑤ 如母狗对交配特别敏感和害怕，它的阴门括约肌和阴道肌肉过度收缩，公狗的阴茎无法顺利插入，此时可在母狗阴门上部或左右部位两侧各深部注射 5 毫升 2% 的普鲁卡因，待 15 分钟后检查其收缩紧张程度，然后决定是否可进行交配。

（3）配种过程中的注意事项　为了使公母狗的交配顺利进行，获得成功，并保证公母狗双方在交配过程中不要受伤。

① 配种的时间　夏季最好选择在清晨或傍晚，冬季以中午为宜。公狗在配种前 1 小时不要做剧烈运动或饮喂过饱，最好不进食，因为

进食后立即交配会引起公狗呕吐。公母狗在交配前要散放，排净大小便。

②　安全　交配前，对体大健壮，凶狠残暴或攻击性强的母狗，一定要带上口笼，防止其在交配过程中由于紧张、惊慌或异常刺激而咬伤辅助人员或公狗。

③　调情　交配前，应将公母狗放在一起，让公狗向母狗求爱。此时公狗常以昂首举尾的姿势接近母狗，嗅、轻咬并挑逗母狗，有的短促排尿，不时发出狺狺声并试图往母狗背上搭前爪，进行爬跨。交配前的调情，不仅能促进公狗体内促性腺激素的释放，提高血中睾酮的浓度，激起公狗的性兴奋性，而且可以提高其射精量，改进精细胞（精子）的密度和活力。这对保证交配成功是非常重要的。

④　防止母狗倒卧　在交配过程中由于公狗爬跨后体重的压迫；来回冲插的推动力或长时间的爬跨，体弱的母狗有时会经受不住而突然趴卧、滚倒或坐起，从而导致公狗的阴茎受损，失去配种能力。因此，在配种过程中一定要注意辅助母狗，减轻其所承受的压力，同时保护公狗，防止其受伤。

⑤　令公母狗自行分开　狗交配的时间较长，一般可持续 20～45 分钟，甚至更长一些时间，一定要耐心等待，令其交配完毕，自行分离，尤其是当公狗第二阶段射精完毕后，与母狗形成尾对尾的状态。这并非是交配的结束，而是交配过程中的一个阶段。因此不可强行将公、母狗分开，这样会造成公母狗双方的损伤。

⑥　保持休息和适当运动　当狗交配完毕之后，应让公狗回狗舍休息，切不可将狗拴在舍外或放入运动场，以防感冒和避免发生意外事故，30 分钟内，不要给公狗饮水；母狗应在主人的带领下做适当的散步，借以促进精液进入子宫，要防止母狗在交配后立即坐下或躺卧，引起精液外流。

**2. 人工授精**

人工授精是用人工方法从公狗体内采出精液，在显微镜下进行精液品质检查，把质量合格者稀释，常温、低温、冷冻保存等，再用输精器输入到发情母狗的生殖道里使母狗受胎。人工授精可以提高种公狗的利用率，充分发挥优良种公狗的配种效能，减少种公狗的饲养数量，掌握种公狗精液品质的好坏，以便及时发现问题，分析原因，采取必要措施，及时予以纠正；可以提高受胎率。人工授精可把精子直接输入子宫颈内，有利于精子在有效的活力范围内迅速与已排入子宫内的成熟的卵子结合，从而提高受胎率。另外，患有阴道炎、子宫颈炎、子宫颈口不正等畸形母狗，在自然配种不能怀孕的情况下，采用人工授精亦可使之怀孕；避免公、母狗生殖器官的直接接触，可防止生殖器官疾病的传播和一些寄生虫的侵袭；人工授精可以克服公母狗因个体差异大而无法交配或异地饲养不便运输而不能交配等困难。所以值得应用。

（1）公狗的射精特点 狗的精液一般分为三部分射出，但这三部分有时不能完全分开。当狗的阴茎随着勃起，硬度增加，狗有向前冲插的动作时，第一部分精液射出，体积为 0.5～2.0 毫升，这部分精液清亮透明，呈水样。主要是尿道小腺体的分泌物，很少有精子。第一部分精液射出后，公狗变得安静，阴茎停止抽动，并充分勃起，开始射出第二部分精液，其量与第一部分量大体相等，为乳白色黏稠液体，含有大量精子。当第二部分精液射出之后，狗往往抬起腿越过采精者的手臂，此时应缓慢地朝后反转阴茎，并保持一定的拉力。为便于采精，阴茎可斜向后下方。间隔 10～25 秒，开始射出第三部分精液，这部分精液量很大，为 30～35 毫升，一般在 5～45 分钟内射完。此部分主要是前列腺液，精子数量很少。

（2）采精前的准备

① 器材的准备 把集精杯连同输精管等一起进行高压蒸汽灭菌或煮沸灭菌，取出后用灭过菌的稀释液把它们的内腔各冲洗 2～3 遍。气温低时要对集精杯施加保温措施。

② 场地的准备 为了使公狗有良好的性发射条件，要注意采精环境。采精场地面积一般为 20 米$^2$，安静、清洁、平坦、干燥、防滑。除了工作人员以外不得有其他人围观，特别是陌生人要回避。

③ 台狗的准备和假母狗的制作 目前采用发情的母狗做台狗，最好是性格温顺的母狗。采精前台狗的后躯、尾根部、会阴部、肛门部位，应彻底洗涤干净，再用干净抹布擦干，值得注意的是，在洗涤时不能用刺激味较大的消毒液洗涤，以免异味过大影响公狗的性欲和采精量。

假母狗的制作：假母狗一般体高 60 厘米左右，体长 70 厘米左右，体宽 25 厘米左右，四肢着地，四肢间距离稍宽一些，外形似母狗即可。制作方法是按假狗体形基本尺寸，做成一个木板骨架，上面和两侧钉上薄木板，木板上面用布包入软草或海绵呈拱形，形如狗体，最外面一层固定一张狗皮最好，然后待用。

④ 采精训练　用假母狗采精，必须严格细致和耐心的调教训练公狗。首先安装好假阴道，将假阴道拿在采精人的手中，然后牵一条发情旺盛的母狗紧贴假母狗右侧站立，要有人固定母狗不至于乱跑乱动，接着牵种公狗到假母狗处，待公狗要爬跨时，人为协助让公狗爬跨于假母狗身上，必须同时将狗阴茎导入假阴道内，在插入的同时将真母狗牵走。因为公狗性兴奋，协助公狗爬于假母狗身上的动作比较容易进行。

采精的另一训练方法是用真的母狗做配种架，在公狗正在爬跨母狗时，将阴茎导入假阴道，公狗即可射精。需要注意的是训练采精一定要安全进行，采精人员对待公狗要和善友好，防止公母狗之间的咬打及对操作人员的攻击，否则，一旦发生咬打，公狗便不会射精并造成以后训练的困难。对公狗的保定不宜用捆绑法，否则会增加它的恐惧感，对采精不利，有必要时，可给它戴上口套。为防止母狗在交配过程中躺下，操作者可站在母狗的右侧，左手扶住母狗腹部，或用左膝盖顶住母狗腹部，右手扶住其头部，也可将母狗拴在墙边等。

（3）采精技术　采精是人工授精中的一个重要环节。采精常用的方法有拳握采精法、假阴道采精法和电刺激采精法等。

① 拳握采精法（按摩法）　这种方法是最早使用的非常方便的采精方法，而且简单易行，其所得到的精液宜直接输精，而不适于保存。拳握采精法的操作方法是：先将发情母狗固定在一个特别的架子里（或假台狗）引诱公狗爬跨，待公狗爬跨，阴茎勃起伸出包皮，在左侧的采精人员应迅速用事先洗净并消毒过的右手握住公狗龟头后部的阴茎，随着公狗的反复抽动而配合其挤压和滑动，如此反复数次后，阴茎便会自行射精。此时，用左手拿住灭菌的集精杯收集精液。狗每次交配都是多次射精，第一次射精后不要把手松开，继续握住，直至射精完毕，阴茎变软为止。大中型肉狗采精量为 5~10 毫升，小型品种为 2~3 毫升，每毫升精液中含约 1.5 亿个精子。注意握阴茎的手和集精杯不能触及龟头，否则，神经质的公狗会停止射精。采

精结束后，若狗的阴茎久久不能自动缩回，可用稀释液湿润后将包皮捋向阴茎头助其缩回。

②假阴道采精法　是目前最常用的采精法。此法关键在于假阴道要合适。可用牛的假阴道部件进行改造使用。使用假阴道采精时，采精前应给假阴道内灌入41℃左右的温水，内胎的空隙大小借助于公狗阴茎勃起的大小来调节。当公狗爬跨母狗或台狗时，立即将阴茎导入假阴道内，公狗便会开始抽动。此时，采精员一只手拿稳假阴道，另一只手握住龟头后的阴茎，助手轻轻地打气借以产生紧握感，刺激公狗不断地将精液射入假阴道的集精容器中，直至采精完毕。使用假阴道采精时，假阴道内胎内不用涂润滑油，因为发情母狗阴道略显干燥。

③电刺激采精法

第一步：先给公狗基础麻醉，然后给电刺激，采精器的探棒涂以石蜡油或其他无刺激、无毒的润滑油，并徐徐插入公狗直肠10～15厘米，达到耻骨前缘为止，随着接通电源，慢慢地增加电压和频率，给节律性刺激使公狗阴茎勃起，伸出包皮，此时，应将采精器套在阴茎上，将公狗射出的精液收集起来。待公狗射完精后，切断电源，取出探棒，将公狗置于温暖、安静的环境中使其苏醒和休息。

第二步：被采的公狗在清醒状态下，使用30伏140毫安的电流，正极置于直肠，负极置于第4～5腰椎处，间歇10秒通电刺激，不同公狗对电刺激敏感度不同，一般刺激3～4次以后阴茎开始勃起并射精，可收集精液。公狗射精完毕后，停止电刺激。用电刺激采精法操作简便，不受其他条件影响，但是，连续使用对公狗体质、性欲及精液品质有什么影响，待进一步研究、探讨。明显的缺点是精液中往往混有尿液。

另外，还可用颤震器采精法，即在颤震器的头上安装一个特制的集精杯，把颤震器放在阴茎的延伸部上，约65%的狗可在15秒～7分钟内射精。用此法采精需时短，精液受污染的机会少，易于保存。

（4）采精频率　采精频率对公狗的性欲、射精量及精液品质均有影响，频繁采精会造成精子密度降低、活力降低、存活时间缩短、畸形精子数增加等现象。因此，公狗在1周之内采精不宜超过2～3次。在繁殖季节，可进行隔日采精，但要注意观察公狗的性表现和精液品质的变化。实验表明采精间隔时间越长，采得的精子数也越多。如间隔 2 天的精子数大约 3 亿个；间隔 3 天的约 3.7 亿个；间隔 4 天约 4.8 亿个；间隔 6 天约 5.3 亿个；间隔 10 天以上约 6 亿个。

（5）精液品质的检查

① 精液品质的正常标准　　见表 3-4。

**表 3-4　精液品质的正常标准**

| 项目 | 正常 |
|------|------|
| 精液的颜色 | 正常的为乳白色,浓度越大,乳白色越重,浓度越低,颜色越浅。有异常颜色的不能用 |
| 精液的酸碱度 | 平均 pH 值为 6.4。先后射出的精液 pH 值不一,这与副性腺分泌有关,精液 pH 值变化范围为 6.1～9 |
| 精子的运动 | 只有前进运动的精子才能使用。一般采用十级评定方法,检验时,将显微镜保温箱的温度调到 35～38℃,取一滴精液滴于载玻片上,加上盖玻片,置显微镜(200～600 倍)下,检查精子直线运动情况。视野中 100% 的精子呈直线前进运动为 1 分,90% 的精子呈直线前进运动为 0.9 分,依此类推。活力低于 0.5 分的精子不宜使用 |
| 精子的密度 | 精子密度指每毫升精液中含精子的数量,通常按密、中、稀分为三级。显微镜视野中布满精子,相互距离小于 1 个精子,为密;精子相互间距不超过 1～2 个精子的长度,为中。达到中级以上才能使用 |
| 精子的浓度 | 1 毫升精液中平均有 1.25 亿个精子(用血细胞计算板计算精子个数) |
| 畸形精子数 | 精子畸形率不超过 10%～12% |

② 精液品质的检查方法　　见表 3-5。

**表 3-5　精液品质的检查方法**

| | |
|------|------|
| 外观检查法 | 指用肉眼观察精液的方法。射精量平均在 10～15 毫升,各项条件不同采精量差异很大,可从 1～80 毫升不等。精液颜色和精液密度有关,由灰白色到乳白色不等,密度高时呈乳白色,密度低时则为灰白色。当精液中混有异物时,则色泽发生异常,如精液带绿色或黄色,为混有脓汁或尿液的表现;呈淡红色或红褐色时,则为混有鲜血或陈血的表现。此时,立即停止配种或采精,应及时治疗,待种狗的精液颜色和品质恢复正常时再进行使用 |
| 显微镜检查法 | 指用显微镜检查精子的浓度、精子活力、精子密度及畸形精子等来评价精液品质的方法。<br>活力检查:将显微镜保温箱的温度调节到 35～38℃,取一滴精液滴于载玻片上,加上盖玻片,置显微镜下检查精子的直线前进运动情况。 |

| 显微镜检查法 | 死亡精子数检查：将一滴精子与一滴伊红溶液滴在载玻片，迅速混匀，抹片，置于显微镜下检查。由于活精子头部不着色，而死精子头部易被伊红染色，所以容易镜检出死活精子比例，其中总数要在 500 个以上，死精子比例一般在 15％～20％。 |
|---|---|
|  | 精子畸形检查：用滴管滴一滴精液于载玻片的左侧，用另一载玻片做推片，沿滴有精液的载玻片（两载玻片夹角应为 30°）由左向右轻轻推动，涂成均匀一薄层（也叫抹片），待抹片干燥后，以 0.5％的龙胆紫、酒精溶液数滴染 3 分钟，然后用清水缓缓冲去染液，待干燥后即可镜检。精子的畸形率以畸形精子占全部检测精子数的百分比表示 |

③ 精液品质检查注意事项　要把精液轻轻混匀后再取样检查。每次检查应多看几个视野，最终结果取平均值。检查精子活力时观察速度要快，并注意避免人为因素的损害。常见对精子有害的外界因素见表 3-6。

表 3-6　常见对精子有害的外界因素

| 高温（高于 37℃） | 能够提高精子活力，使检查结果不真实，并使精子存活时间缩短；温度过高（超过 45℃）时引起精子很快死亡。所以，精液不能存放在高温环境中 |
|---|---|
| 低温 | 在低温下精子的活力降低，故镜检时若精液或环境的温度很低应适当升温。在较低温度下保存的精液应在稀释液中添加抗冻保护剂。特别值得注意的是精液采出后若急剧的降温至 10℃以下，就会使精子丧失受精力（冷休克），甚至死亡 |
| 光照 | 任何光线如阳光、紫外线等都对精子有害。所以，不能在阳光直射下采精，采出的精液也必须避光存放 |
| 消毒剂 | 任何消毒剂都能杀死精子 |
| 天然水 | 能引起精子头部膨胀甚至引起精子死亡 |
| 异物 | 所有的杂质如血液、气泡、灰尘等均可引起精子聚集成簇（凝集），失去正常的运动力和受精力 |
| 烟雾 | 任何烟雾对精子都有毒害作用。有精液的地方应禁止吸烟，煤炉的废气要用烟筒排至室外 |

发现精液品质异常时应查找原因，并在操作无误的前提下多次或多天地进行重复检查。此外，评定种公狗的繁殖性能时，一定要对其精液品质进行全面的综合分析，尤其不能仅凭一次的观察结果就下结

论，而应以一定时期内多次射精的"平均值"为依据。

（6）精液的稀释 精液稀释后可给更多的母狗输精，而且狗精液只有经过稀释才能进行保存。

① 常用的狗精液稀释液 狗精液稀释液有多种，均需添加抗生素。精液用任何一种稀释液稀释后都可直接用于输精。要进行低温保存的精液必须用含有抗冻保护作用的卵黄或奶类的稀释液进行稀释。狗常用精液稀释液见表3-7。

表3-7 狗常用精液稀释液

| 名称 | 组 成 |
|---|---|
| 牛奶稀释液 | 鲜牛奶100毫升隔水加热至92～95℃，维持10分钟，温度降至40℃以下除去奶皮，加入青霉素钾盐10万国际单位[或氨苄青霉素0.1克（可作常温或低温保存稀释液）] |
| 柠-甘-糖稀释液 | 二水柠檬酸钠1.16克，氨基酸0.75克，葡萄糖1克，乙二胺四乙酸0.01克，蒸馏水加至100毫升使充分溶解，过滤后高压灭菌，冷却至40℃以下加入青霉素钾盐（或氨苄青霉素）10万国际单位 |
| 托-果-柠稀释液 | 托利斯（三羟甲基氨基甲烷）2.4克，果糖1克，柠檬酸1.3克，蒸馏水加至80毫升，高压灭菌后冷却至40℃以下加入新鲜卵黄20毫升和青霉素钾盐（氨苄青霉素）10万单位 |
| 柠檬酸钠稀释液 | 柠檬酸钠3克，蒸馏水加至97毫升，高压灭菌后降至40℃以下加入新鲜卵黄3毫升、青霉素钾盐（或氨苄青霉素）10万单位 |

② 稀释液的配制原则和注意事项。配制用具要求干净、干燥，不要求无菌，但稀释液灭菌后不能接触带菌物品。配制时，药品称量要准确，以新鲜蒸馏水或去离子水溶解后过滤于三角烧瓶中，用硫酸纸扎口或加棉塞后煮沸灭菌。加热不要过急，煮沸后以小火在接近沸腾状态维持5～10分钟。奶类用4层纱布过滤后以巴氏消毒法（92～95℃，10分钟）灭菌，冷却后除去奶皮。卵黄须采自新鲜鸡蛋，与抗生素或甘氨酸一起待溶液温度降至40℃以下时加入并摇匀。一般应现用现配，密封灭菌者可在0～5℃保存1周。

③ 精液稀释倍数 指添加的稀释液量与原精液量的比。稀释倍数应依原精液的品质、输精母狗数、输精量等而定。一般稀释倍数为：精子密度为中者0.5～3倍，密者3～8倍，稀的全份精液不稀

释、不保存而直接用于输精，且需加大输精量。输入精液的精子密度过低会降低受胎率和产仔数。新鲜精液输精后预期精子活率以 0.6 计（低温保存者按 0.5 计），输精量一般为 3～5 毫升。每个输精量要求含最低有效精子数不少于 3 亿个。

④ 精液稀释的方法　稀释液与精液的温度要一致或接近（等温稀释），二者温度差不得超过 5℃。稀释液要沿着精液容器的壁缓慢加入（注意稀释方向），边加边轻轻晃动精液容器，使精液与稀释液及时混匀。稀释不超过 2 倍时可一次稀释（一步稀释）；高倍稀释则应分步进行，即每稀释一次后应停数分钟，检查一下精子密度和活力，有继续稀释的必要时再进行下一步稀释，而且每一步只在前液量的基础上稀释 1～2 倍。

（7）精液的保存　精液的保存是指采集狗的精液与稀释液按比例混合后，在一定条件下储存，延长精子寿命的方法。它是根据精子的生理特性，在低温或超低温条件下，通过抑制精子的活动，降低其能量消耗，即创造延长精子寿命的条件，消除对精子存活有害的因素来实现的。精液保存的目的是延长精液的利用时间，扩大精液的利用范围。精液保存的常用方法有 3 种，即常温保存、低温保存和超低温保存。

① 常温保存（15～25℃）　把稀释过的精液按输精剂量每瓶装一头份在常温中避光保存。寒冷季节需放在恒温培养箱内或采取其他适宜的保温措施；气温高时则可密封后放进加有凉水的保温瓶里保存，通常半天检查 1 次水温，通过换水控制保存温度。保存温度允许在规定的范围内变动，保存时间不宜超过 2 天。因为在常温下，精子运动快，能量消耗大，代谢旺盛，易出现营养成分缺乏而死亡，而且精子易被有害微生物污染，精液有效成分腐败、分解，精子死亡。这种方法是短期保存精液的简单方法。

② 低温保存（3～5℃）　狗精液用含卵黄或奶类等防冻剂的稀释液稀释后，在 4℃一般可保存 5 天左右。冬季将稀释精液置于温度符合要求的室内，其他季节可放在 4℃左右冰箱里或加有冰块和凉水的保温瓶内保存，或将密封贮精瓶沉入井底水中。低温可抑制精子活动，减少精子的能量消耗，有利于精子生命的延续。应注意以下情况。一是降温速度不可过快，以在 1～2 小时内从 30℃降到 4℃左右

为宜。可取一个大些的容器，里边盛装适量的与精液等温的水，把密封好的精液瓶放进去，然后把它们放在4℃左右的环境中任其自由降温。当温度稳定下来以后，也可撤去盛水的容器，精液瓶擦干后直接放在4℃环境中。二是保存期间尽量保持温度恒定，避免温度发生大幅度波动。三是使用前，把精液瓶取出放进35℃左右的温水中（精液中不能混进去水）或恒温箱中使之升温，精子活力经镜检合格者方能用于输精。

③ 超低温保存　是指将稀释好的精液通过降温、平衡、速冻后，置于液态氮（−196℃）中保存。这种方法的主要优点是可长期保存精液（精液可保持多年，而且又具有受精能力），便于携带、运输，有利于优秀种公狗或品种推广繁殖。其主要缺点是解冻后精子活力较低，且易很快失活，受胎率低，投资大，大面积推广受到一定的限制。因此，冷冻保存精液的方法有待改进和提高。

（8）精液运输　根据精液运输距离、时间和数量可以采取不同的精液处理方法。输精地点比较远，但在6小时以内可以到达的，要求用冷冻方法运输，一般冷源采用干冰、液态氮；输精地点在几千米之内，运输时间在1小时之内的可以采用原精液或1∶1稀释精液，常温运输。运输精液注意事项如下。

① 无论用什么运输工具都要平稳、防止颠簸，尤其是常温运输和低温运输，液态精液震荡影响精子成活率。

② 盛装精液的容器要严格密封，防止冷水浸入，降低精液品质。

③ 运输精液需最短的时间内到达输精地点，中途不做与运输精液无关的事，以防延误时间，降低精子活力。

④ 运输工具和盛装工具均不允许带有刺激性气味及有害物质，否则对精子有不良影响。

⑤ 常温下或低温下运输必须在遮光的条件下进行，温度升高及时更换冷源。

⑥ 运输前后要坚持镜检，发现精子活力变化，及时查找原因，针对原因改进工作。

（9）输精　是指正确的用输精器把公狗的精液输送到母狗生殖道合适的部位，促进精子和卵子进行结合的方法。它是提高母狗受胎率的关键。

① 输精标准　根据狗的体型大小以及精液的品质，确定输精量，一般为 1.5～10 毫升，有效精子数应为 0.6 亿～2.0 亿个。母狗每个发情期输精 2 次即可。新鲜精液的精子活力要求在 0.6 以上，低温保存者经升温后不宜低于 0.5。

② 输精前的准备

a. 输精器械的准备与消毒：可借用羊的输精器或自制。自制时，用塑料或金属材料制成细管，长 17 厘米，直径 6 毫米，用 10 毫升或 5 毫升注射器与其连接。可根据狗的情况自制阴道开张器，或利用羊的阴道开张器。以上各种器械在使用前必须彻底消毒，临用前用稀释液冲洗。在输精过程中只有严格遵守消毒卫生规则，才能避免母狗生殖道感染而引起的繁殖力下降。

b. 精液的准备：用于输精的精液必须检查其活力，只有合乎输精标准时才能输精。将精液吸入注射器中，在几分钟内用于输精；气温低时注射器外面要用无菌的多层毛巾包好。

c. 母狗的准备：就是准确判定母狗发情和排卵的时间。

d. 输精人员的准备：将双手用肥皂水洗涤干净，再以 75％酒精棉球擦拭消毒，最好再在右手食指上套一无菌的医用乳胶指套。

③ 输精的方法步骤

第一步：母狗的保定和消毒。将适于输精的发情母狗保定在输精架上，大型母狗可令其站在地面上，后躯抬高，将头部固定在助手的两膝之间。将保定好的母狗尾巴拉向一侧，露出阴门。用温水洗净母狗的外阴部，擦干，再用酒精棉球擦拭消毒。

第二步：打开阴道。将阴道开张器插入阴道，使阴道开张，借助光线寻找子宫颈口，用阴道开张器顶住子宫颈突入阴道内的部分，向前并略向下推进子宫，这有助于固定子宫颈位置。

第三步：注入精液。在输精管的前端涂以少量经灭菌的润滑剂，通过阴道开张器插入阴道，尽量插入到子宫颈管的深处或子宫体内。把吸有精液的注射器接到输精管上，推动注射器活塞，将精液缓慢注入，精液注射完后，将注射器取下吸入约 1 毫升空气再注入，以冲出输精管内残留的精液。接着把输精管后退 2～3 毫米并倒抽一下注射器，若没有抽到精液，就可一次抽出输精管和阴道开张器。如果倒抽时精液又回到注射器内，应把精液全部抽回，重新调整阴道开张器位置，直至准确地完成输精操作。

第四步：输精后的刺激。为防止精液流失，在输精后最好将母狗的后躯抬高几分钟。并且输精后立即将右手食指伸入母狗的阴道内，有节奏地上下颤动 2～3 分钟（频率约 0.8 秒/次）引起生殖道收缩，促使精子从阴道向上运动，并起到阴道塞的作用。

【注意】输精要领：母狗后躯位置宜稍高；输精管尖端一定插入子宫颈管内；输精速度要慢；退出输精管和开张器后将食指伸入母狗的阴道内震颤几分钟。

## 三、狗的妊娠

### （一）妊娠期

从卵子受精开始计算，狗的妊娠期一般为 58～63 天，平均为 60 天。妊娠期的长短因品种、年龄、胎儿数目、饲养管理条件等因素而不同。

### （二）妊娠诊断

#### 1. 外部观察法

母狗妊娠 20 天左右，表现为食欲增加，被毛光亮，性情变得温顺，行动迟缓、安稳，小心翼翼。随着时间的推移，以上变化逐渐明显。少数母狗妊娠 25 天左右，出现一段时间的妊娠反应，有时呕吐、食欲不振。到了 35～40 天，可以看到腹围明显增大，体重迅速增加，排尿次数增多。乳腺逐渐胀大，甚至可以挤出乳汁。50 天后在腹侧可见"胎动"，在腹壁用听诊器可听到胎儿心音。但外部观察法不能早期判定母狗是否妊娠。

#### 2. 触诊检查法

狗妊娠 20 天左右子宫就开始变得粗大，通过腹壁触摸可以明显地感到子宫直径变粗。但只有丰富经验的人才能作出准确的诊断。妊娠 25 天以后，可以触摸到胎儿（卵圆形硬固物）。触摸时用手在最后两对乳头上方的腹壁外前后滑动，切忌过分用力，以免发生流产。

#### 3. 超声波探测法

目前常用的有多普勒仪、A 型超声仪和 B 型超声仪。

多普勒检查法可用于发现妊娠 19～25 天的胎儿心脏跳动。随着胎儿的发育，其准确率也逐渐增加，在妊娠 36～42 天为 85%，在 43

天到妊娠结束为 100%。未妊娠的准确率为 100%。体型太小的母狗，由于腹部动脉的跳动，常导致检测失误。

A 型超声波检查法可用于妊娠 18～20 天以后的诊断。在妊娠 32～60 天，其准确率为 90%，非妊娠的准确率为 85%。但检查时应注意与来自充满尿液膀胱的信号相区别。

B 型超声波检测法比多普勒法、A 型超声波检测法要好，能探测出妊娠 18～19 天的胎儿，甚至可以鉴别胎儿的性别、数量及死活。

**4. X 线检查法**

在妊娠 30～50 天，可见子宫外形；在 49 天胎儿骨骼钙化，能充分显示出反差；在少数母狗妊娠 40 天做 X 线检查，胎儿的椎骨和肋骨明显可见。检查时，必须根据母狗的大小，腹腔注射二氧化碳 200～800 毫升。

**5. 血液学检查法**

妊娠期间母狗的血液成分发生变化，根据这些参数的改变可诊断母狗是否妊娠，并能区分妊娠与假妊娠。

从妊娠 21 天起，红细胞开始下降，到妊娠的最后 1 周，70% 的母狗红细胞减少到 500 万/毫升，红细胞体积减小 40%，血红蛋白比率下降，特别是年轻的和饲养不当的母狗下降最多；血沉增加，到分娩时达最大值。从妊娠 20 天起，血细胞容量持续下降，到临产前降到最低值 30，而非妊娠母狗的值为 45。从妊娠 21 天起，血小板增加，临产前达 50 万/毫升；白细胞升高，在第 49 天左右达最大值，然后下降，但超过 30000/毫升时为异常。在妊娠 28～42 天，凝血因子Ⅶ、Ⅷ、Ⅸ和Ⅺ浓度增加，直到分娩时下降。妊娠期间纤维蛋白增加 2～3 倍。妊娠 21 天，血清肌酸酐水平下降 25%～30%。

**6. 尿液检验法**

狗妊娠后 5～7 天，尿液中就可出现一种与人绒毛膜促性腺激素结构相似的激素，所以采用人用的"速效检孕液"可以测出狗尿液中是否含有类似人绒毛膜促性腺激素的物质。如检查阳性者，即为妊娠。据报道，该法的准确率相当高，在交配后 6 天左右就可检测出来。

**（三）假妊娠**

假妊娠是母狗常见的现象，在发情后，交配和未交配的母狗均可产生，老龄母狗尤为普遍。其表现是腹部脂肪逐渐蓄积，乳腺发育膨胀，在 60～70 天筑窝；严重者表现母性本能，如保护不活动的物体、收养仔狗，若允许给仔狗哺乳，则将持续数周泌乳，但不形成初乳，到预产期没有仔狗生产。假妊娠的原因是由于黄体分泌孕酮所致，催乳素也起到了一定作用。

## 四、狗的分娩

### （一）分娩前的准备与分娩过程

#### 1. 分娩前的准备

母狗临产前 1 周要做好接产的一切准备。

（1）制作产箱　母狗分娩通常是在夜晚或清晨。为了确保仔狗的安全，要制作一个木制的产箱。产箱的面积要以母狗横卧以后有充分的余地，仔狗能自由的活动为度；高度以仔狗不能跑出为原则。为了使仔狗出入方便，在箱子侧面留一个半圆形缺口，产箱内铺细木条，上面铺旧毛毯或布片等。将产箱放在产房较暗的墙角。

（2）准备产房　产房要清洁干燥，通风良好，空气新鲜，无贼风侵袭，安静宽敞，并应进行消毒。冬季要温暖（15～18℃），夏季要凉爽。产房要挂窗帘，并应有照明设备。

（3）接产用具和药品　主要有剪刀、镊子、脸盆、纱布、毛巾、肥皂、注射器、缝合针线、70％酒精、5％～10％的碘酊及催产药物等。

（4）搞好母狗卫生　事先梳理狗的被毛，剪去会阴、乳头周围的长毛。特别要保持母狗臀部、会阴部、乳房的清洁，看到有分娩的迹象后，立即用 0.5％来苏儿消毒。

（5）安排好看护人员，以便发现情况，及时处理

【注意】比预产期提前 1 周对产房进行维修，堵塞缝隙，全面清洁消毒，设置产床或垫草。昼夜有人值班。

#### 2. 分娩预兆

母狗分娩前 2 周内，乳房开始膨大。分娩前数天，外阴部逐渐柔软、肿胀、充血，阴唇皮肤上皱裂展开，皮肤稍变红，阴道黏膜潮红，同时可见到从阴道内流出黏液。骨盆部变得松弛，臀部坐骨结节处明显塌陷。分娩前 2 天，可以从乳头中挤出少量的乳汁。分娩前

24～26 小时，食欲减退，拒绝吃食，行动急躁，寻找僻静和黑暗的地方筑窝，很少离开它选定的分娩场所。临产前母狗坐卧不安，用前肢扒地，有的伴有颤抖和呕吐，并发出怪声，呼吸加快，气喘，经过 0.5～1 天就要分娩了。在分娩前 3～10 小时，子宫颈口开张。

一般在临产前 3 天体温开始下降，分娩前下降到 36.5～37.5℃（正常体温 38.0～39.0℃）。当体温回升时表明分娩在即，因此体温是分娩预测的重要指标。

**3. 分娩过程**

分娩是借助子宫和腹肌的收缩，把胎儿及其附属膜（胎衣）排出来。分娩过程可以分为 3 个阶段。

（1）开口期　从子宫开始间歇性收缩起，到子宫颈口完全张开，与阴道之间的界限完全消失为止。在此期间，子宫颈松弛和开张平均需 4 小时，但也有持续 6～12 小时的，有神经质的初产母狗甚至可达 36 小时。母狗心神不安、忧惧和惊恐，有的伴有颤抖、气喘和呕吐，忧虑地观望腹部。有些母狗平静，有些则兴奋，有些母狗喜欢主人在身边。此期只有子宫的节律性收缩（阵缩）尚不出现努责。

（2）胎儿产出期　从子宫颈全张开至排出胎儿为止。此期的主要表现是阵缩和努责，努责是排出胎儿的主要动力，它比阵缩出现晚、停止早。此时母狗是安静的，但有的母狗特别是初产母狗产第一只仔狗时，在胎儿通过产道时会因疼痛而号叫，呼吸增数、加深，母狗气喘、颤抖。在子宫收缩和强烈努责的推动下，胎儿自产道排出体外。当第一只仔狗产下后，隔一段时间又产下第二个仔狗，第一与第二只仔狗间隔一般为 10～30 分钟，也有的长达数小时，如生 5～6 只仔狗，多需 3～4 小时。

娩出的第一个胎儿是来自含有胎儿数多的那个子宫角，而接着娩出的第二个胎儿是另一个子宫角里的，两个子宫角交替娩出胎儿。

（3）胎衣排出期　是从胎儿排出后到胎衣完全排出为止。当胎儿排出 5～15 分钟后，子宫主动收缩，有时还配合轻微的努责而使胎衣排出。

在分娩过程中，往往前面生产的胎儿胎衣还未排出，其他胎儿已经娩出，甚至所有的胎儿都已经娩出。如果胎衣没有立即娩出，脐带仍在产道内，母狗可能会咬住脐带而拉出胎膜。多数母狗能吃掉胎衣。

如母狗在产出几只胎儿之后变得安静，2～3小时后不再努责，即表明分娩已结束。

（二）接产与助产

**1. 接产**

大多数母狗都能自然地产出仔狗，并能自行咬破并吃掉胎膜，咬断脐带，舐净仔狗身上的黏液。但有少数母狗产到第三个胎儿后，无力处理仔狗，需要看护人员适当的接产。

（1）撕破胎膜 仔狗产出后，应立即将胎膜撕开，并擦净仔狗身上及口、鼻的黏液。

（2）断脐 先将脐带内的血液向仔狗腹部方向挤压，然后在脐根部用线结扎，在离脐2厘米处把脐带捏断或剪断，断端用3%碘酊消毒，并适当止血。

（3）假死的抢救 刚出生的仔狗，由于鼻腔被黏液堵塞或羊水进入呼吸道，常造成窒息——假死。此时必须进行人工救助，立即将仔狗两后腿倒提起来头朝下，把羊水排出，然后擦干口腔、鼻内及身上的黏液。或者施行人工呼吸，有节律地按压胸壁或令仔狗仰卧，并前后摆动仔狗前腿。最后把仔狗轻轻地放到母狗乳头附近，让仔狗吃奶。

（4）弱病仔狗的处理 体弱的仔狗，活动不灵活，找不到乳头，此时可进行温水浴，再用毛巾擦干，以促进血液循环，增强体质。如发现胎儿畸形、先天性发育不足或24小时以内不吃奶等，应予以淘汰。

（5）编号登记 在分娩过程中，按胎儿出生顺序编号，并做明显标记。在仔狗出生后12小时以内称重，并做好登记。

**2. 助产**

正常情况下，分娩全靠母狗自己完成，只有在分娩不顺利时才需助产。

（1）胎儿过大 首先往产道内灌注润滑剂或温肥皂水；在两前肢的指部拴上产科绳，交助手牵拉，术者以手指掐住下颌，拉头部和前肢，但两前肢不应同时牵拉，要交替牵拉。在胎头通过阴门时，助手要用手护住阴唇，以防破裂。

（2）倒生　当胎儿两后肢露出产道时，应尽早地拉出胎儿，否则，胎儿腹部进入产道后压迫脐带，易引起死亡。倒生除用胎儿过大的助产方法外，也可使胎儿侧向，减少阻力后拉出胎儿。上述方法无效时，可施行剖腹取胎术。若胎儿已死于体内，应进行截胎术。

（3）四肢姿势异常　四肢姿势异常引起难产时，不要硬拉，应顺势将胎儿推回子宫，矫正为正常姿势，然后随着母狗努责将胎儿拉出。

（4）骨盆狭窄　可参照胎儿过大的助产方法，如果无效应考虑及早采取剖腹取胎术或截胎术。

（5）子宫颈狭窄，宫颈扩张不全的难产　可稍等待，并肌内注射己烯雌酚0.1～0.2毫克，然后注射催产素1～5单位，以促使子宫颈扩张。当子宫颈不能扩张时，可施行子宫颈切开术。

（6）阴道轻度狭窄　应向阴道内灌注润滑剂，缓慢而耐心地牵拉胎儿，如果无效可行阴门切开术。

（7）阵缩和努责微弱　可根据分娩持续的时间长短、子宫颈扩张的大小、胎水是否排出、胎囊是否破裂、胎儿死活等情况，确定助产的时机和助产方法。如果胎水已流失或胎儿已死亡时，应立即施行牵引术，将胎儿拉出。如子宫颈尚未开大，胎囊未破，胎儿还活着，就不要急于牵拉，可用手按摩腹壁，并将下腹壁向上向后推压，以刺激子宫收缩，亦可肌内注射催产素或垂体后叶素。上述措施无效时应及早施行剖腹取胎术。

（三）窝产仔数

窝产仔数是指母狗分娩后一胎的总仔数，其中包括死胎和生后即死的胎儿。肉用狗窝产仔数一般为4～6只，少则1或2只，多则8只。

狗的品种、年龄、胎次、体型大小、饲养水平与环境等多种因素，均可影响窝产仔数。年轻母狗产仔多，老年母狗产仔少，公母狗超过8岁时，窝产仔数降到最低；有些母狗在第四胎后窝产仔数下降。一般说来，体型大的母狗产仔多，体型小的母狗产仔少；好的日粮和适宜的环境可提高窝产仔数。

（四）难产（异常分娩）

难产有母体、胎儿的原因以及母体和胎儿的共同原因。

**1. 母体原因**

如骨盆异常，如骨盆狭窄、子宫颈管和膣腔（母狗生殖道的一部分）狭窄等。

骨盆狭窄多发生于小型狗，后天性的则多因事故造成的骨盆骨折、骨瘤以及骨的疾病而引起。必须采用子宫切开术（剖腹取胎术）取出胎儿。

子宫颈管和阴道的狭窄多因发育不全，后天性的多因机械刺激和前一次分娩时的外伤、炎症等的后遗症，形成瘢痕组织而造成子宫颈管和阴道的通过障碍。可用药物治疗，注射动情素制剂。

子宫肌收缩不全（阵痛微弱）多因营养不良、过肥、全身衰弱、缺乏运动，或胎儿过大、胎水过多、倒位、子宫扭转、疝气等；或因脑垂体后叶功能不全、子宫发育不全、子宫神经支配失调等因素造成。对怀孕已足月的母狗，分娩时努责次数少，力量弱，长时间不能排出胎儿，可肌内注射催产素 1～10 国际单位或脑下垂体后叶素 2～15 国际单位，或静脉注射 5% 葡萄糖溶液的稀释液。也可用外科手术取出胎儿。

**2. 胎儿原因**

（1）胎儿过大，不能通过产道，可用助产方法强行拉出。首先往产道内灌注润滑剂、油类或温肥皂水，在两前肢的指部拴上产科绳，交助手牵拉；术者还应以手指掐住下颌，拉头部和前肢，但两前肢不应同时牵拉，要交替进行，这样两个肩端之间的连线就轮换成为斜的，缩小胎儿的肩宽，使之容易通过骨盆腔。在胎头通过阴门时，助手应用手捂住阴唇，以防阴唇上角及侧壁撕裂。

（2）倒生　即后臀部向着产道娩出。具体内容见"助产"。

**3. 母体与胎儿的共同原因**

（1）早期破水　即在子宫颈完全开张之前，胎膜破裂或被扯破，导致胎水排出过早；或者破水之后，分娩过程受阻，造成胎水排净。破水造成胎水过少或没有胎水，使胎儿和子宫黏膜之间没有足够的润滑，导致胎儿排出困难。为了顺利拉出胎儿又不损伤产道，必须先向产道内灌注润滑的液体——液化石蜡或温肥皂水。然后在母体努责时，强行拉出。

（2）早期胎盘剥离　即正常位置的胎盘在胎儿尚未娩出之前即行

分离，可引起大量出血，危及母狗及胎儿的生命。此现象多因母体并发其他疾病，如妊娠中毒症、高血压病等；或因外力冲撞腹部，如交通事故、跌落、滑倒等及宫内压力突然降低引起。胎盘剥离面小者，出血较少，症状较轻，有持续性腹痛，腹壁稍紧张，每当子宫收缩或压迫腹部时，阴道流血较多；胎盘剥离面大者，会突然发生剧烈持续性腹痛、腹胀，阴道流血或不流血，腹部有触痛，腹壁紧张，子宫很硬。当发现这些症状时，要立即对腹部进行紧束腹带压迫止血，待子宫颈完全开口后，协助强行拉出胎儿，胚盘亦随之而出。如继续出血，可肌内注射止血剂：维生素 $K_3$ 1～2 毫升，配合使用 5％氯化钙注射液 30～50 毫升静脉注射，每日 2 次或 3 次。亦可用肝素按每千克体重 100 单位，肌内注射，每日 2 次。

### （五）产后母狗的护理

#### 1. 防止吞食仔狗

有的母狗有吞食仔狗的恶癖，应给母狗戴上口笼。母狗吞食仔狗并非饥饿，常因家人处理仔狗时不小心，误被母狗认为爱仔被抢走而气愤吞食的。因此，分娩时家人应静静地守在一旁，注意看护，但是围观人不要太多。

#### 2. 产后卫生

母狗分娩完毕后，母狗的外阴部、尾、乳房及其他被恶露污染的部位，都要用温水仔细地洗净并擦干。在擦洗过程中要轻快，不要影响母狗休息。产箱里的垫草或毛毯要更换。

#### 3. 皮肤摩擦

母狗分娩后，疲劳伏卧，此时皮肤感觉非常敏锐，易引起感冒。所以，在产后要用毛巾或软草，对母狗的皮肤进行摩擦，这样可以促进血液循环，增强抵抗力，还能促进子宫收缩，使胎盘迅速排出。

#### 4. 产后饲喂

母狗分娩后最初 24 小时内不愿吃东西，一般可以不喂食，只需供给充足的温水（切忌冷水），有条件的可补给强壮剂或红糖水等（只在第一天饮用，在正常饲喂情况下红糖水容易抑制食欲）。从第 2 天起，每 4 小时喂 1 次食。应供给母狗营养丰富、易消化的流食，如牛奶冲鸡蛋，稀饭里加少量蛋黄、面包、豆粉、肉汤等。从第 5 天开始，母狗体质虚弱期已过，饲喂除保证母狗的营养需外，还要考虑泌乳的需要。一般在哺乳的第 1 周，饲料可比平常增加 50%，第 2 周增加 100%，第 3 周增加 200%～300%，以后逐渐减少。日粮中还要酌情添加肉、蛋、奶、蔬菜、磷酸钙、酵母、鱼肝油、维生素 A、维生素 B、维生素 D 等。饲喂次数每日不少于 3 次或 4 次。

**5. 产后管理**

要注意保持母狗全身的清洁卫生，每日都要梳刷被毛。乳房要定期消毒；每周给母狗洗 1 次澡。每日要放母狗到室外散步，晒太阳，散放的时间可逐渐由 30 分钟增至 60 分钟。要保持产房的卫生，每日坚持清扫，产箱要每周晒 1 次，保持干燥。此外，还要注意保持产房安静，让母狗充分休息。

母狗分娩后，因某些原因可使母狗发生一些病理现象，如胎衣不下、阴道或子宫脱出、子宫内膜炎、产后抽搐、急性乳房炎及缺乳等。因此，必须随时注意观察，一旦发现异常，应立即请医生诊治。

产床内的垫草一旦污湿要及时更换，撤出的垫草、垫料可以堆积沤肥或焚烧。

母狗产完后要做好记录。记录见表 7-7。

<<<<

# 第四章

# 肉狗的饲料营养

**核心提示**

　　肉狗生产性能和经济效益的高低，饲料营养是重要的决定因素之一。肉狗的生存、生长和繁衍后代等生命活动离不开营养物质。营养物质来源于饲料。不同类型、不同生长阶段、不同生产性能的肉狗，营养需要不同。必须根据肉狗的生理特点和营养需要，科学选择饲料原料，合理配制，生产出优质的配合饲料，以满足其营养需求。

## 第一节　肉狗的营养需要

### 一、肉狗需要的营养物质

　　肉狗需要的营养物质，主要有蛋白质、碳水化合物、脂肪、无机盐、维生素和水。这些营养物质对于维持肉狗的生命活动、生长发育和产肉各有不同的重要作用。

　　（一）能量

　　能量对肉狗具有重要的营养作用，肉狗在一生中的全部生理过程（呼吸、血液循环、消化吸收、排泄、神经活动、体温调节、生殖和运动）都离不开能量，能量主要来源于饲料中的碳水化合物、脂肪和蛋白质等营养物质。饲料中各种营养物质的热能总值称为饲料总能。饲料中各种营养物质在肉狗的消化道内不能被全部消化吸收，不能消化的物质随粪便排出，粪中也含有能量，食入饲料的总能量减去粪中的能量，才是被肉狗消化吸收的能量，这种能量称为消化能。食物在肠道消化时还会产生以甲烷为主的气体，被吸收的养分有些也不被利用而从尿中排出体外，这些气体和尿中排出的能量未被狗体利用，饲料消化能减去气体能和尿能，余者便是代谢能。肉狗饲料中的能量都以消化能（ME）来表示，表示方法是兆焦/千克或千焦/千克。

肉狗对能量的需要包括本身的代谢维持需要和生产需要。影响能量需要的因素很多，如环境温度、肉狗的类型、品种、不同生长阶段及生理状况和生产水平等。肉狗日粮不仅要有适宜的能量值，而且与其他营养物质比例要合理，以提高饲料利用率和饲养效果。

肉狗的能量来源是饲料，饲料中的碳水化合物、脂肪和蛋白质分解可以供给肉狗需要的能量。碳水化合物在肉狗体内的转化主要有三个途径：一是以碳水化合物状态作为机动能量储备；二是构成脂肪及机体组织；三是产生热量，保持体温和作为能源维持生命活动。碳水化合物可以分为无氮浸出物和粗纤维两类。无氮浸出物又称可溶性碳水化合物，包括淀粉和糖分，在谷实、块根、块茎中含量丰富，比较容易被消化吸收，营养价值较高，是肉狗的热能和肥育的主要营养来源；粗纤维又称难溶性碳水化合物，其主要成分是纤维素、半纤维素和木质素，不易被肉狗吸收利用。

肉狗祖先是食肉为主，后经长期饲养和驯化，逐渐变成杂食动物，但对淀粉和纤维素的消化还有一定困难，所以，在饲喂肉狗时一定要注意，饲料中的生淀粉难以消化，必须煮熟以后才可以饲喂，如做成馒头、大米饭等。粗纤维不易消化，还可影响其他成分的消化吸收，但饲喂适量的粗纤维，可以对消化道起一定的填充作用，促进胃肠的蠕动，有利于食物的运动，尤其对结肠的刺激，可以预防和治疗便秘。纤维素还能使胆管正常的活动，促进胆固醇排出。

脂肪和碳水化合物一样，在肉狗体内分解后产生热量，用以维持体温和供给体内各器官活动时所需要的能量，其热能是碳水化合物或蛋白质的 2.25 倍。脂肪是体细胞的组成成分，是合成某些激素的原料，尤其是生殖激素大多需要胆固醇做原料。也是脂溶性维生素的携带者，脂溶性维生素 A、维生素 D、维生素 E、维生素 K 必须以脂肪做溶剂在体内运输。脂肪可以推迟胃肠排空，使肉狗长时间具有饱感。脂肪有特殊的香味，可以提高肉的适口性。

肉狗所需的脂肪主要依靠饲料来提供，也可以由体内蛋白质和糖转化获得。在狗的饲料中，脂肪含量变化相当大。肉类饲料中，同一畜体不同组织含脂量也不尽相同，不同畜体种类组织含脂率也不相同。在一般情况下，粗饲料中脂肪相对少，禾本科谷粒中脂肪含量为 $3\%\sim5\%$，豆科子实脂肪含量为 $2\%\sim3\%$（大豆中含脂肪 $17\%$），根茎类脂肪含量为 $0.1\%\sim0.2\%$。

脂肪被肉狗食入体内后降解为脂肪酸才能被机体吸收利用。具体过程是，脂肪颗粒在小肠脂肪酶、胰脂酶的作用下，并且在胆汁的参与下，分解为脂肪酸和甘油。狗需要的必需脂肪酸，只有从饲料中获取。狗需要 3 种必需脂肪酸，即亚油酸、亚麻酸和花生四烯酸。狗体所需的脂肪酸大多可在狗体内合成，尤其是亚油酸和亚麻酸在狗体内合成相当复杂。这 3 种必需脂肪酸在狗体内也可以相互转化，所以，这 3 种必需脂肪酸中只要有 1 种供应充足，其他两种即可满足。

脂肪在饲料中的含量要适中。当饲料中缺乏脂肪时可引起狗严重的消化不良和中枢神经系统功能障碍。狗困倦无力、被毛粗乱、性欲降低；公狗睾丸发育不良、精液品质下降；母狗发情不正常、繁殖力下降、产死胎、缺乳等现象增加，并且出现皮肤干燥、表皮角质化、消瘦、脱毛等症状。脂肪的缺乏，还可导致糖和蛋白质的消耗增加，脂溶性维生素吸收、利用受阻，狗体内也就不能转化合成亚油酸、亚麻酸、花生四烯酸。对肉狗来说，应该注意脂肪饲料的供给，以提高增重速度，但应注意不可让肉狗摄取脂肪过多，因为狗对脂肪的耐受能力大，过多摄取脂肪会减少饲料总摄入量，而且，过多摄入脂肪会使营养失衡。当摄入量远远大于狗体消化吸收能力后，会出现脂肪肝、脂肪便、急性胰腺炎等。对于肉种狗来说，生殖器官积聚过多脂肪，最明显的后果是母狗发情不正常，排卵受阻，公狗性欲差，交配能力下降，严重影响繁殖功能和其他生理功能。

在给肉狗饲喂高脂肪食物时，一定要注意调节蛋白质、无机盐、维生素的用量。尤其对幼狗和青年狗，要保持适当的营养平衡，成年狗的脂肪摄入量应控制在占日粮干物质的 $12\%\sim14\%$ 即可。脂肪在日粮中的含量以 $25\sim30$ 克为宜。一般在换毛期相应要多一些，繁殖季节和夏季一定要注意控制脂肪供给量，幼狗每日每千克体重需脂肪 $1.1\sim1.2$ 克，成年狗 1 克左右。

蛋白质是机体能量来源之一，当肉狗日粮中的碳水化合物、脂肪的含量不能满足机体需要的热能时，体内的蛋白质可以分解氧化产生热能。但蛋白质供能不仅不经济，而且容易加重机体的代谢负担。

## （二）蛋白质

蛋白质是构成肉狗机体的基本物质，是肉狗体内的一切组织和器官如肌肉、神经、皮肤、血液、内脏甚至骨骼以及各种产品如羽毛、皮等的主要成分，而且在肉狗的生命活动中，各组织需要不断地利用蛋白质来增长、修补和更新。精子和卵子的生成需要蛋白质参与。新陈代谢过程中所需的酶、激素、色素和抗体等也都由蛋白质来构成的。所以蛋白质是肉狗体内最重要的营养物质。

蛋白质长期供给不足，会破坏机体内某些酶的合成；血液内蛋白质质量下降，血浆蛋白和血红蛋白形成受到影响，导致贫血、球蛋白数量减少、抗体产生受阻、抵抗力下降等现象；蛋白质供给不足，导致公狗的精液品质下降、精子数量减少，母狗出现发情异常、发情周期紊乱、不发情、空怀等症状，即使受孕，也会出现胎儿发育不良、产仔数下降、产死胎、畸形胎，流产及产后泌乳力下降等现象。

如蛋白质代谢平衡失调时，就会影响狗生长发育，表现为体重逐渐下降、形体消瘦、生长停滞，严重者死亡。从而降低狗生产力与相关产品品质。

饲喂蛋白质饲料过量，不但增加饲养成本，造成浪费，而且会引起体内代谢紊乱，如心脏、肝脏、消化道中枢神经系统功能失调，性功能下降，酮尿，严重时，还会引起机体酸中毒；因此，在饲料中，动物性饲料蛋白质含量应占全部饲料蛋白质含量的 $1/3\sim2/3$。一般情况下，成年肉狗每天每千克体重需 4 克可消化蛋白质，生长发育时的仔狗需要 9 克蛋白质。

饲料中蛋白质进入狗的消化道，经过消化和各种酶的作用，将其分解成氨基酸之后被吸收，成为构成肉狗机体蛋白质的基础物质，因此蛋白质的营养实质上是氨基酸的营养。

### 1. 氨基酸组成

蛋白质是由二十多种氨基酸组成的，氨基酸分为必需氨基酸与非必需氨基酸。所谓必需氨基酸，即在肉狗体内不能合成或合成的速度及数量不能满足正常生长需要，必须由饲料供给的氨基酸。所谓非必需氨基酸，即在肉狗体内合成较多，或需要量较少，无需由饲料供给也能保持肉狗的正常生长者。肉狗的必需氨基酸有赖氨酸、蛋氨酸、色氨酸、精氨酸、异亮氨酸、组氨酸、缬氨酸、亮氨酸、苯丙氨酸、苏氨酸。必需氨基酸必须由饲料供给，如果非必需氨基酸是由必需氨基酸转化而来的，当缺乏这些非必需氨基酸时，就必须从饲料中增加这些必需氨基酸的供应。

**2. 氨基酸的有效性**

氨基酸的含量常以氨基酸占饲粮或蛋白质的百分比表示。饲料中的氨基酸不仅种类、数量不同，其有效性也有很大差异。有效性是指饲料中氨基酸被肉狗机体利用的程度，利用程度越高，有效性越好，现在一般使用可利用氨基酸来表示。可利用氨基酸（或可消化氨基酸、有效氨基酸）是指饲粮中可被动物消化吸收的氨基酸。不同的饲料原料，配成氨基酸含量完全相同的饲粮，其饲养效果会有较大的差异，这就是可利用氨基酸数量不同引起的结果。

**3. 氨基酸的平衡性**

氨基酸的平衡性是指构成蛋白质的氨基酸之间保持一定的比例关系。只有必需氨基酸数量足够，比例适当，蛋白质才能发挥最大的效用。如果某些必需氨基酸不足或不平衡，即使蛋白质比例很高，也达不到预期的饲养效果。因此，在配合日粮时，要采用多种蛋白质饲料搭配，使它们间的氨基酸互相弥补。如动物性蛋白质的氨基酸组成较完善，尤其是赖氨酸、蛋氨酸含量高。植物性蛋白质所含必需氨基酸种类少，蛋氨酸、赖氨酸含量很低，为了有效地利用蛋白质饲料，在配合日粮时一定要采用多种饲料搭配的方法，将动物性饲料与植物性饲料配合使用。另外，也可通过添加合成氨基酸以满足狗的必需氨基酸的需要。

（三）矿物质

矿物质是构成体组织的重要原料，参与体内各种代谢，具有重要的作用。肉狗需要的矿物质元素有钙、磷、钠、钾、氯、镁、硫、铁、铜、钴、碘、锰、锌、硒等（表 4-1），其中前 7 种是常量元素（占体重 0.01％以上），后 7 种是微量元素。饲料中矿物质元素含量过多或缺乏都可能产生不良后果。

表 4-1　矿物质元素的种类及功能

| 名称 | 功　能 | 缺乏或过量危害 | 备　注 |
|---|---|---|---|
| 钙、磷 | 钙、磷是构成骨骼和牙齿的主要元素,此外还对维持神经、肌肉等正常生理活动起着重要作用。也是狗体内含量最多的元素 | 缺乏时,幼狗出现佝偻病。成年狗易出现软骨病,抽搐,出血,不能繁殖,骨质疏松、骨壁变薄容易发生骨折;钙过量,能与磷结合成不易溶解的三磷酸钙,从而使钙和脂肪吸收率降低,同时也使锌、锰、碘、镁、铜等多种元素吸收率降低 | 日粮中钙、磷比例为(1.2~1.4):1。农副产品能提供丰富的钙,但缺磷。每天让狗啃吃骨头2~3次,是补充钙、磷的好方法 |
| 钾 | 参与神经兴奋的传递、体液平衡的保持、酶的活化、细胞蛋白的合成、心脏和肾脏肌肉的正常等 | 缺乏时,肌肉弹性和收缩力降低,全身肌肉软弱无力,心脏和肾脏损伤 | 饲料中钾含量丰富,通常没有必要另外补充 |
| 氯、钠 | 食盐既是营养物质又是调味剂。对维持机体渗透压、酸碱平衡与水的代谢有重要作用。能增进狗的食欲,促进消化,提高饲料利用率 | 缺乏时,食欲降低,出现异食癖、恶癖、消化不良等,生长发育停滞。过量,发生中毒 | 食盐以占日粮精料的0.5%来供应即可。如果用泔水、酱油渣与咸鱼粉等含盐高的饲料,食盐的添加量必须减少 |
| 镁 | 镁是构成骨质必需的元素,酶的激活剂,有抑制神经兴奋性等功能。它与钙、磷和碳水化合物的代谢有着密切的关系 | 镁缺乏时,幼狗站立不稳。姿势像站在平滑的地板上一样,还会出现痉挛、发抖、神经过敏等症状。过量,采食量降低,引起腹泻 | 麸皮、棉籽饼是镁的良好来源,在饲料中一般不会缺乏 |
| 铁 | 铁为形成血红蛋白、肌红蛋白等必需的元素。65%的铁存在于血液中,它与血液中氧的运输、细胞内的生物氧化过程关系密切,也是许多酶的成分 | 缺铁发生营养性贫血,皮肤和黏膜苍白、松弛,呼吸困难,生长发育受阻,食欲不振、消瘦、虚弱等。过量可引起消化功能紊乱和增重率下降 | 动物性饲料中的铁比植物性饲料中的铁好吸收利用。在狗饲料中,补充硫酸亚铁有防止缺铁功效 |
| 铜 | 铜对血的形成、结缔组织和骨骼的正常生长、初生仔狗髓磷脂的形成都起着重要作用,是细胞色素氧化酶类的重要成分。铜大部分在血浆中,铜与铁的代谢有着密切的关系 | 会抑制铁的吸收、运输,降低血红蛋白合成,狗的生长受阻,骨骼出现畸形。即使铁采食正常,日粮中缺铜,也会引起贫血。导致骨骼病变的原因是含铜酶活性降低,引起骨胶原稳定性和韧性下降。铜过量也会引起贫血、生长受阻等,原因是肠道中铜影响铁的吸收 |  |

| 名称 | 功 能 | 缺乏或过量危害 | 备 注 |
|------|-------|----------------|-------|
| 锌 | 锌是8种金属酶和核酸的成分,分布在狗机体所有组织中,参与碳水化合物代谢 | 缺锌使皮肤抵抗力下降,发生表皮粗糙、皮屑多、结痂、脱毛,食欲减退,日增重下降,饲料采用率降低。锌过量,降低铁、铜的吸收,造成生长受阻、贫血等症状 | 一般用硫酸锌、氯化锌、碳酸锌等作为锌源补充,但要注意,锌在日粮中的浓度不得超过0.2% |
| 钴 | 钴是维生素$B_{12}$的组成成分 | 缺钴时,狗表现为食欲减退,逐渐消瘦、贫血,受胎率显著下降 | 血液、肝脏中钴含量可作为钴在狗体中含量充足与否的标志 |
| 锰 | 锰是多种酶的辅助因子,可激活许多代谢系统,参与反应过程,对狗的代谢、生长和繁殖有重要作用 | 锰缺乏时,狗表现为生长缓慢,性成熟延迟、性周期不正常,脂类代谢紊乱;过量,影响血红蛋白形成,消化道中的锰含量多影响铁的吸收 | 如果钙、磷含量多,锰的需要量就要增加。常用硫酸锰来补充锰 |
| 碘 | 碘是合成甲状腺素的主要成分,对营养物质代谢起调节作用 | 缺乏时会出现各类典型症状。幼狗缺碘时,容易患呆小症;成年狗缺碘时,常常引起甲状腺增生肿大,生理代谢发生紊乱。对成年狗来说,补碘相当重要。因缺碘容易引起胚胎早期死亡、流产及分娩无毛的仔狗。当然也不可过量,过量可使狗出现甲亢,采食量少,而机体却越来越瘦,妊娠母狗会出现胎儿产前死亡 | 海带富含碘,在日常饲养中为防止缺碘,常用碘化盐或海带进行补充 |
| 硒 | 硒是狗生命活动必需的元素之一。硒的作用与维生素E的作用相似。补硒可降低狗对维生素E的需要量,并减轻因维生素E的缺乏给狗带来的损害 | 当狗缺硒时,容易患白肌病、营养性肝坏死、外周血管完全性破坏、繁殖紊乱、心肌坏死等多种疾病;若过量可使狗发生中毒,中毒程度不同,表现出来的症状也就不同。慢性中毒的典型症状为:消瘦,四肢关节出现僵硬、变形,蹄爪逐渐变形,趾甲脱落、脱毛,采食量明显下降,常常因饥渴而死亡。急性中毒出现瞎眼,对外界反应迟钝,肺部充血 | 一般用亚硒酸钠或硒酸钠补充。但一定要注意,饲料中硒的含量每千克不得超过5毫克 |

## （四）维生素

维生素是一组化学结构不同，营养作用、生理功能各异的低分子有机化合物，肉狗的需要量虽少，但生物作用很大，主要以辅酶和催化剂的形式广泛参与体内代谢的多种化学作用，从而保证机体组织器官的细胞结构功能正常，调控物质代谢，以维持肉狗机体健康和各种生产活动。缺乏时，可影响正常的代谢，出现代谢紊乱，危害肉狗健康和正常生产。维生素的种类繁多，但归纳起来分为两大类，一类是脂溶性维生素，包括维生素 A、维生素 D、维生素 E 及维生素 K 等；另一类维生素是水溶性维生素，主要包括 B 族维生素和维生素 C（表 4-2）。

表 4-2　常见的维生素及其功能

| 名称 | 主要功能 | 缺乏症状 | 来源及备注 |
|---|---|---|---|
| 维生素 A | 可以维持呼吸道、消化道、生殖道上皮细胞或黏膜的结构完整与健全，促进雏肉狗的生长发育和种狗繁殖，增强狗对环境的适应力和抵抗力 | 缺乏可使表皮细胞增生或过度角质化，汗腺、皮脂腺萎缩，狗被毛枯干变脆，容易脱落，泪腺上皮细胞角化后，泪腺分泌受阻，出现干眼病。幼狗生长停滞，发育迟缓，母狗性周期紊乱，易出现流产、畸形胎、死胎和胎衣不下，公狗则出现性欲降低，精子品质下降、形成受阻，并易出现尿路结石 | 青绿多汁饲料、黄玉米、鱼肝油、蛋黄、鱼粉中含量高。注意避免过量引起中毒 |
| 维生素 D（国际单位、毫克/千克） | 又名钙化醇或抗佝偻病维生素。参与钙、磷的代谢，促进肠道钙、磷的吸收，调整钙、磷的吸收比例，促进骨的钙化 1 国际单位维生素 D＝0.025 微克结晶维生素 $D_3$ 的活性 | 缺乏时，幼狗表现为生长停滞，食欲减退，呼吸加快，严重时出现佝偻病；成年狗则患软骨病，母狗易引起瘫痪和乳热病。过量也可引起中毒 | 维生素 D 是由狗体内维生素 D 原在紫外线的作用下而生成的。绿色植物、酵母和干草中均含有麦角固醇。太阳下晒制的干草，维生素 D 含量较高 |

续表

| 名称 | 主要功能 | 缺乏症状 | 来源及备注 |
|------|----------|----------|------------|
| 维生素 E<br>(1 国际单位<br>维生素 E=1<br>毫克 DL-α 生<br>育酚醋酸酯＝<br>0.671 毫克 DL-<br>α 生育酚) | (用国际单位、毫克/<br>千克表示)是一种抗氧<br>化剂和代谢调节剂,与<br>硒和胱氨酸有协同作<br>用,对消化道和体组织<br>中的维生素 A 有保护作<br>用,能促进狗的生长发<br>育和繁殖率的提高。狗<br>处于逆境时需要量增加 | 缺乏会严重影响狗的正常生理<br>功能。公狗出现睾丸萎缩,不能<br>产生精子。母狗则子宫生理功能<br>发生障碍,胎儿发育到一定阶段<br>死亡或流产。易发生白肌病、营<br>养性肝坏死、血管和神经系统病<br>变等 | 虽然青饲料、谷<br>物胚芽中维生素 E<br>含量丰富,但对饲<br>喂高能量的肉狗应<br>注意补充 |
| 维生素 K | 催化合成凝血酶原 | 皮下出血形成紫斑,贫血、衰弱<br>等,而且受伤后血液不易凝固,流<br>血不止以致死亡 | 青绿多汁饲料、<br>鱼粉、肉粉、维生素<br>K 制剂 |
| 维生素 B₁<br>(硫胺素) | 又称抗脚气病维生<br>素,参与碳水化合物的<br>代谢,维持神经组织和<br>心肌正常,有助于胃肠<br>的消化功能 | 缺乏导致小动脉扩张,舒张压<br>下降,静脉回流增多,出现心衰、<br>脂肪变性、心肌纤维坏死,最后导<br>致多发性神经炎或进行性麻痹,<br>肉狗会出现典型的角弓反张。出<br>现痉挛和共济失调,并伴有消化<br>功能紊乱,食欲不振,严重时发生<br>肠炎和溃疡 | 糠麸、青饲料、胚<br>芽、草粉、豆类、发<br>酵饲料、酵母粉、硫<br>胺素制剂。在酸性<br>饲料中相当稳定,<br>加热到 120℃ 也不<br>会破坏,碱性饲料<br>中易破坏 |
| 维生素 B₂<br>(核黄素) | 参与体内氧化还原反<br>应,调节细胞呼吸,维持<br>胚胎正常发育。同时对<br>促进生长、维持皮肤和<br>黏膜的完整性及眼的感<br>光等起着重要作用 | 表现为生长缓慢,口腔、鼻、眼<br>结膜、角膜、消化道、生殖道炎症。<br>晶状体混浊,皮肤炎,形成痂皮及<br>脓肿,有时可发生缺铁性贫血 | 绿色植物和多种<br>微生物都能合成,<br>乳、酵母、甘草含量<br>丰富。谷物、糠麸、<br>饼粕饲料中较缺<br>乏,应注意补充 |
| 维生素 B₅<br>(泛酸) | 是辅酶 A 的组成部<br>分,与碳水化合物、脂肪<br>和蛋白质的代谢有关 | 代谢紊乱,食欲丧失,皮肤发<br>炎,脱毛,严重可引起肠炎和肝病<br>变,还导致母狗不育,胚胎自体吸<br>收或畸形 | 植物蛋白质饲<br>料、糠麸类、谷实类<br>中含量丰富,一般<br>饲养条件下不易<br>缺乏 |
| 维生素 B₃<br>(烟酸或尼<br>克酸) | 某些酶类的重要成<br>分,与碳水化合物、脂肪<br>和蛋白质的代谢有关 | 缺乏时食欲不振,口渴,口腔黏<br>膜潮红 | 酵母、豆类、糠<br>麸、青饲料、鱼粉、<br>烟酸制剂 |

续表

| 名称 | 主要功能 | 缺乏症状 | 来源及备注 |
|---|---|---|---|
| 维生素 B$_6$ | 是蛋白质代谢的一种辅酶，参与碳水化合物和脂肪代谢，与色氨酸转化为烟酸有关 | 物质代谢发生紊乱，食欲下降，生长受阻，皮肤鳞片化，皮下水肿且伴有出血，繁殖功能下降，兴奋性增强，并伴有耳鼻炎、肢爪炎及贫血和周围神经炎。过量也会引起周围神经炎 | 狗的胃肠道细菌可以合成。在酵母、禾本科植物中含量较多，在动物肝、肾、肌肉中均含有。肉狗应注意补充 |
| 维生素 H（生物素） | 以辅酶形式广泛参与各种有机物的代谢 | 缺乏时，表现精神抑郁、疲倦、食欲不振、贫血、恶心、呕吐、舌、皮肤发炎、脱屑、胸骨及肌肉疼痛等 | 鱼肝油、酵母、青饲料、鱼粉、糠中含量高。有症状，使用生物素治疗可以改善 |
| 胆碱 | 胆碱是构成卵磷脂的成分，参与脂肪和蛋白质代谢；蛋氨酸等合成时所需的甲基来源 | 脂肪代谢障碍，使狗易患脂肪肝。同时伴有肾小球、肾小管上皮坏死、溶血、神经异常等症状 | 广泛存在于各种饲料中，在青饲料、酵母、蛋黄、谷物类中含量丰富 |
| 维生素 B$_9$（叶酸） | 以辅酶形式参与嘌呤、嘧啶、胆碱的合成和某些氨基酸的代谢 | 狗长期服用抗生素时，可发生叶酸缺乏症，表现为巨红细胞性贫血、停止生长和白细胞减少等 | 青饲料、酵母、大豆饼、麸皮、小麦胚芽 |
| 维生素 B$_{12}$（钴胺素） | 以辅酶的形式参与各种代谢活动，如胸腺嘧啶脱氧核苷酸合成，促进甲基转移及蛋白质、碳水化合物和脂肪的代谢；有助于提高造血功能和蛋白质利用率 | 缺乏时，出现巨红细胞性贫血，可引起神经髓鞘退行性变化，动物出现神经症状；叶酸的利用率降低，造成叶酸相对缺乏，导致贫血，其他组织的代谢也发生障碍，如胃肠道上皮细胞改变、神经细胞的损害等 | 动物肝脏、鱼粉、肉粉、舍内的垫草含有维生素 B$_{12}$。对疾病有预防和治疗作用，是促进肉狗健康不可缺少的营养品 |
| 维生素 C（抗坏血酸） | 具有可逆的氧化和还原性，广泛参与机体的多种生化反应；能刺激肾上腺皮质合成；促进肠道内铁的吸收，使叶酸还原成四氢叶酸；提高抗热应激和逆境的能力 | 易患坏血病，生长滞缓，体重减轻，关节变软，身体各部出血、贫血，适应性和抗病力降低 | 植物如苜蓿、三叶草、冬油菜等，狗也可以在肝、肾利用单糖合成维生素 C |

### （五）水

水是肉狗机体的主要组成部分（水占狗体重的 60％～70％。水分在狗体各器官中所占比例，以血液中最大，达 80％以上，肌肉中次之，为 72％～78％，骨骼中约为 45％。由于年龄和营养状况不同，狗体内水分含量也不尽相同，狗体消瘦，水分减少，年龄越大，水分含量越少），对肉狗体内正常的物质代谢有着特殊作用，是肉狗机体生命活动过程不可缺少的物质。它是各种营养物质的溶剂，在吞咽食物时要以水润滑食管，把食物从口腔送入胃中，体内各种营养物质的消化、吸收、代谢废物的排出、血液循环、体温调节等都离不开水。水参与维持体内的酸碱平衡和渗透压平衡，保持细胞的正常形态和器官的生理功能。由于水的比热较大，可储存大量热量，这样水可起到保温和散热的作用。

从某种程度上来讲，水比其他营养物质更重要，失水比饥饿对生命的危害更大。狗绝食以后，可消耗几乎全身贮积的糖原和脂肪，50％的蛋白质，或失去体重的 40％仍可以维持生命。但是，如果失水 5％时，狗体就会感到不适；当狗体内缺水 8％时，就会出现高度渴感，产生明显的病理反应，如减食、废食、消化停滞、黏膜干燥、抗病力明显下降、血黏度增大、循环和呼吸出现障碍；当失水达20％时，则已无法维持生命。所以，在日常饲养管理中必须把水分作为重要的营养物质对待，经常供给清洁而充足的饮水。一只狗每昼夜需水 5～7 升，每千克体重至少耗水 100 毫升，夏天或摄取干燥食物时需水量更多。同时，饮水量也与肉狗品种、个体运动量大小、饲料种类、天气有关，一般每采食 1 千克干物质，需饮水和饲料水 3 升左右。在实际饲养中，可采用全天供水，任其自由饮用，以解决肉狗对水的需求。

狗体内水的来源主要有饮水、饲料水和代谢水。饲料中的含水量与其营养价值有关，饲料中含水量越多，干物质含量越少，营养价值越低。但水分多的饲料适口性好，容易消化。各种饲料的含水量一般在 8％～95％。

## 二、肉狗的营养标准

我国养狗的历史虽然很久，但专业化肉狗养殖的时间并不长（肉狗养殖是当前新发展的特种养殖项目之一），所以，肉狗的营养需要研究不够深入，营养标准也不够系统。

**1. 肉狗的营养标准**

肉狗的营养标准见表4-3。

表4-3 肉狗的营养标准

| 成 分 | 含量 | 成 分 | 含量 |
|---|---|---|---|
| 代谢能/(兆焦/千克) | 12.54 | 锰/(毫克/千克) | 100 |
| 蛋白质/% | 17~25 | 钴/(毫克/千克) | 0.3~2 |
| 脂肪/% | 3~7 | 锌/(毫克/千克) | 1.5 |
| 纤维素/% | 3~4.3 | 碘/(毫克/千克) | 1 |
| 灰分/% | 8~10 | 维生素A/(国际单位/千克) | 8000~10000 |
| 碳水化合物/% | 44~49.5 | 维生素D/(国际单位/千克) | 2000~3000 |
| 钙/% | 1.5~1.8 | 维生素$B_1$/(毫克/千克) | 2~6 |
| 磷/% | 1.1~1.2 | 维生素$B_2$/(毫克/千克) | 4~6 |
| 铜/% | 0.03 | 烟酸/(毫克/千克) | 50~60 |
| 氯/% | 0.45 | 叶酸/(毫克/千克) | 0.3~2 |
| 钾/% | 0.5~0.8 | 维生素$B_{12}$/(微克/千克) | 40 |
| 镁/(毫克/千克) | 100~200 | | |

**2. 肉狗各生长阶段对粗蛋白、消化能需要量**

肉狗各生长阶段对粗蛋白、消化能需要量见表4-4。

表4-4 肉狗各生长阶段对粗蛋白、消化能需要量

| 指 标 | 乳狗 | 断奶幼狗 | 青年狗 | 空怀母狗 | 妊娠母狗 | 休闲公狗 | 配种公狗 |
|---|---|---|---|---|---|---|---|
| 消化能/(兆焦/千克) | 12.90~13.38 | 12.96 | 12.96 | 12.54 | 12.96 | 12.54 | 12.96 |
| 粗蛋白/% | 22~23 | 18~20 | 15~17 | 14~15 | 15~16 | 15 | 16~18 |

**3. 肉狗不同时期对氨基酸的需要量**

肉狗不同时期对氨基酸的需要量见表4-5。

表 4-5　肉狗不同时期对氨基酸的需要量

| 种　类 | 育肥前期 | 育肥后期 |
|---|---|---|
| 色氨酸/（克/千克） | 1.260 | 1.136 |
| 蛋氨酸+胱氨酸/（克/千克） | 3.342 | 3.014 |
| 精氨酸/（克/千克） | 4.216 | 3.802 |
| 赖氨酸/（克/千克） | 4.340 | 3.918 |
| 组氨酸/（克/千克） | 1.543 | 1.391 |
| 亮氨酸/（克/千克） | 4.855 | 4.405 |
| 异亮氨酸/（克/千克） | 3.034 | 2.736 |
| 苯丙氨酸+酪氨酸/（克/千克） | 6.042 | 5.448 |
| 苏氨酸/（克/千克） | 3.857 | 3.477 |
| 缬氨酸/（克/千克） | 3.278 | 2.956 |

# 第二节　肉狗的常用饲料

## 一、常用饲料种类

根据肉狗的饲料来源，可把饲料分为动物性饲料、植物性饲料、饲料添加剂三大类。

### （一）动物性饲料

动物性饲料是来自于动物及其产品的一类饲料，其种类很多，这类饲料蛋白质含量可高达 50%～85%，故又称为动物性蛋白饲料。并且必需氨基酸的组成也比较完全，生物价值高，可以补充植物性饲料中必需氨基酸的不足，从而提高日粮的营养价值。动物性饲料还含有丰富的 B 族维生素和无机盐，特别是钙、磷含量相当高，比例合适，利用率高。因此动物性饲料是狗最好的蛋白质、钙和磷的补充料，同时也是最适口的饲料。

常见的动物性饲料有动物的内脏或屠宰场、罐头厂的下脚料，如肺、脾、碎肉、肠管等；加工副产品，如血粉、羽毛粉、肉骨粉、鱼粉、虾粉、乳粉、贝壳粉等；厨房餐厅的残羹剩饭以及畜牧饲养场的各种淘汰动物等。这些动物性饲料，蛋白质含量丰富，对肉狗的生长起着很重要的作用。但不能单一饲喂，应按适当比例配合。

**1. 肉类**

肉的种类很多，来源广泛。动物的肉只要新鲜、无病、无毒均可作为肉狗的饲料。肉中蛋白质占 $17\%\sim21\%$，生物效价较高，其他营养物质也较丰富。通常用马肉和低等的牛肉、羊肉、狗肉来饲喂狗。新鲜的肉可以生喂，消化率高，但熟肉较生肉更有益于狗的食用。最好采用比较瘦的肉，因为太肥的肉易引起狗消化不良。另外，在给肉狗饲喂腌制肉时，一定要防止盐中毒，每天的饲喂量应参照饲养标准进行。

**【注意】** 不能用来源不明或中毒死亡的动物肉；幼龄畜肉含水量大，喂量大时易腹泻，可去掉内脏熟喂；死于难产的母畜肉因含有大量雌激素，不要饲喂将发情的母狗或怀孕的狗，可以喂肥育狗；成年家禽的骨骼在饲喂前要剔除（断裂后的残渣容易刺破消化道或邻近器官）；含脂肪高的要搭配其他饲料，如猪肉要搭配鱼粉和家畜的骨架等饲喂。

**2. 鱼**

鱼和鱼粉都是全价蛋白质饲料。鱼类的营养价值随品种、年龄和鱼体部位、捕捞季节的不同而有差别。一般来讲，鱼类蛋白质含量为 $10\%\sim17\%$，消化率为 $87\%\sim92\%$，脂肪含量为 $1\%\sim3\%$，多者可达 $11\%$，但并不是全身均匀分布，脂肪的消化率为 $97\%$，无机盐含量为 $0.6\%\sim1.5\%$。鱼的肝脏中含有丰富的维生素 A，一些海水鱼和淡水鱼中还含有较多的硫胺素酶，能分解维生素 $B_1$。所有这些鱼用于饲料时，应煮熟或增加酵母用量，以破坏硫胺素酶，防止其破坏维生素 $B_1$。新鲜整鱼或鱼骨喂肉狗时，应注意避免鱼刺刺伤消化道。

鱼类水分含量较多，为 $72\%\sim83\%$，故易腐败变质，鱼体内还含有大量的不饱和脂肪酸，饲喂后易引起狗中毒、出血性肠炎、脓肿及维生素缺乏症。

**【注意】** 鲤鱼、鲫鱼、鲶鱼和泥鳅等淡水鱼类必须熟喂（生喂易引起食欲减退、胃肠炎，甚至死亡）；鲶鱼的卵和青鱼、草鱼、鲢鱼、鲤鱼的胆汁有毒，某些海鱼和淡水鱼的血液、内脏都有毒，要把它们去掉后再饲喂。鱼类喂狗适口性较差，宜加高脂肉类矫正它。

### 3. 鱼粉

鱼粉是鱼加工后的产品,营养价值也较高,蛋白质含量可达56.3%,各种氨基酸含量丰富,而且相互间比例协调,钙、磷、维生素含量也很丰富,用鱼粉做饲料来养肉狗,能取得较好的增重效果,但由于鱼的来源和加工方法不同,鱼粉的质量有较大差异。

### 4. 畜禽副产品

畜禽副产品包括头、蹄、翅、爪、尾、内脏及骨架。它们的营养含量各不相同,营养价值大小不一,如心、肝、肾、脑的营养价值较高;而肠、胃、肺、骨架、蹄营养价值低一些,氨基酸不齐全。因此,使用动物副产品时应多品种搭配,以达到氨基酸的互补,提高营养价值,主要的副产品见表4-6。

表 4-6 畜禽副产品

| 名称 | 特 性 |
|---|---|
| 肝和肝渣 | 各种动物的肝都是狗优质全价的动物性饲料,营养价值丰富,并且肝对狗的生长发育和繁殖有良好的作用,在繁殖期的日粮中,加5%鲜肝可以提高狗的繁殖率。但肝有轻泻作用,喂给过多会引起稀便。肝渣一般是制药厂的副产品,含有丰富的蛋白质,但维生素含量低,适口性差。一般占到日粮中动物性饲料的15%左右 |
| 心和肾 | 心和肾是狗的全价蛋白质饲料,含有丰富的维生素,尤其是肾,其维生素A含量丰富,生喂时营养价值和消化率均较高,是狗最好的动物性饲料 |
| 胃和肠 | 营养价值较低,并且胃肠里常有传染病的病原体,不易清洗,贮存时间一长,就会变质腐败,所以,在饲喂狗的时候一定要经过高压蒸煮、脱脂、酶解、吸附、干燥、粉碎等工艺后才可应用。禽肠蛋白饲料含粗蛋白约43.4%,粗脂肪约15.6%,无氮浸出物约26.52% |
| 脑 | 各种动物的脑内含有大量的磷脂和必需氨基酸,营养丰富,消化率高,对生殖器官的发育有促进作用,通常作为催情饲料。在发情配种前,给公狗、母狗饲喂一定量的动物脑可以促进性腺发育,对种公狗的性器官发育、精子形成、性欲增强都有良好的作用 |
| 肺 | 肺的营养价值不高,只含有少量蛋白质和少量维生素及铁,含有较多的结缔组织,它对胃有刺激作用,饲喂后狗易发生呕吐现象。一般应熟喂 |
| 血 | 血液是屠宰场废弃的一种动物性饲料,制革厂的下脚料,它的营养价值高,易消化,含有大量的维生素、矿物质和大量的含硫氨基酸,常喂可使狗毛色有光泽。值得注意的是,血液有轻泻作用,饲喂过多可引起腹泻。其添加量一般占到动物性饲料的10%~15%即可 |

【注意】畜禽副产品中，新鲜的肝可以生喂（去除胆囊），胃洗净熟喂，畜头带骨砸碎，新鲜者可以生喂，骨头可以带肉煮汤拌饲料，焙干制成骨粉；畜禽的新鲜血液（放血后4小时以内）可以生喂，不新鲜者必须熟喂。血液即使速冻冷藏，最多只能保存2～3天。血液凝固前加入10％的氨水，搅匀，密闭，放于阴凉处，可存放7～10天，用前放在敞开的铁锅内煮熟。

### 5. 乳及乳制品

乳及乳制品包括新鲜的牛奶、羊奶、酸乳、脱脂乳及奶粉。动物的乳（主要指牛奶）含有丰富的蛋白质、脂肪、酶、抗体、维生素等营养成分，并且含有丰富的矿物质以及乳糖。乳中的蛋白质中有全部必需氨基酸，营养价值高，蛋白质中以酪蛋白最多，此外，还有白蛋白和球蛋白。乳中脂肪熔点低，颗粒小，易于消化吸收，其中还含有必需脂肪酸和磷脂类。奶的消化率可高达95％以上，新鲜纯净的乳，稍带甜味，在饲料中添加，可提高饲料消化率和增加适口性，所以是一种良好的狗的饲料，特别是对于幼狗。在狗繁殖季节适当加入乳或乳制品，对性腺发育及妊娠后胎儿发育、母狗泌乳均有良好效果。

【注意】喂量要适度（新鲜羊奶、牛奶一次最大量为50毫升），过度容易引起腹泻；采用巴氏灭菌法（把奶加热至70～80℃维持15分钟）处理后饲喂。

### 6. 蚕蛹

干蚕蛹蛋白质含量达50％～58％，脂肪含量为16％～24％，糖含量为6％～8％，其营养价值高，蛋白质全价。狗对蚕蛹消化吸收好，因此，蚕蛹是一种良好的饲料，一般占动物性饲料的20％～40％。蚕蛹含脂率高，而且不饱和脂肪酸的含量也较多，所以，容易氧化变质，保存时一定要注意。在使用蚕蛹时，先用清水浸泡一段时间，除去缫丝时留下的碱，熟制去脂肪后再利用。若要利用全脂蚕蛹，应适当减少谷物饲料的用量。

### 7. 蛋类

包括各种禽的鲜蛋、无精蛋及毛蛋等。蛋中氨基酸含量丰富且平衡，利用率高达99％以上，是最优良的蛋白质。蛋黄中含有中性脂肪和磷脂类，维生素A、维生素D、维生素E和B族维生素，也全集中于蛋黄中，蛋清中含有卵白素和抗胰蛋白酶，能破坏B族维生素，影响蛋白质的消化，所以蛋清应熟喂。在狗的饲喂中，主要是利用很经济的无精蛋和毛蛋提供蛋类饲料。

## （二）植物性饲料

植物性饲料种类很多，来源广泛，价格低廉，是肉狗的主要饲料。可分为碳水化合物饲料和植物蛋白质饲料。碳水化合物饲料一般蛋白质含量在20％以下，主要是贮存较高热能（称为能量饲料）。由于这种饲料价格低廉、饲喂经济，在肉狗的日粮中配合比例较高，也称为基础饲料。这类饲料主要包括农作物成熟的子实（如大米、玉米、小麦、大麦、高粱）、根茎类植物的根茎（如甘薯、马铃薯、木薯、菊芋、胡萝卜、甜菜等）、瓜果类（如南瓜、西葫芦等）、青菜类以及农业加工副产品（如米糠、麸皮、糖渣、淀粉渣等）；植物蛋白质饲料是指蛋白质含量在20％以上的植物类饲料，如豆类、饼粕类等。

### 1. 玉米

玉米含能量高（消化能达13.53兆焦/千克），纤维少，适口性好，价格适中，是主要的能量饲料，一般在饲料中占50％～70％。但玉米蛋白质含量较低，一般占饲料的8.6％，蛋白质中的几种必需氨基酸含量少，特别是赖氨酸和色氨酸。玉米常量元素、微量元素和维生素含量较低。玉米易发生霉变，用带霉菌的玉米喂狗，适口性差，增重少。现在培育的高蛋白质玉米、高赖氨酸玉米等饲料用玉米，营养价值更高，饲喂效果更好。

### 2. 大米

大米含能量高（消化能达13.53兆焦/千克），是一种良好的植物性能量饲料。但大米中的粗蛋白和限制性氨基酸含量低，粗蛋白含量只有7.0％，必需氨基酸的赖氨酸和精氨酸含量少，单独饲喂肉狗是不经济的，应该与其他饲料搭配使用。

### 3. 大麦

大麦有带壳的"皮大麦"（草大麦）和不带壳的"裸大麦"（青稞）两种，裸大麦是肉狗的一种良好饲料，其能量高达13.5兆焦/千克。大麦粗蛋白质含量高于玉米，蛋白质品质比玉米好，其赖氨酸是谷实中含量较高者（0.42％～0.44％）。大麦粗脂肪含量低，粗纤维含量高。铁含量丰富，但钙、铜的含量较低。

#### 4. 麦麸

包括小麦麸和大麦麸。麦麸含能量低，但蛋白质含量较高，各种成分比较均匀，且适口性好，是狗的常用饲料，麦麸的容积大，质地疏松，有轻泻作用，可用于调节营养浓度；麦麸适口性好，含有较多的 B 族维生素，对母狗具有调养消化道的功能，是狗的优良饲料。

#### 5. 米糠

米糠又有全脂米糠、脱脂米糠之分，通常说的米糠是指全脂米糠。米糠的粗蛋白质含量比较麸皮低，比玉米高，品质也比玉米好，赖氨酸含量高达 0.55%。米糠的粗脂肪含量很高，可达 15%，因而能值也位于糠麸类饲料之首。其脂肪酸的组成多属不饱和脂肪酸，油酸和亚油酸占 79.2%，脂肪中还含有 2%～5% 的天然维生素 E，B 族维生素含量也很高，但缺乏维生素 A、维生素 D、维生素 C，米糠粗灰分含量高，钙磷比例极不平衡，磷含量高，但所含磷约有 86% 属植酸磷，利用率低且影响其他元素的吸收利用。米糠在贮存中极易氧化、发热、霉变和酸败，最好用鲜米糠或脱脂米糠饼（粕）喂狗。新鲜米糠对狗的适口性好，但喂量过多，会使脂肪变软，降低胴体品质。喂肉狗不得超过 20%。仔狗应避免使用，因易引起下痢，但经加热破坏其胰蛋白酶抑制因子后可增加用量。

#### 6. 高粱糠

主要是高粱籽实的外皮。脂肪含量较高，粗纤维含量较低，代谢能略高于其他糠麸，蛋白质含量在 10% 左右。有些高粱糠含单宁较高，适口性差，易致便秘。

#### 7. 次粉（四号粉）

次粉是面粉工业加工副产品。营养价值高，适口性好。但和小麦相同，多喂也会产生粘嘴现象，制作颗粒料时则无此问题。一般以占日粮的 10% 为宜。

#### 8. 根茎瓜类

用作饲料的根茎瓜类饲料主要有马铃薯、甘薯、南瓜、胡萝卜、甜菜等。含有较多的碳水化合物和水分，粗纤维和蛋白质含量低，适口性好，具有通便和调养作用，是狗的优良饲料。可以提高肉狗增重效果，对哺乳母狗有催乳作用。

### 9. 大豆粕（饼）

大豆粕（饼）是养狗业中应用最广泛的蛋白质补充料。因榨油方法不同，其副产物可分为豆饼和豆粕两种类型，含粗蛋白质 $40\%\sim50\%$，各种必需氨基酸组成合理，赖氨酸含量较其他饼（粕）高，但蛋氨酸缺乏。消化能为每千克 $10.28\sim11.3$ 兆焦；钙、磷、胡萝卜素、维生素 D、维生素 $B_2$ 含量少；胆碱、烟酸的含量高。适口性好。

### 10. 花生饼

花生饼的粗蛋白质含量略高于豆饼，为 $42\%\sim48\%$，精氨酸和组氨酸含量高，赖氨酸含量低，适口性好于豆饼，与豆饼配合使用效果较好。花生饼脂肪含量高，不耐贮藏，易染上黄曲霉而产生黄曲霉毒素，这种毒素对狗危害严重。因此，生长黄曲霉的花生饼不能喂狗。

### 11. 菜籽饼

菜籽饼含粗蛋白质 $35\%\sim40\%$，赖氨酸比豆粕低 $50\%$，含硫氨基酸高于豆粕 $14\%$，粗纤维含量为 $12\%$，有机质消化率为 $70\%$。可代替部分豆饼喂狗。由于菜籽饼中含有毒物质（芥子酶），喂前宜采取脱毒措施。不能喂幼狗，其他狗也要严格控制喂量。

### 12. 芝麻饼

芝麻饼是芝麻榨油后的副产物，含粗蛋白质 $40\%$ 左右，蛋氨酸含量高，适当与豆饼搭配喂狗，能提高蛋白质的利用率，一般在配合饲料中用量可占 $5\%\sim10\%$。由于芝麻饼含脂肪多而不宜久贮，最好现粉碎现喂。

【注意】籽实类必须粉碎并熟制后饲喂；南瓜、土豆以及一些块根类要熟喂，青菜要青（不可腐烂、冰冻和有农药残留，不可多喂），胡萝卜宜生；饼粕类最好不要带壳。

### （三）矿物质饲料

狗的生长发育、机体的新陈代谢需要钙、磷、钠、钾、硫等多种矿物元素，上述青绿饲料、能量饲料、蛋白质饲料中虽均含有矿物质，但含量远不能满足狗的需要，因此在狗日粮中常常需要专门加入矿物质饲料。

### 1. 食盐

食盐主要用于补充狗体内的钠和氯，保证肉狗机体正常新陈代谢，还可以增进肉狗的食欲，用量可占日粮总干重的 $1\%\sim1.1\%$。

**2. 骨粉或磷酸氢钙**

含有大量的钙和磷，而且比例合适。添加骨粉或磷酸氢钙，主要用于饲料中含磷量不足。

**3. 贝壳粉、石粉、蛋壳粉**

三者均属于钙质饲料。贝壳粉是最好的钙质矿物质饲料，含钙量高，又容易吸收；石粉价格便宜，含钙量高，但狗吸收能力差；蛋壳粉可以自制，将各种蛋壳经水洗、煮沸和晒干后粉碎即成。蛋壳粉的吸收率也较好，但要严防传播疾病。

## （四）添加剂饲料

饲料添加剂是指在那些常用饲料之外，为补充满足动物生长、繁殖、生产各方面营养需要或为某种特殊目的而加入配合饲料中的少量或微量的物质。其目的是强化日粮的营养价值或满足狗的特殊需要，如保健、促生长、增食欲、防霉、改善饲料品质和畜产品质量。

**1. 营养性添加剂**

营养性添加剂是指用于补充饲料营养成分的少量或微量物质，主要有维生素、微量元素和氨基酸。维生素添加剂有人工合成的多种维生素，直接添加在配合饲料中，也可以添加麦芽、酵母和鱼肝油。微量元素添加剂主要是含有需要元素的化合物，这些化合物一般有无机盐类、有机盐类和微量元素-氨基酸螯合物。目前人工合成而作为饲料添加剂进行大批量生产的是赖氨酸、蛋氨酸、苏氨酸和色氨酸，前两者最为普及。

**2. 非营养性饲料添加剂**

非营养性添加剂有着特殊明显的维护健康、促进生长和提高饲料转化率等作用，属于这类添加剂的品种繁多。主要有抗生素添加剂（预防狗的某些细菌性疾病，或处于逆境，或环境卫生条件差时，加入一定量的抗生素添加剂有良好效果。常用的抗生素有青霉素、链霉素、金霉素、土霉素等）、中草药饲料添加剂（中草药饲料添加剂毒副作用小，不易在产品中残留，且具有多种营养成分和生物活性物质，兼具营养和防病的双重作用。其天然、多能、营养的特点，可起到增强免疫作用、激素样作用、维生素样作用、抗应激作用、抗微生物作用等）、酶制剂、微生态制剂、酸制（化）剂、防霉剂、驱虫保健剂、抗氧化剂等。

### 3. 脂肪

包括动物脂肪和植物脂肪。只在饲料中脂肪含量过低时添加。棉籽油就是很好的脂肪添加饲料（棉籽饼不能喂狗）。脂肪在肉狗日粮中的适宜用量为 3%～4%。

## 二、常用饲料营养成分含量

狗的常用饲料营养成分见表 4-7。

表 4-7　狗的常用饲料营养成分

| 名称 | 干物质/% | 粗蛋白/% | 粗脂肪/% | 粗纤维/% | 钙/% | 磷/% | 总能/(兆焦/千克) |
|---|---|---|---|---|---|---|---|
| 大麦 | 88.5 | 12.4 | 1.2 | 2.6 | 0.06 | 0.26 | 16.14 |
| 大米 | 87.5 | 8.5 | 1.6 | 0.8 | 0.06 | 0.21 | 16.05 |
| 高粱 | 89.3 | 8.7 | 3.3 | 2.2 | 0.09 | 0.28 | 16.55 |
| 三等面粉 | 88.1 | 14.0 | 2.9 | 2.0 | 0.08 | 0.31 | 16.72 |
| 荞麦 | 87.1 | 9.0 | 2.3 | 11.5 | 0.09 | 0.30 | 15.93 |
| 黍 | 88.8 | 12.7 | 4.4 | 4.6 | — | — | 16.60 |
| 粟 | 91.9 | 9.7 | 2.6 | 7.4 | 0.06 | 0.26 | 16.51 |
| 小麦 | 91.8 | 12.1 | 1.8 | 2.4 | 0.07 | 0.36 | 16.85 |
| 燕麦 | 90.3 | 1.6 | 5.2 | 8.9 | 0.15 | 0.33 | 17.01 |
| 莜麦 | 88.9 | 2.8 | 6.2 | 1.6 | 0.16 | 0.34 | 17.39 |
| 玉米 | 88.4 | 8.6 | 3.5 | 2.0 | 0.04 | 0.21 | 16.60 |
| 小麦麸 | 88.6 | 14.4 | 3.7 | 9.2 | 0.18 | 0.78 | 16.39 |
| 玉米皮 | 88.2 | 9.7 | 4.0 | 9.1 | 0.28 | 0.35 | 16.34 |
| 蚕豆 | 88.0 | 24.9 | 1.4 | 7.5 | 0.15 | 0.40 | 16.72 |
| 大豆 | 88.0 | 37.0 | 16.2 | 5.1 | 0.27 | 0.48 | 20.19 |
| 黑豆 | 88.0 | 36.1 | 14.5 | 6.7 | 0.24 | 0.48 | 19.82 |
| 豇豆 | 88.0 | 22.6 | 2.0 | 4.1 | 0.04 | 0.48 | 16.48 |
| 绿豆 | 88.0 | 21.6 | 0.9 | 4.5 | 0.15 | 0.31 | 16.07 |
| 豌豆 | 88.0 | 22.6 | 1.5 | 5.9 | 0.13 | 0.39 | 16.44 |

续表

| 名称 | 干物质 /% | 粗蛋白 /% | 粗脂肪 /% | 粗纤维 /% | 钙/% | 磷/% | 总能 /(兆焦/千克) |
|---|---|---|---|---|---|---|---|
| 秣食豆 | 86.3 | 36.2 | 16.1 | 3.8 | 0.26 | 0.47 | 19.94 |
| 赤豆 | 86.6 | 22.8 | 0.8 | 4.9 | 0.12 | 0.33 | 15.90 |
| 菜籽饼 | 92.2 | 36.4 | 7.8 | 10.7 | 0.84 | 0.85 | 17.30 |
| 豆饼 | 90.6 | 43.0 | 5.4 | 5.7 | 0.32 | 0.50 | 18.25 |
| 黑豆饼 | 90.0 | 41.0 | 5.6 | 5.9 | 0.42 | 0.27 | 18.41 |
| 胡麻饼 | 92.0 | 33.1 | 7.5 | 9.8 | 0.58 | 0.77 | 18.25 |
| 花生饼 | 90.0 | 41.9 | 6.6 | 5.3 | 0.25 | 0.52 | 18.83 |
| 棉籽饼 | 92.2 | 38.8 | 6.0 | 15.1 | 0.31 | 0.64 | 18.29 |
| 向日葵饼 | 92.2 | 22.8 | 1.1 | 26.5 | 0.32 | 0.70 | 18.17 |
| 椰子饼 | 90.3 | 16.6 | 15.1 | 14.4 | 0.04 | 0.19 | 18.62 |
| 玉米胚芽饼 | 90.4 | 15.7 | 10.5 | 3.8 | 0.02 | 1.04 | 17.92 |
| 芝麻饼 | 92.0 | 39.2 | 10.3 | 7.2 | 2.24 | 1.19 | 18.75 |
| 棕榈籽饼 | 84.3 | 6.4 | 2.0 | 11.5 | 0.08 | 0.15 | 12.65 |
| 醋渣 | 31.3 | 3.1 | 2.9 | 4.7 | 0.08 | 0.06 | 6.06 |
| 豆腐渣 | 10.0 | 2.8 | 1.2 | 1.7 | 0.05 | 0.03 | 1.28 |
| 粉渣 | 15.0 | 1.8 | 0.7 | 1.4 | 0.05 | 0.02 | 2.60 |
| 甜菜渣 | 12.0 | 1.2 | 0.1 | 2.4 | 0.06 | 0.01 | 2.09 |
| 酱油渣 | 22.4 | 7.1 | 2.0 | 3.4 | 0.11 | 0.03 | 4.66 |
| 饴糖渣 | 22.6 | 7.0 | 1.2 | 0.5 | 0.01 | 0.04 | 4.53 |
| 奶粉 | 88.0 | 21.2 | 24.9 | 0 | 1.58 | 0.65 | 19.16 |
| 牛奶 | 12.2 | 3.4 | 3.7 | 0 | 0.12 | 0.09 | 2.80 |
| 脱脂乳 | 9.4 | 3.3 | 0.9 | 0 | 0.16 | 0.10 | 1.90 |
| 炼乳 | 29.2 | 10.8 | 2.4 | 0.1 | 0.44 | 0.26 | 5.48 |
| 血粉 | 88.9 | 84.7 | 0.4 | — | 0.20 | 0.22 | 19.94 |
| 虾粉 | 86.6 | 39.1 | 1.9 | — | 3.28 | 1.00 | 7.73 |
| 虾皮 | 57.0 | 24.5 | 2.1 | — | 1.76 | 0.13 | 12.41 |
| 蟹粉 | 8.9 | 28.2 | 1.0 | — | 12.57 | 1.32 | 11.16 |

续表

| 名称 | 干物质 /% | 粗蛋白 /% | 粗脂肪 /% | 粗纤维 /% | 钙/% | 磷/% | 总能 /(兆焦/千克) |
|------|-----------|-----------|-----------|-----------|------|------|------------------|
| 鱼粉 | 90.0 | 39.3 | 2.3 | — | 4.50 | 2.61 | 17.80 |
| 进口鱼粉 | 89.0 | 60.2 | 7.7 | — | 4.51 | 2.67 | 19.90 |
| 蚕沙 | 34.2 | 5.5 | 1.8 | 4.3 | 0.04 | 0.37 | 5.81 |
| 羽毛粉 | 90.0 | 76.1 | 1.2 | — | 0.04 | 0.12 | 19.06 |
| 啤酒酵母 | 91.7 | 52.4 | — | 0.6 | 0.16 | 1.02 | 18.56 |
| 石油酵母 | 90.0 | 48.3 | 1.2 | — | — | — | 18.18 |
| 饲料酵母 | 90.6 | 41.2 | 2.8 | 0.8 | 2.20 | 2.92 | 17.56 |
| 玉米蛋白粉 | 91.0 | 20.6 | 3.9 | 3.4 | 0.28 | 0.39 | 18.68 |
| 猪肉 | 50.0 | 16.7 | 28.8 | | 0.01 | 0.24 | 14.67 |
| 牛肉 | 43.3 | 20.3 | 23.2 | | 0.01 | 0.12 | 12.58 |
| 鸡蛋 | 26.3 | 12.6 | 12.1 | | 0.06 | 0.25 | 6.94 |
| 马肉 | — | 21.7 | 2.6 | | 0.03 | 0.16 | 4.80 |
| 鹿肉 | | 20.7 | 3.9 | | — | — | 13.54 |
| 狗肉 | | 19.0 | 2.0 | | | | 4.18 |
| 鸡肉 | 32.0 | 19.6 | 11.9 | — | — | 0.19 | 7.98 |
| 兔肉 | 30.0 | 21.0 | 8.0 | | | 0.57 | 6.77 |
| 羊肉 | 39.0 | 16.5 | 21.3 | | | 0.17 | 11.0 |
| 鱼 | 22.0 | 17.4 | 1.3 | | | — | 3.47 |
| 烘干蚌肉 | 94.5 | 49.1 | 5.2 | — | | 1.20 | 18.68 |
| 蚕蛹 | 91.0 | 53.9 | 22.8 | | | 0.53 | 22.15 |
| 风干蚯蚓 | 91.7 | 53.9 | 4.1 | — | | — | 20.40 |
| 牛肉粉 | 92.2 | 53.9 | 7.0 | | | — | 21.86 |
| 猪肉粉 | 90.0 | 77.5 | 30.4 | — | 0.19 | 0.54 | 25.33 |
| 肉骨粉 | 90.0 | 55.4 | 9.5 | | 5.54 | 3.01 | 17.60 |
| 酸奶 | — | 3.2 | 2.9 | — | 0.12 | 0.09 | 2.17 |
| 面包 | — | 8.7 | 1.2 | | 0.03 | 0.09 | 12.96 |
| 牛心 | 23.7 | 17.6 | 8.5 | | 0.01 | 0.19 | 5.77 |

| 名称 | 干物质/% | 粗蛋白/% | 粗脂肪/% | 粗纤维/% | 钙/% | 磷/% | 总能/(兆焦/千克) |
|---|---|---|---|---|---|---|---|
| 牛肺 | 21.2 | 17.6 | 2.3 | — | — | 0.22 | 4.01 |
| 脱氟磷酸钙 | 100 | — | — | — | 32.0 | 16.25 | — |
| 石灰石粉 | 99.9 | — | — | — | 35.84 | 0.01 | — |
| 蛋壳粉 | 91.2 | — | — | — | 29.33 | 0.03 | — |
| 贝壳粉 | 98.9 | — | — | — | 32.93 | 0.03 | — |
| 骨粉 | 97.1 | 2.8 | 11.5 | 1.4 | 29.8 | 12.49 | — |
| 小白菜 | 4.9 | 1.1 | 0.2 | 0.7 | 0.13 | 0.04 | 3.76 |
| 大白菜 | 7.0 | 1.8 | 0.2 | 1.1 | 0.14 | 0.05 | 1.13 |
| 甘蓝 | 7.4 | 1.6 | 0.4 | 1.1 | 0.16 | 0.03 | 1.30 |
| 三叶草 | 12.0 | 3.3 | 0.74 | 1.9 | 0.13 | 0.04 | 2.26 |
| 苋菜 | 12.0 | 2.8 | 0.3 | 1.8 | 0.25 | 0.07 | 1.88 |
| 紫云英 | 11.4 | 2.9 | 0.8 | 1.3 | 0.13 | 0.05 | 2.13 |
| 菠菜 | 7.9 | 2.0 | 0.2 | 0.6 | 0.07 | 0.03 | 0.75 |
| 甘薯 | 24.6 | 1.1 | 0.2 | 0.8 | 0.06 | 0.07 | 4.31 |
| 甘薯干 | 89.0 | 3.8 | 1.3 | 2.2 | 0.15 | 1.11 | 15.72 |
| 胡萝卜 | 12.0 | 1.1 | 0.3 | 1.2 | 0.156 | 0.09 | 2.05 |
| 马铃薯 | 22.0 | 1.6 | 0.1 | 0.7 | 0.02 | 0.03 | 3.85 |
| 木薯 | 87.2 | 3.8 | 0.2 | 2.8 | 0.16 | 0.08 | 15.26 |
| 南瓜 | 10.0 | 1.0 | 0.3 | 1.2 | 0.04 | 0.02 | 1.76 |
| 甜菜 | 15.0 | 2.0 | 0.4 | 1.7 | 0.06 | 0.04 | 2.55 |
| 芜菁 | 14.0 | 1.0 | 0.2 | 1.3 | 0.06 | 0.02 | 1.71 |
| 萝卜 | 7.0 | 0.9 | 0.1 | 0.7 | 0.05 | 0.03 | 1.17 |
| 西瓜皮 | 5.5 | 0.6 | 0.1 | 1.1 | 0.02 | 0.01 | 0.84 |
| 西葫芦 | 5.0 | 1.0 | 0.1 | 1.1 | 0.02 | 0.05 | 0.79 |
| 西红柿 | 6.1 | 1.0 | 0.6 | 0.3 | 0.01 | 0.03 | 0.88 |
| 橘子 | 15.9 | 1.2 | 0.3 | 1.8 | 0.09 | 0.02 | 2.68 |
| 香蕉 | 24.3 | 1.1 | 0.2 | 0.5 | 0.01 | 0.03 | 3.55 |
| 苹果 | 17.3 | 0.5 | 0.4 | 1.3 | 0.01 | 0.01 | 2.59 |

## 第三节 肉狗的饲料配制

保证肉狗的生长发育和繁殖，必须提供全价的配合饲料，即多种原料按照适宜的比例配合一起，使饲料中能量、蛋白质、矿物质、维生素和微量元素等营养物质全面充足，以满足狗的各种营养需要。肉狗全价配合饲料的配制：一要因地制宜，选择优质的、廉价的、安全的饲料原料；二要设计合理的配方，照方配制；三要科学的加工调制，提高饲料的利用效果。

### 一、饲料配方设计方法

科学饲料配方，首先要符合肉用狗各生长阶段及生产性能所必需的营养标准，还要结合当地的具体情况，就地取材，选用优质、营养价值高、色质鲜美、适口性强、易被肉狗消化吸收、容易加工调制、价格又较低廉的饲料原料。选出预选饲料原料的品种，然后再从饲料营养价值表里查出预选饲料原料的营养成分和含量，列表逐项记下各原料的各种营养成分含量，再针对以上配料的原则，进行反复比较、筛选，最后拟出较为理想的原料品种。然后根据配方比例进行计算和分析，最后再确定饲料种类和比例。饲料配方的设计方法有试差法、计算机法、对角线法等。

【例1】试差法设计小狗饲料配方的基本步骤。

第一步：查小狗的营养标准，见表4-8。

**表 4-8 小狗的营养标准**

| 消化能/(兆焦/千克) | 粗蛋白质/% | 钙/% | 磷/% | 粗纤维/% | 赖氨酸/% | 蛋氨酸+胱氨酸/% |
|---|---|---|---|---|---|---|
| 12.5 | 20.5 | 0.93 | 0.9 | 3 | 1.09 | 0.4 |

第二步：确定饲料原料和营养成分含量。根据当地饲料资源情况，确定饲料种类有玉米、豆饼、花生饼、米糠、鱼粉、骨粉，其营养成分含量见表4-9。

表 4-9 饲料原料和营养成分含量

| 饲料种类 | 消化能/(兆焦/千克) | 粗蛋白/% | 粗纤维/% | 钙/% | 磷/% | 蛋氨酸/% | 赖氨酸/% |
|---|---|---|---|---|---|---|---|
| 玉米 | 13.530 | 7.8 | 1.6 | 0.07 | 0.3 | 0.12 | 0.23 |
| 豆饼 | 10.450 | 43 | 4.9 | 0.32 | — | 0.51 | 2.41 |
| 花生饼 | 10.283 | 40 | 5.8 | 0.32 | — | 0.38 | 0.8 |
| 米糠 | 11.370 | 12.5 | 8.5 | 0.28 | 0.59 | 0.25 | 0.05 |
| 鱼粉 | 11.704 | 62 | — | 4.8 | 3.1 | 1.73 | 5.02 |
| 骨粉 | — | — | — | 30 | 14 | 1.4 | |

第三步：配方初步搭配及计算，见表 4-10。

表 4-10 配方初步计算

| 饲料种类 | 大概比例/% | 消化能/(兆焦/千克) | 粗蛋白/% | 粗纤维/% | 钙/% | 磷/% | 蛋氨酸/% | 赖氨酸/% |
|---|---|---|---|---|---|---|---|---|
| 玉米 | 50 | 6.765 | 3.9 | 0.8 | 0.035 | 0.15 | 0.06 | 0.125 |
| 豆饼 | 10 | 1.045 | 4.3 | 0.49 | 0.032 | — | 0.05 | 0.24 |
| 花生饼 | 9 | 0.925 | 3.78 | 0.522 | 0.029 | — | 0.034 | 0.072 |
| 米糠 | 20 | 2.274 | 2.5 | 1.7 | 0.056 | 0.118 | 0.05 | 0.01 |
| 鱼粉 | 10 | 1.1704 | 6.2 | — | 0.48 | 0.31 | 0.173 | 0.502 |
| 骨粉 | 1 | — | — | — | 0.30 | 0.14 | 0.14 | |
| 合计 | 100 | 12.179 | 20.68 | 3.512 | 0.932 | 0.718 | 0.507 | 0.949 |
| 标准 | | 12.5 | 20.5 | 3.0 | 0.93 | 0.9 | 0.4 | 1.09 |
| 相差 | | −0.321 | +0.18 | +0.512 | +0.02 | −0.182 | 0.107 | −0.141 |

第四步：调整配方。由表 4-10 看出，能量比标准少 0.321%，先调整能量和蛋白质。玉米增加 15%，减少 15% 的米糠，能量增加 (13.530−11.370)×15%=0.324%，蛋白质减少 (12.5%−7.8%)×15%=0.705%，蛋白质缺 0.525%，再用 1.0% 鱼粉替代玉米，调整后的配方及比例见表 4-11。

表 4-11　调整后的配方及比例

| 饲料种类 | 大概比例/% | 消化能/(兆焦/千克) | 粗蛋白/% | 粗纤维/% | 钙/% | 磷/% | 蛋氨酸/% | 赖氨酸/% |
|---|---|---|---|---|---|---|---|---|
| 玉米 | 64 | 8.659 | 4.99 | 1.024 | 0.45 | 0.192 | 0.077 | 0.147 |
| 豆饼 | 10 | 1.045 | 4.3 | 0.49 | 0.032 | — | 0.05 | 0.24 |
| 花生饼 | 9 | 0.925 | 3.78 | 0.522 | 0.029 | — | 0.034 | 0.072 |
| 米糠 | 5 | 0.469 | 0.625 | 0.425 | 0.014 | 0.03 | 0.013 | 0.003 |
| 鱼粉 | 11 | 1.287 | 6.82 | - | 0.528 | 0.341 | 0.19 | 0.552 |
| 骨粉 | 1 | — | — | — | 0.30 | 0.14 | 0.14 | — |
| 合计 | 100 | 12.385 | 20.515 | 2.461 | 1.353 | 0.703 | 0.504 | 1.014 |

　　由表 4-11 看出配方中的能量、蛋白质基本符合饲养标准，磷稍微少于标准，去掉 1% 的米糠，添加 1% 的骨粉后基本满足要求。赖氨酸比标准约少 0.08%，可以单独添加。另加 0.5% 的多维素和微量元素，多出的可以从能量饲料中减去。

　　则配方组成：玉米 63.42%、豆粕 10%，花生饼 9%，米糠 4%，鱼粉 11%，骨粉 2%，赖氨酸 0.08%，多维素和微量元素添加剂 0.5%。

　　【注意】肉狗饲料的基本组成：由以谷物类饲料为主的精饲料（应占饲料总重的 50%～80%），肉、鱼类（湿重占 10%～20%）和新鲜果蔬类（占 10%～30%）三大部分组成。精料中谷物类一般占 80%～90%（干重），维生素和矿物质添加剂占 3%～5%，食盐按规定添加。肉、鱼类也可用适量的肉骨粉、鱼粉等干的动物性饲料代替。

　　狗的全体采食量可以依据体重大小进行估计，体重小于 8 千克的，每天采食量为体重的 8%～2.5%，体重 8 千克以上的为体重的 2.2%～2.8%。但哺乳母狗和运动量大的公狗比同体重的空怀狗、肥育狗采食量大 1 倍。

## 二、参考饲料配方

　　肉狗的参考配方见表 4-12。

表 4-12　参考配方

| 阶段 | 配 方 组 成 |
|---|---|
| 仔狗哺乳期（1～45日龄） | 1 个鸡蛋,浓缩骨肉汤 300 克,婴儿糕粉 50 克,鲜牛奶 200 毫升,混合后煮熟,待凉后加赖氨酸 1 克,蛋氨酸 0.6 克,"快大肥"2 克,食盐 0.5%,纱网过滤饲喂(人工乳配方) |
| | 新鲜牛奶煮沸再加奶粉,奶温在 27～30℃喂给,开始用气门芯接针筒注射喂或用滴管滴喂,以后用婴儿奶瓶喂,睁眼后倒入盘中让其舔食。20 日龄后在奶液中加米汤、菜汤。30 日龄后再加肉汤、熟肉块 |
| | 绞碎的瘦肉或内脏 500 克,鸡蛋 3 个,玉米粉 300 克,面粉 300 克,青菜 500 克(绞碎)。生长素适量,食盐 4 克,混合物均匀后加水做成窝窝头煮熟。赖氨酸 5克,蛋氨酸 3 克,"快大肥"10 克,多维素适量撒在凉窝头上加少许骨肉汤供仔狗舔食 |
| 断奶期 | 玉米 40%(也可用碎米代替 15%),麸皮 20%,细糠 10%,豆饼 19%(也可用菜籽饼代替 5%),鱼粉 7%,骨粉 3%,食盐、生长素各 0.5% |
| 幼狗（1.5～4月龄） | 玉米(大米)40%,豆饼 10%,麸皮(细糠)10%,红芋面(高粱面)10%,花生壳粉8%,骨肉粉 6%,鱼粉或动物下脚料 10%,蔬菜 4%,生长素 1%,食盐 0.5%～1% |
| | 玉米 40%(可用碎米代替 15%玉米),麸皮 20%,米糠 10%,豆饼 19%(也可用菜籽饼代替 5%豆饼),鱼粉 7%,生长素、食盐各 0.5%,骨粉 3% |
| | 玉米 40%,豆饼 10%,大米 10%,高粱 10%,糠皮 10%,骨肉粉 10%,鱼粉 6%,骨粉 1%,生长素 1%,食盐 1%,多维及微量元素适量。幼狗每千克体重日喂 30～40 克 |
| | 玉米面 30%,碎米 20%,糠皮 20%,豆粕 10%,麦 10%,菜类 5%,骨粉 4%,生长素,食盐各占 5% |
| | 玉米面 40%,碎大米 20%,米糠 5%,麦 10%,豆饼 11%,鱼粉 9%,骨粉 4%,食盐 0.5%～1.0%,青饲料每日每狗 150 克 |
| | 玉米面 50%,高粱面 5%,豆粕 12%,麦 10%,鱼粉 2%,血粉 3%,骨粉 4%,动物内脏 12%(鲜 45%),生长素 1%,食盐 1%,鲜蔬菜适量 |
| 青年狗（4～6月龄） | 玉米 36%,豆饼 12%,麸皮 12%,花生壳粉 9%,红芋面 12%,鱼粉或动物下脚料8%,骨粉 2%,蔬菜 8%,食盐 0.5%～1%,外加适量微量元素及多维元素 |
| | 玉米 50%,麸皮 20%,米糠 10%,豆饼 15%(也可用菜籽饼代替 5%),鱼粉 2%,骨粉 2%,食盐 0.5%,生长素 0.5% |
| | 玉米 50%(可用碎米代替 20%),麸皮 20%,米糠 5%,豆饼 15%(可用菜籽饼代替 5%),鱼粉 5%,骨粉 4%,食盐、生长素各 0.5% |

续表

| 阶段 | 配 方 组 成 |
|---|---|
| 青年狗<br>（4～6<br>月龄） | 玉米面 45%,高粱面 10%,豆饼面 10%,麸皮 10%,米糠 10%,鱼粉 10%,骨粉 3%,生长素、食盐各 1%,另加适量多种维生素和微量元素 |
| | 玉米面 47%,小麦 20%,豆饼 10%,麸皮 10%,鱼粉 5%,骨粉 2%,蔬菜 5%,生长素、食盐各 0.5% |
| 育肥狗 | 玉米 50%,麸皮 20%,米糠 10%,豆饼 15%(也可用菜籽饼代替 5%),鱼粉 2%,骨粉 2%,食盐 0.5%,生长素 0.5% |
| | 玉米面 40%,大米 30%,麦麸或米糠 17%,肉类或动物内脏 10%,骨粉 2%,食盐 1%;青饲料每日每犬 150 克 |
| | 玉米 25%,碎大米 15%,米糠 20%,麦麸 20%,豆饼 10%,鱼粉 7%,骨粉 2%,食盐 0.5%～1%;青饲料每日每犬 150 克 |
| | 玉米面 60%,豆饼 10%,花生饼 9%,米糠 10%,鱼粉 10%,骨粉 1%,另加多种维生素 5 克,硫酸锌 10 克,硫酸铜 15 克 |
| | 玉米面 40%,高粱面 10%,豆饼面 10%,麸皮 10%,米糠 10%,鲜鱼粉 10%,食盐 1%,骨粉 2%,肉类 7% |
| | 玉米 60%,豆饼 10%,棉籽饼 5%,麸皮 12%,米糠 5%,鱼粉 3%,骨粉 2%,生长素 0.5%,食盐 0.5%,动(植)物性油 2% |
| | 大米 35%,玉米面 35%,高粱面 10%,豆饼 10%,麸皮 10%,在此基础上加食盐 1%,骨粉 2%,鱼粉 6%,肉骨粉 7%,青饲料 2% |
| | 碎大米 35%,玉米渣 26%,高粱米 10%,豆饼 10%;糠麸 10%,鱼粉 6%,骨粉 2%,食盐 1%,另加青饲料每日 150 克,肉类 50 克。此饲料粗蛋白质含量 18%,脂肪含量 3.37%,钙含量 1.76%,磷含量 1.06% |
| 妊娠<br>母狗 | 玉米面 40%,高粱面 10%,豆饼粉 10%,鱼粉 10%,糠 20%,杂肉类 7%,骨粉 2%,食盐 1% |
| | 玉米面 52%,豆粕 15%,鱼粉(进口)4%,动物内脏 10%(鲜 37.5%),动物血粉 1%,骨粉 3%,麦麸 5%,面粉 1%,葵花籽饼 2%,食盐 1%,添加剂 0.5%,蔬菜适量 |
| 种公狗 | 玉米面 24%,碎米 20%,豆粕 10%,糠饼 19%,虾粉 2%,麦麸 10%,菜籽饼 5%,鱼粉 7%,骨粉 2%,生长素 0.5%,食盐 0.5% |

## 三、肉狗饲料的加工和调制

### （一）常用饲料的选择

科学选择饲料是配制肉狗日粮的基础。要熟悉当地饲料资源现状，根据现有的资源品种、数量，以及各种饲料的理化特性及饲用价值，尽量做到全年均衡地使用各种饲料原料。

**1. 品质优良**

选用新鲜无毒，无霉变，质地良好的饲料。曲霉毒素、重金属砷和汞等有害有毒物质含量不能超过规定要求。有毒饲料应在脱毒后使用，或控制一定的喂量（如棉籽饼和菜籽饼），沙砾的含量不能超过 0.5%～1.0%。

**2. 体积适宜**

饲料体积过大，能量浓度降低，既造成消化道负担过重而影响动物对饲料的消化，又不能满足狗对营养的需要。反之，体积过小，即使满足养分的需要量，但狗达不到饱腹而处于不安状态，影响其生长发育及生产性能。因此，饲料的体积尽量和狗消化生理特点相适应。一般可因肉狗的性别、年龄、体重和生产情况的不同，每天供给干物质量应有所区别。

**3. 适口性良好**

饲料的适口性直接影响狗的采食量。选择饲料时，应选择适口性好，无异味的饲料。如果使用营养价值高，但适口性较差的饲料（如血粉、菜籽饼），应控制使用量，特别是幼龄狗和妊娠期的母狗的饲料在搭配上更要注意。适口性差的饲料，可以搭配适口性好的饲料或加调味剂，以提高适口性，促使狗增加采食量。

（二）加工与调制

饲料应当进行科学的加工调制，以达到卫生、营养、适口性好、易消化、成本低、不浪费的目的，来增加狗的进食量，提高饲料利用率，防止有害物质对肉狗的毒害作用。狗喜食温料熟食，将饲料煮熟后，加调味品以及添加剂等，可增进食欲，利于消化吸收，获得良好的营养效果。

**1. 食物的加工调制**

不同种类食物的加工调制方法见表 4-13。

**2. 食物的温度**

狗食要避免过冷或过热，一般在 40℃ 左右为宜（不得超过 50℃），夏季可以给冷食，冬季可以给温食。以现做现喂为好，不宜过夜，特别是在炎热的夏天，久置可引起食物酸败变质，发生饲料中

表 4-13　不同种类食物的加工调制方法

| 种类 | 加工调制方法 |
| --- | --- |
| 生肉和内脏 | 冷水洗净、切碎、浸泡，一般浸泡 1～1.5 小时即可，不宜过长，以防营养损耗。煮的时间以能够达到杀菌、肉熟的程度为准，再混入蔬菜类，短时间的煮沸即可，不应过烂，肉汤可与饲料一块拌喂 |
| 谷物类 | 不必多过水，以清水淘净沙、土为原则，以减少营养成分的损耗。如果粮食饲料浸泡时间过长可以将水和粮食一同放到锅内煮熟。面类饲料（如玉米面、米糠、麸皮等）可做成饼或窝窝头，粉碎后与肉菜汤、骨粉、鱼粉、食盐等混合后喂狗。小骨头可以直接喂狗，通过咀嚼可以增加唾液腺分泌和胃肠蠕动功能；大骨头可以粉碎成骨粉后与其他饲料拌喂，以增加狗的采食量 |
| 残羹剩饭 | 首先要清除不能做饲料而且对狗有威胁的杂物，然后煮开消毒灭菌，再同其他饲料混合喂狗，如果用它单独喂狗时，应注意少给或不给盐，以免咸度增加，降低狗的食欲，或引起食盐中毒 |
| 蔬菜类 | 先洗净再切碎，然后放到煮熟的肉汤锅内，煮的时间不要过长，以熟而不烂为度，以防蔬菜中的维生素过多损失。蔬菜也可以单独煮熟，然后与肉、鱼粉、骨粉、食盐等一同拌入饲料内再喂。块根类青饲料尽量做到不去皮、洗净切碎，单独或与肉汤煮至熟而不烂的程度 |

毒或其他疾病。煮熟的狗食如果温度过高，可将饭菜放在清洁的台板上或装有纱罩的橱内降至适当温度，但要防止土和苍蝇污染。为避免鼠类污染，狗的饲料，还要注意防鼠灭鼠工作，因许多疾病可以通过鼠类传播。冬季不能用结冰的食物喂狗，尤其是母狗更不能喂给冰冻饲料，以防引起流产和胃肠道疾病。

<<<<

# 肉狗的饲养管理

根据不同类型、不同阶段肉狗的生物学特点合理调制饲料，科学饲喂，提供适宜的温度、湿度、光照和通风等条件，保持圈舍清洁卫生以及加强对初生狗的护理、青年狗的培育选择、繁殖母狗的防流保胎和促进育肥狗的生长，生产更多优质产品，提高养殖效益。

## 第一节　肉狗的生物学特征

### 一、肉狗的生活习性

#### （一）喜食肉类

经人类长期驯养和饲养条件的限制，狗由肉食逐渐变为杂食，但仍喜好食肉。如果在其食物中加一些带有腥味的东西（如肉汤、鱼汤和骨头），可提高狗的食欲和增加采食量。鉴于狗的这一特性，在饲养管理中，应注意添加动物性饲料和调制饲料气味，以增强饲料的适口性，保证充足的营养，维持狗的健康和促进生长发育。狗消化道具有肉食动物的特征（肠管短、蠕动较快、腺体发达、胃液的盐酸浓度很高等），对蛋白质和脂肪都能很好地消化吸收，但对粗纤维消化能力较差，因此在饲喂肉狗时，应将含纤维较多的食物切碎，煮熟后再喂。

#### （二）耐寒而不耐热

狗的体表大部分被被毛（被毛有短毛层和长毛层，短毛层的毛纤维细、柔软、稠密）覆盖，抵御风寒的能力很强，因此，狗在一50℃也能够生存。但狗的汗腺很不发达，只在趾球和趾间有汗腺，通过体表散发的热量很少。所以，狗有很强的耐寒性和怕热性。狗的体温略高于人，正常体温为37.5～39.0℃，在外界温度为15～25℃时，其代谢强度和产热量可保持生理的最低水平，当所处的环境温度升至接近体温时，狗表现为张口伸舌，喘式呼吸，增加唾液分泌，使其热量通过口腔黏膜、舌面和呼吸中的水分蒸发而散热，或在沙坑或泥水中打滚来降温。当外界温度超过狗的忍受限度，则易患热射病而死亡。所以，在高温季节，一定要做好防暑降温工作。

但对于幼狗，因其皮下脂肪少、皮薄、毛稀、体表面积（相对于体重来说）较大，体温调节能力差，肝糖原贮备少，故怕冷、怕潮，应对其进行必要的保温工作，尤其在寒冷季节。

（三）合群性

几只狗在一起戏耍和集群活动，当一只狗进攻陌生人时，其他狗闻声后齐而攻之，这就是狗的合群性。在饲养管理上，利用这一特性将它们分群饲养，有利于规模化生产。但狗的合群性，并不是简单地随便合群，群体内有序位，这种序位是由争斗决定的，所以在合群时应尽量减少争斗。一般小狗出生20天后就和同舍的小狗游戏，30～50天后走出自己的窝结交新伙伴，此时正是更换主人和分群的最佳时机，否则就会出现较大的应激反应。另外，在分群时还要考虑狗的身休情况，避免以强欺弱，尽量使其身体情况处在同一水平上。这里特别注意的是对于刚购入的狗，尤其是不能将成年狗与青年狗直接混群，应使其有逐渐熟悉的过程，以减少它们之间的争斗，减少不良刺激。

（四）感觉特性

**1. 听觉**

狗的听觉非常发达，可在大于人类听力最大距离4倍的距离处听到大部分声音，并且能够正确地判断声音的方向和音源的空间距离。据研究表明，对于低音，狗的听力范围和灵敏度跟人差不多，随着频率的增高，狗的耳朵比人的耳朵灵敏表现得越来越明显。狗的听力一般可达35千赫兹，但个别狗高达100千赫兹，这种高度发达的听力能听到地鼠、田鼠、家鼠等许多小哺乳动物的叫声，虽然蝙蝠的叫声大都超过了人类听觉限度，但狗也能够听到。

狗在睡觉时，将耳朵贴地，保持高度的警觉，对周围1千米以内的各种声音都能够分辨清楚，这种灵敏性多表现为立耳狗比垂耳狗灵敏。但是过高的音响或音频对狗是一种逆境刺激，会使狗表现为痛苦、惊恐，以至于躲避，尤其是在采食、睡眠、分娩、哺乳时。这就要求人们在选择场址时应选择在安静的地方，并采取一些必要的措施控制狗场噪声，保持场内安静，减少高音对狗造成的恐惧和损害，以及对狗生长发育的影响。另外，狗对于地震、火山爆发等发出的超声波具有敏感性，常以狂叫和乱跳预示。

**2. 视觉**

狗的暗视力灵敏，但视觉差、色盲。狗的晶状体调节能力差，视觉不发达，仅为人类的 $1/5 \sim 1/3$。有人实验，狗对于固定的目标只能感受50米的距离，但对会动的目标可感受到825米的距离。狗的视野很宽，全显视野达 $250° \sim 290°$，加之狗的头部转动灵活，使其可以做到"眼观六路，耳听八方"。狗是色盲，无法分辨色彩的变化，这是因为狗的视网膜上缺少锥状视觉细胞，而杆状视觉细胞占绝大多数，它对于信号灯的区别，仅是以色彩的亮暗度来区别的。狗的暗视力十分发达，在微弱的光线下也能看清物体（仍保留着夜行性动物的特征）。此外，狗对于强光和火焰有强烈的恐惧感，因而在狗舍内，光线应弱，避免对狗产生不良刺激。

**3. 味觉和嗅觉**

狗的味觉和嗅觉一样，是受到物质刺激后引起的一种感觉。但狗的味觉迟钝，嗅觉灵敏，灵敏性位于各畜之首。当狗发现食物时，首先是嗅嗅味道后再食。它的舌上虽有味蕾，但由于采食时"狼吞虎咽"，因而不能通过细嚼慢咽来品尝食物的味道，主要是靠嗅觉和味觉双重作用。狗的嗅器官是嗅黏膜，位于鼻腔后上方，内含有能感受气味的嗅细胞。狗的嗅觉很发达，嗅黏膜面积是人类的4倍，嗅细胞有2亿多个，为人类的40倍，而且嗅细胞表面有许多粗而密的嗅毛，使其与气体中的接触面积大为增加。空气中有气味的物质随着空气到达嗅黏膜，刺激嗅细胞，通过嗅神经传到大脑嗅觉中枢，就可以辨别出10多万种不同的气味。

狗的嗅觉居于各畜之首。狗的嗅觉在其生活中占有十分重要的地位，它主要根据嗅觉信息来识别主人、母子、同伴、路途、狗舍、方位、猎物与食物等及感知其他狗的性别、发情。认识和辨别食物，首先表现为嗅觉行为。因此，在调制饲料时，应特别注意在食物"香味"上下工夫，以增进狗的食欲。

**4. 触觉**

狗的触觉是借助于刺激分布在皮肤下的触小体所产生的。在脚、尾巴、耳朵、嘴等部位最容易感到触觉和压觉，在唇、颊部、眉间和脚趾等处的触毛长而粗，其根部神经末梢丰富，故其触觉最为灵敏。触其胸部、两耳根部，狗有一种亲切感。利用这一特性在训练狗时，可抚摸或梳刷其胸部，以表示对狗完成动作或任务的奖赏。对于陌生人来说，则应避免触摸狗的这些敏感部位。

**（五）智力发达**

狗的智力很发达，它能够领会、理解人的语言、表情和各种手势，并做出正确的反应。这是因为狗的神经系统发达，容易建立起条件反射。人们利用这一特性，对狗进行训练，令其看守门户、追捕猎物等。如在看守门户时，当有外人来时，狗就会以威姿和叫声报告主人，只有当主人示意它不再叫时，方才退回原地静卧。另外，狗的时间观念也很强，每到喂食时间，狗就会自动来到喂食的地方，表现得异常兴奋，如果主人稍迟，它就会以低声呻吟或者扒门来提醒主人。

**（六）有方向感和归向性**

狗的认路能力比马还要强几倍，它不但对走过的路能够很快地识别，而且也能凭借方位找到回家时路。狗具有一定判断方位的能力，过去曾有一只德国雌性牧羊犬，横越广阔的欧洲，跋山涉水3600千米后返回到原主人家。德国科学家研究证明狗确实具有"神秘第六感"，与候鸟的习性有些相同。

**（七）防卫性、防御性和警惕性强**

在食肉动物中，狗的防卫性最强，且具有遗传性；狗有独特的消化特点，能够从胃中吐出毒物，是一种比较独特的防御本领。唾液腺比较发达，分泌大量的唾液湿润饲料，便于吞咽。唾液中含有溶菌酶，有杀菌作用；狗在野生时期是夜行性动物，白天睡觉，晚上活动，被人驯化后与人的起居基本上保持一致，但是狗不会从晚上一直睡到天亮，而且在睡觉时也表现出高度的警惕性。人们用狗来看守门户正是利用这一特性。另外，狗的排粪中枢不发达，不像其他家畜那样能在行进中排粪。

## 二、肉狗的行为特点

狗对于自身所感受的一切刺激（即能引起反射作用的）所做出各种简单或复杂的应答性动作，总称为狗的行为。了解肉狗的行为特点，可以指导人们科学饲养和管理肉狗。

### （一）忠诚性

狗非常忠诚于主人，俗话说"忠义莫过于狗"。狗与人经过一段时间的接触，就会建立起淳厚的感情，并且时间越延长，这种感情越浓厚。狗能够领会主人的语言和表情，与主人同忧乐。当狗与主人久别重逢时，会表现异常兴奋和亲热，尾巴用劲摆动，身体自然扭动，有时还轻举前肢，并用舌头舔主人的手和脸。当主人遇到不幸时，它就会变得对任何事情不感兴趣，无精打采，甚至少吃或不吃，表现得十分悲伤。有时它因做错事而受到主人的训斥和打击时，也不会弃主人而逃跑，更不会因为条件差而易主。当主人受到动物或人攻击时，它会立即狂叫着向动物或他人扑过去。狗对主人有着强烈的保护心和绝对地服从精神，可以奋不顾身拼死帮助主人和完成主人给它的任务。正是由于狗的这一特性，才激起人们养狗的欲望。所以，在饲养管理上，对饲养员要固定，不要轻易更换，以减少对狗的刺激。

### （二）表情明显

狗的表情会随着周围环境条件的变化而改变，并且能够通过全身不同部位动作变化而不加掩饰地表露出来。当然这些动作是简单的，它的表情到底是什么意思，还需结合它的叫声、眼神、四肢动作来进行判断。如心情愉快的表现是尾巴使劲摆动，前肢向上轻轻跳，不断地舔靠主人的身体等。有的狗会张口露齿、眼睛微闭、目光温和、头稍向上仰、腰部来回扭动；有的狗会发出"哼哼"的声音；恐惧时表现是尾巴耷拉或夹在两腿间，双耳后伸，双目圆睁，全身颤抖，四肢不停地移动或呆立不动，有时后退到一个角落，甚至逃走；悲哀时表现是头垂下，双目无神，眼光视向主人，并向主人靠拢，有时一声不响地静卧在角落；愤怒时表现是鼻子上提，上唇拉起，龇牙，两眼圆睁，目光锐利，两耳向后倾伸，一般不张嘴，发出"呜呜"的威胁声，四肢蹬地，被毛直竖，尾巴上扬和直伸。如果两前肢下伏，身躯后坐，说明将发动攻击。另外还有其他表现，当狗背着地仰卧在地上，四肢屈曲，发出"呜呜"声音，表示狗屈服；当狗尾巴高高地摇摆，耳朵竖立，摆头，身体自然扭动，有时也轻举前肢，表示友好；如果狗摆尾，身体安静直立，双眼一直看着主人，这表示狗怀有某种等待和期望的心情。

（三）领域性

狗的领域性表现得极其明显，它不但视其主人家为领地，同时也把主人作为自己的领地，而且占有欲极强。比如，当有生狗进入家中时，一般家狗一定会狂叫，企图赶走生狗。除非主人示意不准有反抗行为，它将尊重主人的意见。当主人与陌生人推推搡搡似打斗情形时，狗就会扑向生人。繁殖场中的狗，这种行为更为强烈，当有生人进入场地，它将表现出猛烈的驱赶行为，以保护自己的地盘不受侵犯。

（四）戏耍性

狗在动物中是最喜欢戏耍的，无论是幼狗还是成年狗都喜欢互相戏逗、玩耍，常见圈养的狗与同伴打闹、咬尾巴、抓身子，戏耍不停，也有的攀围栏，这是生理行为的一种正常表现。如果圈养狗长期缺乏户外活动，就会变得行为失调，甚至会出现狗的自残现象。为了使圈养的狗能够正常健康的成长，就必须适应狗的这种行为特性，在圈舍或活动场舍放一些供其戏耍的东西，如大骨头或短粗木棒，让其啃咬。

（五）恐惧感

**1. 噪声**

狗的听觉很敏锐。对突如其来的较大声音，如雷鸣、飞机轰鸣声、枪炮声、爆炸声、鞭炮声等，有的狗会表现出一种恐惧感，如夹着尾巴逃避到安全的地方，钻进屋内或缩着脖子钻到窄小的地方，对食物毫无兴趣甚至拒食，即使责备也无效。若声音持续存在，狗的情绪就无法稳定，主人的安慰也不会有什么效果。

**2. 火和光**

很多狗对火和光有恐惧感，如烟花、探照灯，甚至吸烟时的火柴燃着的一刹那，狗的表现同对声音的恐惧一样。

**3. 其他**

狗对死亡有着强烈的恐惧感。狗对死亡的恐惧感是指对同类的死亡而言。狗死后发出的气味，对活着的狗具有强烈的恐惧性刺激，即使平时最为亲密的狗伴侣和其后代也不敢靠近，他们表现出被毛耸立，步步后退，浑身颤抖。有的狗对皮革气味也表现出恐惧感。因此，在狗场不要存放死狗，更不要在活狗面前宰杀狗。

**（六）虚荣心强**

狗的虚荣心很强。人们经常会见到这种情景，当狗完成某件任务时，或受到主人的赞美、抚摸或奖励时，会表现得兴高采烈，摇头摆尾，身体主动贴近主人。当受到主人训斥和打击时，会躲到角落里不肯出来，表现得十分羞涩，这些都是狗虚荣心的表现。利用狗的这一行为特性，在对狗进行饲养管理或训练时，给以一定的鼓励、奖励，比给其食物诱导要有用得多。

**（七）喜清洁**

狗有爱好清洁和厌恶潮湿的习性。它不在吃睡的地方排粪、排尿，喜欢在墙角、潮湿、隐蔽、有粪便处排粪、排尿。在饲养管理中，只要稍加调教和指点，极易训练狗在固定地点排粪、排尿，养成良好的习惯，维持圈舍的清洁干燥。此外，狗的皮肤表面神经末梢分布广泛，当皮肤上有异物时，皮肤会因受到刺激而感到不舒服，于是体表皮肤尤其是躯干部分皮肤抖动，抖动后身体上的异物被除掉，保持身体被毛的干净。

**（八）母性强**

母性（母性行为）是狗繁殖中的重要行为，也是选育母狗的重要条件，直接关系到幼狗的成活和质量。

一般母狗都有良好的护仔哺乳行为。正常母狗在哺乳期间性格会发生明显的改变，在分娩前表现为温顺、亲切、走动很轻，以防受到某种撞击；在分娩后表现得十分凶恶，不允许别的狗或生人接近自己的仔狗，有时对于主人或饲养员也持谨慎态度，以防仔狗受到伤害。一旦有动物和人靠近产窝，它就会怒目直视，嘴里发出警告的怒吼声，甚至发动攻击，以防它（他）伤害仔狗。母狗除每天吃食和排粪离开狗窝外，其他时间几乎不离开仔狗，直到仔狗睁眼（生后 13 天左右）后，才肯离开仔狗短暂时间，当仔狗活动能力较强时（40 日龄左右），才让主人或饲养人员接近仔狗，但警惕性仍很高。母狗还经常舔食仔狗体表，保持其身体清洁卫生，也定时舔食仔狗的肛门和外阴部，促使仔狗及时排粪、排尿。母狗对于仔狗是靠其奶味和尿味来识别的，对于其寄养的小狗，应先在身体上涂抹其奶或尿，否则，母狗会将其叼出窝。另外，母狗在仔狗能够走动时，教给仔狗生活的本领，如采食、寻食、扑食等，仔狗还会跟着母狗学些生活习性，如定点排粪、排尿和向主人或饲养者要食等。

（九）吠声多样性

狗的吠声（即叫声）听起来很简单，但仔细辨听，便能发现不同的叫声有着不同的含义。如狗在高兴和警戒时都发出"汪汪"的叫声，但仔细辨听会发现在警戒时，"汪汪"声前有"嗯"的叫声，而在高兴时没有"嗯"的声音。"嗯嗯"低沉声，是威胁对方，当狗感到对方有侵害行为时，便能听到这种声音。比如，两只不相识的狗相遇，彼此都会感到对方对己构成侵害和威胁，便各自发出"嗯嗯"低沉而拉长的声音，若此时前肢下伏，后肢呈方形，鼻子起皱纹，牙齿外露，同时发出"嗯嗯"声时，这表示将要攻击对方。当狗在吃食时，若有生人靠近，也会发出"嗯嗯"愤怒声。

"哼哼"鼻音是狗诉说事情的声音，意思是感到无聊或肚子饿了。如果发现狗的精神不佳，发出"嗯嗯"声，是表示身体不舒服。"哀嚎声"表示狗身体疼痛，有些胆小的狗受到惊吓也会发出此声音。

"嗡嗡声"是幼狗发出求助的声音，母狗听到此声后，便会立即奔向幼狗。狗嗅到、看到、听到或感觉到周围出现异常，自己或主人将受到威胁时，便会狂噪乱叫，此时狗的精神状态表现出紧张和焦急。

"远叫"是狗呼叫远方同伴。夜晚听到远近相呼应的狗叫声，则是狗相互之间传递信息。

（十）有排斥、竞争和协同的行为

狗的排斥行为是普遍存在的，比如，两只未曾见过面的青年或成年公狗，一见面就会马上做出准备打斗动作或打斗，狗自己盆中的食物一般不让别的狗吃；竞争行为在狗的生活中也存在，优胜劣汰，优胜者能不断地繁衍下去。仔狗一生下来就开始竞争吃奶，强者身体健康，弱者营养不良，这种无形的竞争使狗群中保留了强健者。在配种季节竞争行为表现得更加明显，狗与狗之间殊死搏斗，胜利者将强健悍威的体质遗传给下一代；在狗群中也存在协同行为，一个狗群面临外来侵犯时，狗群内马上停止打斗，这时处于支配地位的狗便会首先反击侵犯者，狗群中的任何狗，包括弱者都会勇敢参加反击活动。根据狗的这些行为，在护理仔狗哺乳时，应当注意体质弱小的个体，帮助其哺乳。同时对于未去势的成年狗，一定要分栏饲养，否则会出现相互争斗而产生伤残和死亡。

（十一）其他行为特性

狗的嫉妒心理也很明显。它把主人和主人家看做是自己的势力范围，神圣不可侵犯，最感到满足的是主人对它的爱。当一个陌生的狗被主人带到家，就会激起它的愤怒，会表现出强烈不满，甚至会有扑咬的行动，而且在进餐和其他一切活动时，也会竭力压倒对方。即使主人对其小孩的爱，也会使它不高兴，会对小孩发出攻击。根据这一特性，对于刚引进的狗，一定要先单圈饲养，经过一段时间的熟悉和调教后，再逐步与原来的狗一起饲养。

狗既有勇敢顽强的性格，也有胆小怕事的行为。通常会见到狗在与其他狗发生冲突时，总表现得你硬它软或你软它硬，但这时若主人赶到跟前时，它就变得理直气壮，显得勇敢、顽强、凶猛，这就是所谓的"狗仗人势"。

# 第二节　肉狗饲养管理的原则

根据肉狗的习性及不同阶段的生理特点，有针对性地采取不同的饲养管理措施，才能获得良好效果。

## 一、肉狗饲养的一般原则

### (一)饲料合理搭配、多样化

肉狗所需要的营养物质是多方面的,没有一种饲料的营养物质可以满足肉狗的营养需要,所以需要利用饲料的互补性,多种饲料搭配,取长补短,保证饲料营养全面、平衡,才能有利于狗的生长发育。因此,切忌饲喂单一的饲料。

### (二)定时、定量、定质、定温

定时、定量、定质、定温,可以减少饲养管理方面的应激。定时能使狗形成条件反射,促进消化腺定时活动,有利于提高饲料的利用率。定量即保证喂料量稳定,避免饥饱不均。如果饲喂得太多,引起消化不良;饲喂得太少,狗不能安静休息,一般喂八九分饱即可。定质是指饲料质量一定要保持清洁新鲜,避免吃霉烂变质的饲料。定温即根据不同季节气温的变化,调节饲料及饮水的温度,做到冬暖、夏凉、春秋温。

### (三)饲料合理调制

应根据各种饲料的不同特点进行合理调制,做到洗净、切细、煮熟、调匀等,以提高狗的食欲,促进消化,达到防病的目的。如碳水化合物要充分煮熟,以免狗吃了大量的生淀粉,引起胃肠胀气、消化不良而拉稀。加热能破坏大豆子粒蛋白质中的胰蛋白酶抑制剂,而提高豆科子粒蛋白质的消化性及利用率。

### (四)饲喂科学

一般习惯每日喂2次,幼狗可每日加喂1次或2次。饲喂次数因品种和饲料种类不同而不同。有的狗没有胃口,不爱吃东西时,可以饿它一天,使狗恢复食欲。孕狗和病狗可酌情掌握;每只狗专用一个食具,不得串换,用后清洗干净,放置时保持清洁,定期煮沸消毒,防止传染疾病。喂饲时应注意:一是注意进食习惯。狗喜欢有规律的生活习惯,在正常情况下,吃东西是狗一天中最兴奋的时刻,如果进食不定时,会造成狗心理上的压力,因不知道什么时候有东西吃而产生恐慌。狗每次进食最好在15~30分钟吃完,不论吃不吃也要把食槽(或盆)拿走,过一段时间再喂。二是注意观察狗吃食情况,如剩食或不吃等，应查明原因，采取措施。三是食物调剂要得当，不要以生肉喂狗，以免生肉中含有寄生虫和细菌，引起狗腹泻。煮熟的肉类可以杀灭病原微生物，消除食物中的毒素。一些淀粉饲料也应煮熟，这样容易消化。狗对粗纤维的消化能力差，喂蔬菜时应切碎，煮熟。煮的食物不可过熟，要适可而止，尤其是切碎了的蔬菜，应该单独煮至稍熟，再和熟肉混在一起。不要贪图方便，把蔬菜和肉类一块煮。狗的熟食，通常煮 15 分钟就足够了，这样不会损坏蛋白质和大部分的维生素。喂的食物温度不应超过狗的体温，即 40℃ 左右。可在狗食里加少许盐，使食物味道好些，刺激食欲。如果长期不吃蔬菜和水果，狗容易便秘。四是喂食前后均不应进行剧烈活动。五是忌啃鸡骨、狗骨、鱼刺鱼骨。大部分狗喜欢吃骨头，但不新鲜的骨头易腐败，有细菌，吃后易生病。鸡骨、鱼刺咬碎后会刺伤喉咙及胃肠。狗骨则可能有寄生虫，因此也不宜饲喂。牛骨较重，牛骨里不但有骨髓，而且有洁齿之功，亦可按摩牙肉，既有营养价值，又是狗的玩具，长时间咀嚼可练齿力。忌食乌贼、章鱼、螃蟹、辣椒、胡椒、糖块等。

## （五）饮水保证

狗从饲料和代谢水中仅能得需水量的 20%～40%，因此必须给狗饮水，以保证水分的供应。供水量可根据狗的年龄、生理状态、季节及饲料特点而定。高温季节需水量大，喂水不能间断。一般来说以先喂后饮为宜。剧烈运动或工作后，饥渴交迫，可先饮一遍，但要少饮慢饮，然后再喂。出勤之前要让狗喝够，工间还要加饮。冬季水冷，狗很难喝够，而且冷水入腹需要体热升温，并易引起胃肠道疾病。所以，饮水的水温要适宜。饮水时应注意：一是水盆和饮水器要保持清洁。夏季经常换水或补充水。如狗舍内给水不足，狗会到野外饮沟渠的不洁水、河水、雪水等，易患消化器官疾病或受寄生虫的侵袭。在夏季，若供水不足，易发生消化不良、便秘、热射病等。二是水质要好，保持清洁卫生。禁止喝污水、混浊不洁水及冰冷的水，必要时可进行消毒（100 毫升水加 0.4 克明矾，或 1 米$^3$ 水中加入漂白粉 5 克）。三是运输中应充分给水。狗在运输途中，尤其是长途运输更应注意给水。给水时应把车停在树荫下或背风向阳的地方。

（六）饲料调换逐渐进行

饲料改变时，新换的饲料应逐渐增加，使狗的消化功能与新的饲料条件逐渐相适应。若饲料突然改变，容易因消化不良引起肠胃病，造成食欲减退或绝食。

## 二、肉狗管理的一般原则

规模化养狗不仅要有科学的饲养方法，还要有科学的管理技术。如果管理不当，不但易患病，给主人增加忧虑，而且人、兽共患病还可能危害主人的健康。狗的常规管理应包括以下几个方面。

（一）注意卫生，保持干燥

注意狗体卫生，经常刷拭被毛，把被毛中的泥土、草屑等刷掉。每日须打扫狗舍，清除粪便，勤换垫草，定期消毒，经常保持狗舍清洁、干燥，使病原微生物无法滋生繁殖。常用的消毒液有3％～5％来苏儿溶液，10％～20％漂白粉乳剂，0.3％～0.5％过氧乙酸溶液，0.3％～1％农乐（复合酚）溶液等。养狗数量较多的狗场，要及时清除周围的垃圾及杂草。狗舍的排水沟要保持畅通，粪便和污物要及时清理，在指定地点堆放，进行发酵处理。

（二）保持安静，防止骚扰

狗的听觉灵敏，经常竖耳细听，一有动静就乱窜不安，尤其妊娠期、分娩时、哺乳期和配种时。

（三）加强运动，增强体质

运动可加强体内新陈代谢，增强神经系统和内分泌的作用，提高公狗的配种能力和母狗的繁殖力，防止难产，减少死胎、弱胎；促进后备狗骨骼及肌肉的发育。

（四）环境适宜

狗虽然对环境的适应能力很强，但温度过高，狗的食欲下降，影响繁殖。因此，夏季应做好防暑工作，狗舍门窗应打开，以利通风降温，狗舍周围宜植树、搭葡萄架、种南瓜和丝瓜等饲料作物，以便遮阳，还可在狗舍周围喷洒凉水降温。给狗饮用清洁的水，水内可加少许食盐，以补充狗体内盐分的消耗。相比之下，狗易适应比较寒冷的气候，但是气候变化不能太剧烈。因此，冬季应加强保温措施。狗舍内标准温度冬季为 13~15℃，夏季为 21~24℃。

狗舍内相对湿度要保持在 50%~60%。在夏季湿度过高，狗的散热功能受到限制，极易发生中暑；在冬季湿度大，狗易患感冒。湿度过高还有利于细菌的繁殖。湿度过低，狗舍内灰尘增多，有利于空气中微生物的生存，对呼吸道有损害作用，易患肺炎等呼吸道疾病，而且皮肤和黏膜会感到干燥不适。当湿度低时，可在狗舍内泼洒清水，湿度过高时（多发生在阴雨季节），可加强通风和勤晒勤换铺垫物。

### （五）分群管理

应按狗的品种、年龄、性别、强弱、性情和吃食快慢等分群分舍，既方便管理，又有利于狗的健康。

### （六）食具定期消毒

对喂食、饮水用的食具应每周消毒。可煮沸 20 分钟，也可用 0.1%新洁尔灭液浸泡 20 分钟，或用 2%~3%的热碱水浸泡，最后用清水冲洗干净。每次食后的食具都要清洁干净，剩余的食物要倒掉，以免发酵腐烂。

### （七）训练狗在固定地点大小便

训练时，在一定地点放一便盆，内放旧报纸，上面铺些沙土或炉灰渣，在一定的时间内（如喂食后，早晨起床后，晚上睡觉前）带领狗到放有便盆的地方，如果狗能在便盆内大小便，训练者应给狗爱抚的表示或食物奖励。训练时要注意，便盆不能挪动地方，而且要留一些上次便后的沙土，以便狗能通过气味找到大小便的地方。

### （八）适当运动

狗是喜动不喜静的动物，适当的运动能促进新陈代谢，增强食欲，增加采食量，使狗体魄健壮，增强持久力和敏捷性。运动应在早晚进行。早晨空气新鲜、凉爽，环境安静，没有干扰，而且狗具有夜行性。运动量因品种、年龄和不同的个体而异，一般每日 2 次，每次 30 分钟比较合适。夏天运动量要小些，冬天可适当增加。运动的方式应视运动的目的不同而异。

# 第三节　不同类型狗的饲养管理

## 一、种公狗的饲养管理

俗话说"母好、好一窝，公好、好一坡"。种公狗对提高狗群质量，迅速扩大群体，加速肉用狗周转起着关键性作用。要求种公狗要有健康的体格，旺盛的性欲和很强的配种能力。要保证公狗发育良好、体质健壮、性欲旺盛、精液质量高，科学的饲养管理尤为重要。

### （一）饲养

要提高种公狗的配种效果，必须保持营养、运动、配种利用三者间平衡。营养是种公狗健康的保证，又是产生精子的物质基础；运动是增强公狗体质，提高繁殖功能的有效措施；而配种利用是决定营养和运动需要量的依据。

#### 1. 营养要求

种公狗的营养需求划分主要分为配种期，休配期和增健期三个阶段。配种期是种公狗全年付出体力最大，能量消耗最多的时期，在饲养中一定按营养标准，高质量的配制日粮，供给营养价值完全充足的平衡日粮，每千克混合饲料中应含粗蛋白 17％～24％。消化能最低不少于 12.96 兆焦/千克。狗多数是季节性发情，休配时间较长，母狗两个发情期间隔一般都在 170～180 天，随着年龄的增长，两个发情间隔时间逐渐拉长。所以在公狗较长时间的休配期中，降低饲料标准，每千克饲料中含粗蛋白质 14％～15％，消化能 12.54 兆焦/千克，这个时期公狗的任务是休息，恢复体力。在配种前一个月种公狗饲养进入增健期，在增健期要加大运动量、提高饲料标准，增加营养，这个时期的任务就是让种公狗体质更结实，精力更充沛，性欲更旺盛，能够产出高质量的精液，迎接配种期的到来。

种公狗饲料中的动物性蛋白质应高于其他狗饲料，而且要求多种搭配，饲料多元化，特别是含叶绿素较多的叶类蔬菜，要常年保持供给，以保证饲料的全价性。

种公狗要保持结实的体况，应适当控制能量的供给，以免种公狗过肥，性欲和精液品质下降。如果饲料能量水平过低，公狗消瘦，精液减少，品质下降，亦影响受配率和受胎率。矿物质中的钙和磷等对精液品质也有显著影响，钙磷不足或缺乏时，会使精子发育不全，活力下降，畸形精子或死亡精子增多。种公狗多为精料型，一般含量磷多钙少，饲养中注意补钙，食盐在饲料中是不可缺少的矿物质元素。维生素 A、维生素 D、维生素 E 对精液品质有较大的影响，长期缺乏维生素 A，会使公狗睾丸肿胀或萎缩，不能产生精子，失去繁殖能力，缺乏维生素 E 时，亦会引起睾丸功能减退，精液品质下降。如果能保证青饲料或多维的供应，就不会感到缺乏。维生素 D 对钙磷代谢有显著影响，间接影响精液品质；应当让公狗每天晒太阳，满足公狗对维生素 D 的需要。

饲养种公狗，应随时注意营养状况，使其保持健康结实，性欲旺盛，活泼爱动的体质。不应过肥或过瘦。配种季节，应该把种公狗与不发情母狗放到一起，以便激发种公狗性欲。同时，还要在饲料中加入适当的蛋白质，及维生素含量较高的饲料。如各种动物加工的下脚料以及肉、蛋、奶等。对个别性欲不高公狗，除加强营养外，还可以在饲料中添加一些壮阳补肾药物，如维生素 E、酒淬阳起石、甲基睾丸素、丙酸睾丸酮。

**2. 饲喂**

种公狗每顿不要喂得太饱，一般以八成饱为宜，使种狗保持旺盛的食欲。在配种季节每天喂食 2～3 次，根据食欲情况中间多加餐 1～2 次。饲喂公狗时，实行定人员、定时间、定饲量。公狗因神经比较敏感，经常更换饲养人员影响种公狗食欲。饲料要注意多样化，适口性要好。每日饮水要充足。种公狗要单独喂养，以便安静，减少外界的干扰；防止打架，以保证食欲正常，杜绝爬跨和自淫的恶习。

**（二）管理**

种公狗应单圈饲养，饲养环境最好是阳光充沛，空气新鲜，运动充足，舍内外干燥，注意清洁卫生，人为地搞好种狗运动、刷拭。定期检查精液品质。同时，种公狗应生活在冬暖夏凉的安静环境之中。

**1. 运动**

加强运动是饲养种公狗增强体质的一项重要措施。适当的运动可以增进食欲，增强体质，避免肥胖，提高性欲和精子活力。运动不足可促使种公狗贪睡，肥胖，造成性欲下降，精液品质下降，影响配种效果。所以种公狗必须坚持适当运动，不同个体运动量有所不同，区别对待。运动要有连续性，雷打不动，每天要人为的运动2～3次，每次60分钟左右，可以步行牵遛，也可以人骑自行车牵遛，无论用哪种方式运动，运动量要达到。休配期尽量少运动、多休息；增健期加大运动量，增强体质，迎接配种期的到来；配种期，搞好适当运动，防止疲劳。过瘦的种公狗，应减少运动量，加强饲料调制，尽快增膘复壮。

**2. 定期刷拭**

刷拭可以促进血液循环并有舒适感，增进健康，提高食欲，少患皮肤病和体外寄生虫病。夏季每天刷拭1～2次或洗澡1～2次，洗澡过程中做好生殖器的洗涤、按摩，增强生殖功能。经过刷拭和洗澡的公狗，性情温驯，活泼健壮，性欲旺盛。但在公狗刚配完种后，不能马上洗澡。

**3. 定期检查精液**

实行人工授精的种公狗，每次采精后要做精液品质检查，并做好详细记录，做今后公狗质量评定的依据。如果本交配种，那么也要训练公狗人工采精，做到每月检查1次精液，经过采取各项措施，如增加营养，增强运动和减少配种次数，精液品质仍然没有提高，另外，经过后裔观察，产仔数少，后裔质量差，应该淘汰。

**4. 定期称重**

定期称重可以掌握狗的营养状况。尚在生长的公狗，体重应逐渐增加，但不宜过肥。成年狗的体重应无太大的变动。

**5. 种公狗的配种利用要合理安排**

初配年龄最好控制在2岁完全发育成熟时，每周配一只母犬，每日配1次。年配种15只次以内。建立稳定的生活制度，使其养成良好的生活习惯，以增进健康。

## 二、种母狗的饲养管理

### （一）配种前母狗的饲养管理

断奶后到下次配种前的成年母狗为配种前母狗。对这种母狗的要求是身体健康，定期发情，受胎率高。这个阶段母狗还处在休情状态，是上次生产的恢复和下次生产的准备。母狗排卵数的多少，虽然与遗传有关系，但也取决于饲养管理的好坏。在一般情况下，成年母狗在一个发情期内排卵 20 粒左右，而实际产仔仅 10 只以下，如能确实加强饲养管理，还有相当潜力可挖。

**1. 饲养**

在营养供给上要全面、丰富，给以足够数量和优质蛋白质，并充分重视补充无机盐，如钙、磷、钠以及维生素 A、B 族维生素、维生素 E 等，使其保持适度的体况。人常言"空怀母狗八成膘，容易怀胎产仔高"。母狗太肥或太瘦，都会引起不发情、排卵少、卵子活力弱，易发生空怀等现象。

**2. 管理**

这类母狗应有充足的运动，适宜的阳光和新鲜的空气，狗舍内外、运动场等地方都要干燥，特别处在这个时期的母狗一定要适当加大活动量（但不能过于疲劳）。才能保证生殖系统的正常。在此时期饲养人员要注意观察母狗发情进展情况和行为的变化，如外生殖器肿大，颜色有变化、流血等，抓住时机，适时配种。必要时可用公狗诱情（公母混养），皮下注射孕马血清（每次 3 毫升），绒毛膜促性腺激素（肌注 500～700 国际单位）等催情，也可收到一定效果。

（二）妊娠母狗的饲养管理

妊娠期（平均 60 天）饲养管理的任务是增强母狗体质，保证胎儿健全发育，防止流产和死胎，每窝都能生产量多、健壮、生命力强、出生体重大的仔狗。

**1. 妊娠母狗的饲养**

母狗妊娠后代谢功能旺盛，对饲料利用率提高，蛋白质合成能力增强，青年妊娠母狗的自身生长加快。对妊娠母狗应根据胎儿的生长发育的规律和妊娠母狗营养需要合理饲养，以保证胎儿在母体的正常发育和母狗的健康。妊娠期间要加强饲料调制，做到营养全价，保证母体与胎儿的营养需要，母狗在怀孕 1 个月左右，在饲料中应当增加动物性饲料，如动物的血、肝、肺，禽类的肠子、骨肉泥、鱼粉等。一个半月左右，胎儿生长速度加快，相应母狗采食量增加，在这种情况下除每天早晚各饲喂外，中午应加喂 1 次。妊娠母狗饲养标准为：每千克饲料含粗蛋白质 20%～22%，消化能 12.54～12.96 兆焦/千克，钙 1.4%～1.5%，磷 1.1%～1.2%。饲料配方见表 4-12。

饲料以喂熟食为主，配制好的日粮必须加热煮熟，然后另加青饲料，调成糊状喂给。日喂 2～3 次，满足清洁饮水。母狗怀孕期间，胎儿发育有阶段性。妊娠初期胎儿发育较慢，随着妊娠天数增加，发育逐渐加快。妊娠母狗孕期，一般分为妊娠早期、中期、末期，其所需营养稍有不同。

（1）妊娠早期 指怀孕后 1～5 周。此期由于胎儿较小，增长速度较慢，故需要的能量和其他营养素与正常狗相同，一般不需要给狗特殊准备的饲料。但是，妊娠初期的母狗常有食欲不振的妊娠反应。因而，在这个阶段应调制一些适口性好、富于营养、易消化的饲料，一日可多餐，并注意定时定量，不可早一顿、晚一顿，以碎米粥、杂肉类、肉骨泥、新鲜蔬菜为佳。

（2）妊娠中期 指妊娠 5～7 周。这个时期胎儿发育速度加快，各种营养物质需要量较大，此时母狗的基础代谢可比正常狗增加 10%～20%。这个时期除增加饲料供给外，应补充并能兼顾其他，要给予营养丰富、易消化的饲料。重点供给母狗富含蛋白质的饲料，如动物内脏、畜类血、小鱼小虾、豆制品等，还应给些菜以补充维生素的需要。

（3）妊娠末期 指妊娠 7～9 周，在这个时期胎儿的生长发育速度更快，日趋成熟，各种营养物质需要量更多。此时，要注意饲料的多样化、营养要均衡。要注意钙、磷、铁等元素的补充，以保证胎儿骨骼的发育。要供给母狗动物的内脏及血，胡萝卜及新鲜蔬菜等饲料。这个时期热能饲料不宜过多，以防流产。

饲喂时应注意：①因妊娠母狗需要大量营养，但胃肠容积有限，因此要提高饲料的营养浓度和增加饲喂次数，特别是在妊娠的后期，妊娠期饲养人员要掌握饲喂量，做到少喂多餐，不让妊娠母狗吃得过饱，减少对子宫的压力。以确保胎儿良好发育，防止发生死胎。②所喂给的饲料要清洁新鲜和保证质量，发霉、腐败、变质、带有毒性和强烈刺激性的饲料不可饲喂，否则容易引起流产。③不喂过凉或带冰碴的饲料和水，以免刺激胃肠甚至流产。④临产前喂量酌减。⑤饲料不能频繁变更，以免影响食欲。⑥临产前稍减食量，喂易消化的饲料，供足清洁的饮水。

**2. 妊娠母狗的管理**

加强妊娠期的管理，以增强母狗体质，促进胎儿正常发育，防止流产；生产出量多、健壮、活力强、出生体重大的仔狗。

（1）保持适宜的环境　妊娠母狗要单圈饲养，圈要求宽敞、清洁、干燥、光线充足，防止狗多互相咬斗、引起机械流产。冬季要注意狗舍和产房的保温、通风良好，白天放到舍外进行日光浴，避免冷风侵袭。夏季做好防暑降温，必要时坚持洗澡。妊娠最初几天要避开高温应激，长期处在高温天气或环境之中容易出现胚胎早期死亡，降低产仔数。

（2）做好母狗个体的护理　防止母狗腹部受凉或挤压。注意做好乳头和阴部卫生处理。冬夏都要经常做皮毛的梳理工作，以便促进皮肤的血液循环，防止产科疾病的发生。要保持狗体和环境的清洁卫生和安静。妊娠母狗禁止激烈运动和跨越障碍，不能抽打和恐吓。让狗得到充分的休息。根据母狗预产期，在产前 10 天左右做好乳房按摩，增强局部血液循环，促进乳房发育，为产后增加泌乳量打下基础。

（3）适当的运动　狗在怀孕期，特别是怀孕 10 天以后，要进行适当的活动，最好每天的活动不少于 4 次，每次活动时间不少于 30 分钟。狗进行适当的活动，不仅能增进狗的食欲，有利于胎儿的生长发育，还能减少狗的难产。

（4）注重卫生管理　妊娠期还要注意饲料、用具、环境卫生，防止消化道或其他疾病，严重下痢可以导致流产。在妊娠期或产仔后一段时间内都不能驱虫或注射狂犬疫苗，发现母狗有病要及时请兽医诊治，不能随意投药，以免流产或造成胎儿畸形。

（5）慎重用药　防治疾病用药时要慎重。如泻药、利尿药和刺激性强的药物使用不当可引起流产；四环素、卡那霉素、庆大霉素等影响胎儿（以及新生仔狗）的发育甚至可导致胎儿畸形。此外，尽量不在怀孕期间给母狗作免疫注射。

（6）提前进入产房　母狗可以提前 2～3 天进入产房，单圈饲养，有条件的地方最好设产箱，供母狗产仔用。产房应设在安全、僻静的地方，让妊娠母狗在产前得到充分的休息，防止噪声或突然音响的发生，让母狗集中精力休息，等待分娩的到来。分娩前用肥皂水擦洗乳房和阴部，洗后用毛巾擦干。特别要保护好孕狗乳房，防止创伤和引起炎症。

【注意】为了防流保胎，注意：配种结束后，将母狗转入怀孕狗舍单圈饲养，以后确认未怀孕者，再转入空怀舍；防止拉稀和便秘（拉稀是肠管剧烈蠕动，便秘则在排粪时强烈努责，都可引起流产）；保证饲料、饮水清洁卫生，冬季避免摄入冰冻的饲料和饮水；避免剧烈运动；若有流产迹象时可肌内注射黄体酮或投入孕激素制剂，如人用口服避孕药3～4片。

**（三）分娩前后母狗的饲养管理**

要做好母狗分娩前的准备，对临产狗全身，特别是臀部和乳房，可用0.5%来苏儿水、20%硼酸液进行洗涤。产箱要用木板制成，箱上留一半圆形缺口，口内铺细木条，细木条上铺短草。

母狗分娩前几天，要根据其体况和乳房发育情况饲喂，对体况较好的母狗，为防止产后初期乳量过多、过稠，引起母狗乳房炎和仔狗下痢，在产前5～7天应按日食量减少食料10%～20%。对较瘦弱者则不需减料，甚至可加喂一些含蛋白质的催乳饲料。此外，产前应避免饲喂能引起便秘的饲料。分娩后最初6小时内，不给任何饲料，只在产狗身边放上一盆清洁水。在分娩后2～3天，由于母狗体质虚弱，代谢功能差，应多喂一些稀质流状易消化食物，如肉汤、稀粥、鸡蛋等。开始产出仔狗时，可喂红糖水、肉汤、鸡蛋。经5～7天后才可恢复饲喂哺乳狗标准日粮。

临产前3～7天停止运动，只做一些自由活动，舍内铺干洁垫料。母狗垫草，有条件的用毛巾或软草擦母狗的皮肤，这对防寒冷、促进胎盘的排出都有益处。分娩时要保持产房安静，产房的光以微暗不明亮为佳。产后随时注意体质状况。让其充分休息，产后3天，若天气良好，可让母狗在舍内外做轻微自由活动。

**（四）哺乳母狗的饲养管理**

**1. 哺乳母狗的饲养**

哺乳期母狗的饲养不仅要满足自身的营养需要，而且还要满足仔狗出生后物质需要，尤其是高产母狗，其需要量是维持能量需要量的3倍或更高。所以，必须合理的保证营养的供给。

（1）饲料饲喂　哺乳母狗要获得需要的营养，光靠增加饲料量是不可行的，母狗的胃容积有限。因此，只有通过提高饲料营养含量来解决。饲料营养应全面平衡和充足，适口性好，易消化，才能满足出生仔狗前期的营养需要。

饲料标准一般为：每千克混合料中应含粗蛋白质 20%～24%，消化能 12.54～13.51 兆焦/千克。在哺乳期内，除了增加饲料量外，在营养成分上要酌情增加新鲜的动物下脚料，鸡肠子、各种肺脏，机械死亡的禽类尸体经过消毒加工后都是很好的饲料。另外，还要增加一些鱼肝油和骨粉等。要经常检查母狗的泌乳情况，对泌乳量不强的母狗，可加喂红糖水、奶类。也可以将亚麻子煮熟粉碎混到饲料里喂狗，以增加乳汁量。

饲料多样化，定时、定量。母狗产仔后最初 6 个小时内无食欲，一般不需要给任何饲料，只给清洁饮水。产后 6 小时后应给营养丰富的流体饲料，如肉汤、米粥、豆浆或奶类等，每天喂 3～4 次，每次少给，有利于内脏各器官的恢复，以后逐渐增加。产后头几天内，由于狗体质较弱，消化能力差，但母狗往往为满足泌乳量需要而贪食，要增加饲喂次数，否则，有些饥饿的母狗，势必吃得太多，引起消化不良，致使泌乳量随之下降。

仔狗断奶后，为防止母狗发生乳房炎，首先给母狗停食一天，然后人为控制逐渐减少食量，第二天给断奶前 1/4 的食量，第三天给 1/3 食量，第四天给 1/2 食量，第五天给 3/4 食量，以后逐渐给正常量。其次是断奶后 1 周内人工排乳 2 次，并且按摩乳房，使乳房尽快收回，如果发现乳房有小的硬结要及时治疗、控制炎症发生。

（2）饮水　要注意满足哺乳母狗用水。休情期母狗每吃 1 千克重干饲料，需要饮水和饲料用 3 升。母狗在哺乳期排出大量乳汁，需要饮水更大。所以，必须满足母狗用水，才能保证母狗正常泌乳，故在管理上一定给母狗足量饮水，并且是清洁饮水。

**2. 哺乳狗的管理**

（1）适当运动　母狗产仔后恋仔性强、整天待在窝里不爱活动，这样对母仔的健康和母狗的泌乳量都有极大影响。适当的运动是必不可少的，天气暖和时，可以人为驱赶母狗到舍外散步，每天至少 2 次，每次可由半个小时逐渐增加 1 个小时，但不能做剧烈的运动。生产中，饲养管理人员容易忽视这一问题，应该高度重视。

（2）搞好卫生　搞好环境和狗体卫生，是保证母仔健康的保证。要坚持经常打扫及时换产房垫草，产房每周最低消毒1次，最好使用无异味或异味小的消毒剂，特别是产房温度较高时，更要按时清理污物和消毒，保持狗舍的清洁、干燥，控制细菌繁殖生长。经常梳理和清洗体表是必要的。不但能够增强人畜之间的感情，同时，增强皮肤血液循环，也能防母仔在互相舔舐的过程中将病毒带入体内。坚持经常用消毒药擦拭乳房，然后用清水洗干净，以免仔狗将药液吸入体内。

（3）注意观察　随时注意对母狗膘情和仔狗发育情况的观察，如果仔狗被毛光亮、个体发育匀称、口鼻干净湿润、精神状态好是生长发育好的表现，如果母狗体重逐渐减轻，但不过瘦、精神状态好，食欲和护仔能力都很好，说明饲养管理比较合适。如果母狗过肥或过瘦，仔狗又发育不良，应及时查明原因，采取措施改进饲养管理方法。

（4）减少应激　保持产房和周围环境的安静，避免较大音响和强光突然刺激，特别是不能让陌生人接近母狗，以防激怒母狗和踩死仔狗，让母狗安静休息；保持适宜的温度，注意夏季的防暑降温和冬季的防寒保暖。日常管理工作程序必须有条不紊，以保证正常的泌乳规律；饲料忌突然改变，以免影响泌乳量和乳品质。

（5）加强个别管理　对泌乳不足或缺乳的母狗，在改进饲养管理的基础上，要增喂含蛋白质丰富而又易消化的饲料，也可喂给或注射具有催乳作用的催产素或血管加压素，但其作用是短暂的。要经常按摩乳房，也能促进乳腺发育。要经常检查乳房，以防乳房炎的发生。

## 三、仔狗的饲养管理

### （一）新生仔狗的饲养管理

仔狗由母体产出，无论从生理方面还是环境方面都发生了极大变化，如通过胎盘进行气体交换转变为自行呼吸，由原来通过胎盘获取营养物质和排泄废物转变为自行摄食、消化及排泄；原先在母体子宫内时，环境温度相对恒定，不受外界因素的影响，产出后外界环境因素变化大，容易产生不良影响，加之仔狗本身各项生理功能还不健全，所以对新生仔狗的饲养管理显得尤为重要。但是，仔狗在一般情况下不需要专门护理，母狗会本能地帮助仔狗哺乳和维持体温，经常舔舐它们的排泄物。但由于初生仔狗软弱无力，消化能力不强，调节体温功能不完善，有的母狗，特别是初产母狗不能或不会照顾仔狗，在这种情况下，加强护理工作是非常重要的。通过科学饲养管理，确保仔狗的正常生长发育，以提高仔狗的成活率，获得健壮的仔狗。

**1. 仔狗的生理特点**

（1）生长速度快　仔狗物质代谢旺盛。在中等产仔量情况下，仔狗出生最初 5 天中，每只日增重平均不少于 50 克，在 6～10 天中，日增重平均不少于 70 克，这时仔狗的体重是出生时的 2 倍，72 日龄仔狗体重是出生体重的 6～10 倍，4 月龄可达成龄体重的 50%，这样快的生长率一直保持到 6～9 月龄，1 岁时可达成年体重。超大型狗达到成年体重需要 18～24 个月。

（2）体温调节功能不健全　仔狗出生后，体温调节中枢发育尚不健全，皮肤调节功能很差，新生仔狗几乎没有皮下脂肪，能量来源主要靠糖原，而糖原在出生后很快枯竭，所以新生仔狗保持体温只有靠母体等外部热源和同胞间互相拥挤，以减少与外界接触的体表面积，防止体温散失。仔狗直肠体温，2 周龄为 24.5～36℃；2～4 周龄为 36～37℃，4 周龄后体温与成年狗接近。

（3）柔弱　肉用型仔狗出生重一般为 0.4～0.5 千克。耳目闭塞，生后 10～15 天才睁开眼睛，18 天开始自行走路，吃乳全靠触觉等找乳头，行动迟缓，移步困难，容易被母狗压死或踩死。仔狗每天除了吃奶就是睡觉。

（4）抗病力差　因仔狗许多生理功能尚不健全，所以对外界环境变化敏感，加之 90% 的免疫抗体来自初乳，而身体免疫能力很差，对各种疾病抵抗能力很低，如果天气或自身健康状况稍有变化易引起疾病感染。

**2. 仔狗的饲养**

根据仔狗的特点和母狗的泌乳规律，在哺乳的仔狗饲养中应该注意如下问题。

（1）吃到充足初乳　充足初乳可以获得大量的免疫抗体和各种营养物质，而且也是摄取水分，可增加血液循环量，促进胎便排出。初乳不足是狗感染和肝肺功能不全的重要原因。所以，狗出生后要及早吃到初乳。仔狗在眼睛未睁开之前，只靠触觉寻找乳房，瘦弱仔狗，尤其是体温较低者，母狗厌恶，不愿给哺育，人工辅助寻找和固定乳头。后边乳头泌乳量高，应将弱仔狗固定在后 3 对某一个乳房上，可以促进仔狗发育均匀。

要加强哺乳母狗的饲养，增加蛋白质饲料，增加泌乳量，让仔狗吃饱吃足。要经常观察仔狗哺乳情况，如果发现仔狗不断的鸣叫，很可能母狗奶水不足，要设法补救。

（2）补乳和喂饲　随着仔狗需要奶量的日益增加，母狗的泌乳量不足时则需补乳。补乳以新鲜牛奶为佳，经煮沸用消毒奶瓶喂给，奶温在 27～30℃。15 天以内的仔狗，每只补给 50 毫升牛奶；15～19 天仔狗每只补给 100 毫升，至 20 天时增至 200 毫升。每日分 3 或 4 次喂给。

仔狗出生后，最早的在第 9 天，最迟的在第 15 天才开始自行睁开眼睛。在仔狗睁眼时要避免强光刺激，以免造成不良后果。当仔狗睁眼后，就可把牛奶倒在小盘子里，让仔狗舔食。

第 20 天左右，在牛奶中可加入少量米汤或稀饭，25 天后再加入一些浓厚的肉汤。稀饭和肉汤，喂量可由 20～30 克逐渐增加至200～300 克，每日分 3 或 4 次补给。30 天后，可加入切碎的熟肉，每次 15～20 克，每日早晚 2 次补给。35 天后的仔狗补饲量要逐渐增加。补饲的食物主要是牛奶、鸡蛋、碎肉、稀饭等加在一起的半流食，可以适当地给以鱼肝油、骨粉等。一般在 6 周左右断乳。

（3）哺育和过哺　母狗产仔后死亡或产仔数较多，因过 8 只时，完全由母狗哺乳对仔狗的正常发育不利，需要行人工哺育。仔狗一般不应生后马上离开母狗，应该让母狗哺育 1 周左右再离开母狗。

采用人工哺育的仔狗，应放在同一个产房里，狗箱内铺些褥草或旧毛毯，以保持适当温度。人工哺育时，用酒精棉球擦拭仔狗的臀部，刺激仔狗及时排出大小便，直到睁眼后自己排出为止。人工哺喂牛乳，用奶瓶喂给，生后 10 天，白天每隔 2～3 小时喂牛乳 1 次，夜间每隔 4～6 小时喂 1 次。每只仔狗每昼夜喝奶不少于 100 毫升，10～20 天哺乳量由 100 毫升增至 300 毫升，1 个月后每日 6 次。当仔狗睁眼后，将牛乳放入盘内由仔狗自己吃乳。从第 20 天开始，除饲喂 300 毫升牛乳外，应按前文所述添加其他食品。

如产后母狗无奶、死亡或产仔过多，需给吃不到的仔狗找个"奶妈"，叫做过哺。"奶妈"狗的分娩时间和原母狗分娩时间应基本相同，才能保证仔狗的发育需要。要先将"奶妈"狗拿走，把过哺的仔狗放在窝内，将"奶妈"狗的乳汁涂在过哺仔狗的身上，使仔狗附上"奶妈"狗的气味，"奶妈"狗就会将其当成自己的仔狗给以哺乳。为防止意外，可给"奶妈"狗戴大口笼，待它允许过哺仔狗吃奶后再摘掉口笼。

（4）补水　生后8～10天要给仔狗喂带甜味的饮水，夏季气温高更要注意给仔狗补水，保证体液正常循环，促进仔狗迅速发育。

**3. 仔狗的管理**

（1）新生仔狗的处理

① 防止窒息　新生仔狗易出现窒息，而影响成活率。为防止新生仔狗窒息，应尽量清除幼狗口腔及呼吸道的黏液、羊水等；发生窒息时应耐心地做人工呼吸。

② 结扎脐带　新生仔狗的脐带断端，一般在24小时后即干燥，1周左右脱落。在此期间应注意观察脐带变化，勿使仔狗间互相舐吮，防止感染发炎。如脐血管闭锁不全，有血液滴出或脐尿管闭锁不全，有尿液流出时，应进行结扎。

③ 固定乳头　仔狗吃奶要有固定奶头，否则会强夺弱食，仔狗发育不均，死亡率高。出生后绝大多数仔狗可自行固定奶头，时吃不上母乳的仔狗，特别是瘦弱的仔狗，要用人工辅助固定，帮助它们找到乳量较多的乳头吸吮。在仔狗吃乳的过程中，母狗会舔舐仔狗的会阴区以刺激小狗排出大小便，这也有利于建立母子感情和激发仔狗的活动力。

（2）保持适宜的温度　保温是提高成活率的关键。仔狗出生后1周内，由于体温调节功能较低，被毛稀少，皮下脂肪少，保温能力差，对外界环境温度变化敏感，如新生仔狗在30℃以下环境中，防寒功能逐渐衰竭，因长时期寒战产热，会使糖原和肝糖原耗尽，继而出现低温现象。当直肠温度下降为5～20℃时，仔狗表现为反射活动降低，心动过缓，不愿吃奶，母狗也不愿为其哺乳。如果直肠温度降到10～15℃，仔狗食欲废绝，几乎看不到呼吸，有时只是喘，心跳减少，反射十分迟缓，最后死亡。所以仔狗在管理中最重要的一项就是做好保温工作，采取一切办法做好保温工作。

舍内温度要求第一周 29～32℃，第二周 26～29℃，第三周 23～26℃，第四周 23℃，以后逐趋常温。保温措施很多，可根据条件因地制宜的选用。可在两个相临狗舍间设火墙、土暖气等采暖设备。条件好的可以用红外线加热器或红外线灯取暖，另外，还可以增加垫草，在狗窝前挂防风（寒）窗帘。

（3）防压、防踩　新出生的仔狗体格弱小，行动不灵活，尤其是舍内温度过低时，仔狗为取暖而相互堆压，母狗产后消耗体力很大，身体虚弱，不愿活动，对仔狗照顾不周。也有的母狗母性差，或对弱仔嫌弃，或无哺乳经验，外来生人的干扰及仔狗的鸣叫激怒母狗等，都会造成压死和踩死仔狗。所以，有条件的地方应尽量设产仔箱，护仔栏，哺乳仔狗时要注意观察和精心饲养管理，随时留意仔狗吃奶情况，发现母乳不足，应及时采取补乳措施（如喂牛奶、肉汤、米汤等）。仔狗生后 9～15 天睁眼，切勿给仔狗扒眼。仔狗睁眼时产生听觉。避免强光刺激，以免损伤眼睛。生后 3 周左右狗齿开始发育，生后 4 周门齿开始发育，第五周第一、第二臼牙发育，第六周以后，第三臼齿发育，生后第八周牙齿全部长齐，饲养人员对仔狗在哺乳期的活动状态都应了解，以便发现问题，及时纠正。接触不到母狗的仔狗易受冻挨饿而死，所以护理人员要加强看护，如发现被母狗压住的仔狗，要及时取出。

（4）补血　仔狗在哺乳期最容易缺铁，一般出生 2～3 天应饲喂或注射铁铜合剂或铁钴合剂。

（5）日光浴　仔狗出生后 3～5 天，可以利用风和日暖的好天气，把仔狗抱到室外与母狗一起晒太阳，一般每天 2 次，每次 30～50 分钟，使其呼吸到新鲜空气；利用阳光中的紫外线杀死仔狗体表的细菌，促进骨骼发育，防止患软骨症，在极其寒冷的地区或冬季，可将仔狗放在背风向阳的玻璃窗上，让太阳直接照到仔狗身上。仔狗睁眼后，要避免强光刺激，以免损伤眼睛。

（6）运动　当仔狗睁开眼后，自己能站稳时，可先在室内走动，待生长几日后，再让其在室外活动、游戏、玩耍等。初期在室外活动时间可短些，以后逐渐增加时间。出生 20 天后，仔狗可随母狗在室外活动场一起活动，晚间回到狗舍内。

（7）加强疾病的预防　据统计，新生仔狗 28％在生后 1 周内死亡，10％在 2 周内死亡，另有报道在前八周内仔狗死亡率为 34％，其中 82％是生后 1 周内死亡的，12.5％是第三周内死亡，死亡的主要原因是机械性死亡和病菌、病毒和体内寄生虫感染所致。所以仔狗在哺乳期必须按着防疫程序做好预防接种和药物驱虫。

（8）注意仔狗的异常　仔狗因先天的异常、感染、分娩期的损害和管理上的因素，会出现脱水、体温过低、腹泻、溶血综合征、脐感染、败血症、毒乳综合征、皮炎、仔狗病毒血症、产后眼炎等疾病。为此，应积极采取预防措施，如做好配种时的公母狗选择，加强母狗妊娠期间的饲养管理，注意狗舍的环境卫生及仔狗的个体卫生等。对于发病者，则应针对其特征及时进行抢救。

（9）保持狗舍环境安静　防止突然发出声响，噪声过强、过久，惊吓母狗或影响母狗正常休息，特别是噪声更会影响母狗的泌乳和仔狗的正常休息、生长、发育。

（10）称测体重　要对仔狗逐个称重，并做好记录，以便了解母狗的泌乳能力，决定是否需要补乳。要求 2 周龄前每天测量一次，2 周龄至 1 月龄，每 3 天称重一次。以后则每月称重一次。母狗能正常分泌乳汁（一般母乳产仔不超过 6 只），仔狗生后 5 天内，每日平均增重不少于 50 克，在第 6～10 天，每日平均增重 70 克左右。第 11 天以后，母狗乳量不足，仔狗体重增长可能下降，应采取补乳措施。

（11）擦拭　仔狗身上容易玷污脏东西。初期母狗能及时舔净，以后护理人员每日要用软布片擦拭仔狗的身体，除去污物，保持仔狗身体清洁，同时刺激皮肤，促进血液循环，增强新陈代谢，有利于仔狗的健康生长。

（12）剪修趾甲　仔狗生长 2～3 周，其前爪趾甲可能长得过长，使仔狗产生不适感，并且在吃奶时易抓伤母狗的乳房或伤及其他仔狗，因此，要及时给仔狗修剪趾甲。用剪刀和指甲刀修剪，修剪后锉平整。

【注意】仔狗在 15 日龄还不能自动睁开眼睛的要给予帮助；在仔狗眼裂（裂缝）处滴以灭菌生理盐水（0.9％的氯化钠溶液）润湿之，任其自行睁开；眼眶内积脓，用生理盐水润湿仍不能开眼的，需用拇、食二指轻瓣上、下眼皮，分开眼裂，用生理盐水冲洗脓液，再滴以眼药水（滴眼时药水瓶末端勿触及眼球）。

（二）幼狗的饲养和管理

幼狗是指断奶后到性成熟前的小狗，也称育成狗。幼狗性格活泼、好动、贪玩，但不具备独立生活的能力，对主人的依赖性很强，正处在生长发育期，在饲养管理上不同于成年狗。加强幼狗的饲养管理，不仅影响到狗今后繁殖力也涉及肉用狗生产性能。

**1. 仔狗的断奶**

是仔狗由依靠母乳向自身摄食转变的关键时期，由于生活条件的突然改变，食欲不振，有的鸣叫不止，有的躲在某一个角落窥视不动，出现恐惧感和孤独感。增重缓慢甚至体重下降。

（1）断奶适期　断奶不能过早也不能过晚，6周前断奶，仔狗体质还很弱，对采食固体饲料尚不习惯和适应，往往形成恶癖，主动攻击饲养人员，破坏物品，甚至发生自伤行为和繁殖障碍。如果10周龄以后断奶，不但影响幼狗采食，还会影响母狗的增膘复壮，影响下一次的配种和妊娠，降低母狗繁殖力和利用率。所以，一般认为40～45日龄断奶为宜。

（2）断奶方法

① 一次性断奶　到断奶日期，要强行将仔狗和母狗分开。这种方法断奶时间短，分窝时间早，但可能由于断奶突然，食物、环境都突然发生变化，引起仔狗消化不良，大小狗精神紧张，乳量足的母狗还可能引起乳房炎。

② 分批断奶　根据仔狗的发育情况和用途，前后分几批断奶，发育好的可先断奶，体格弱小的后断奶。但由于断奶时间延长，会给管理上带来麻烦。

③ 逐渐减少哺乳次数　在断奶前几天就将母狗和仔狗分开，隔一定时间后，再将其关在一起让仔狗吃奶，吃完奶后再分开，以后逐渐减少吃奶次数，直至完全断奶。此法可避免大小狗遭受突然断奶的刺激，是一种比较安全的方法。

断奶之后的仔狗，由原来完全依赖哺乳生活过渡到自己完全独立生活，所以，断奶是其一生中的重要转折点。此时仔狗仍处于强烈的生长发育时期，其消化功能和抵抗力还没有发育齐全，如果饲养管理不当，不但生长发育受阻，而且极易患病或死亡。因此，这一时期的饲养管理绝不能放松，要给予丰富和精心的护理，减少和消除疾病的侵袭。

**2. 幼狗的饲养**

幼狗的生长发育是一个很复杂但又有一定规律的过程，其主要特点是体重增长迅速，成年后体重维持一定水平上，各组织器官和各部生长有一定的顺序，生后头 3 个月增长最快。4～6 个月主要增长体长，7 月龄后主要增高。这个时期主要营养供应不上，生长发育受阻，甚至达到成年时仍然表现为幼年的体格结构和特点。

（1）营养特点　幼狗生长期是狗成长发育重要阶段，这个时期必须供给充足的营养，为以后育肥奠定良好的基础。3 月前幼狗每天所需代谢能约为成年狗维持能量需要的 2 倍；达成年体重 40％时，所需代谢能为成年维持需要的 1.6 倍；达成年体重 80％，为 1.2 倍。所以在这个时期的幼狗均需供给充足而丰富的蛋白质，易消化的脂肪、糖类、矿物质和维生素，如大米、牛奶、瘦肉、蔬菜、鱼肝油、骨粉等。饲养方面做到定时间、定数量、定用具、定温度、定人员、定地点（六定），这样使幼狗情绪稳定、克服陌生感，促进幼狗的生长发育。

幼狗的饲料应根据不同月龄的消化生理特点调整，月龄小的蛋白饲料要多些，月龄大的能量饲料要逐渐增多，促进育肥。在饲料调配上要根据当地的饲料资源和能量的需要进行合理的调整和搭配，幼狗日粮配方见表 4-10。在此期间，有条件的可以适当补给鱼肝油、钙片骨粉等。

（2）幼狗饲养关键技术

① 定时定量，少给勤添看槽添，每餐让吃七八成饱，下次饲喂之前使狗有饥饿感，保持狗有旺盛的食欲。

② 剩食及时清理，食具用后洗刷，放在日光下暴晒或蒸煮，热水烫洗消毒。

③ 饲料，无论是原料还是加工成品都不能霉败变质，特别是动物性饲料更要注意。幼狗饲料应现做现喂，单独调制，注意卫生，防止胃肠疾病。

④ 饲养员应长期固定，不能随意更换，饲养中随时观察采食情况，如食欲情况，有无剩食，同时结合喂食也要注意观察狗的精神状

态。狗有食后就排大小便的习性，通过排便也可以观察到消化情况及其他病态情况。

⑤ 饲喂时注意挑出霸食狗，实行单独管理，让其他狗吃好吃匀。

⑥ 给水，要给清洁卫生的优质水，盛水容器应多点放置，让幼狗自由饮用、饮足、不饮剩水，特别是夏季注意放水卫生，防止胃肠炎症的发生。

⑦ 不同月龄幼狗，每天饲喂次数应当有所不同，一般情况下每天饲喂次数：2～3月龄5次；3～4月龄4次；5～6月龄3次。

**3. 幼狗的管理**

（1）做好"两维持，三过渡"　狗断奶后1～3周，由于生活条件突然改变而往往精神不安，食欲不振，增重缓慢甚至体重减轻或得病，尤其哺乳期内开食晚、吃补料少的仔狗更为明显。度过这一适应阶段后，生长才又加快。因此，为了养好断奶仔狗，过好断奶关，就要做到饲料、饲养制度及生活环境的"两维持，三过渡"，即维持原圈管理，维持原饲料饲养，并逐渐做好饲料、饲养制度和环境的过渡。

① 饲料过度　首先在断乳前就要使仔狗习惯采食断乳后所用的饲料。断乳半个月内应保持原饲料不变。从外地引进的仔狗，有条件时最好带来部分原喂饲料，以利过渡。

② 饲养制度过渡　稳定的生活和适宜饲料调制是提高仔狗食欲，增加采食量，促进仔狗生长的保证。断奶半个月内应保持原哺乳期补饲次数和时间不变，同时，经常供给清洁饮水。对断奶仔狗的饲养是否适宜，可从粪便和体况的变化判断。仔狗初生时粪便为灰白色或黄褐色条状，采食后渐变为黑色成串，断乳时呈软而表面光泽的长串。饲养不当，粪便的稀稠、色泽和形状会发生改变。

③ 环境过渡　做好环境过渡是养好幼狗的重要措施。为了减轻仔狗因脱离母狗的不安，最好采取不调离原圈，不分群的办法，如果根据生产需要，非调离不可的，应在断奶后10～15天进行，在分群3～5天，让仔狗在一起运动和同槽采食，使其相互熟悉，然后根据不同目的饲养的要求，按照不同性格、体重大小、采食的速度等进行分解，以免相互咬斗，使生长均匀，发育匀称，每群狗数可根据狗舍面积和实际情况而定，一般以4～6只或10～12只一群为宜。

（2）做好日常管理 幼狗在转群之后首先进行两个定点训练：一是训练定点睡眠；二是训练定点大小便。狗有一个习性，就是来到新环境后，第一次睡过的地方，就认为最安全，以后每次休息或睡眠都要到这个地方来，雷打不动。

第一天晚上睡眠前一定要把狗关在狗舍或室内指定睡眠的地方，即使是成年狗也要这样做，数天后就能定下来。如果偶尔发现它在其他地方睡眠，就要将它拖回原来的地方，并且给予适当的教训使其改正。

另外，还要注意搞好幼狗卫生，增强体质，预防疾病。经常整理皮毛，促进血液循环，给幼狗舒适感觉。保持狗舍卫生和干燥，狗舍内外的狗床要经常打扫且保持干净，及时清除粪便和污物，定期消毒，垫草经常更换和日晒。要进行一定的运动和日光浴，适当的运动能增强新陈代谢，促进骨骼和肌肉正常发育，但运动量不宜过大，以自由活动为主，剧烈运动可导致身体发育不匀称，而且影响食欲和进食。当幼狗发育到一定程度时，应让它到户外或舍外，但不能出场外去锻炼以培养它对外界环境的适应能力及胆量。

（3）驱虫和预防接种 寄生虫对幼狗的生长发育影响极大，因此，应当定期驱虫。幼狗易患蛔虫等寄生虫病，严重的影响其生长发育，甚至引起死亡。某一狗场在 1 只 68 日龄死亡幼狗肠管中发现 132 条蛔虫，以后每月定期抽检和驱虫 1 次。可用盐酸左旋咪唑进行驱虫，每千克体重一次经口 10 毫克，1 周后再服 1 次，或用驱蛔灵每千克体重一次经口 100 毫克，连服 3 天，驱虫率达到 95%。为防止污染环境，驱虫后排出的粪便和虫体，应收集后堆积发酵。处理体外寄生虫、狗虱可用速灭虫净 1 毫升加水 30 千克，洗涤狗体、药浴后将狗放到太阳下干毛即可。2 个月龄以上的幼狗继续做好五联苗（或六联苗）预防接种。

（4）去势 生产肉用狗时，对不留作种用的幼狗一般都要去势，以促进其生长，加速脂肪的沉积，提高育肥效果。对淘汰的种狗，也可以去势育肥。公狗去势，一般适宜的时间是出生 4~9 周，在春秋两季均可，去势应在晴天，无大风的日子里进行。

去势方法：可将狗固定在地上或手术台上，助手保定好四肢和头部，术部常规消毒处理，在阴囊中缝的一侧 0.5~1.0 厘米处，切开皮肤和总鞘膜，露出睾丸，在睾丸后方剪断阴囊韧带，在精索上方用消毒好的缝合线结扎精索，在结扎线下部 0.5～1.0 厘米处剪断精索，除去睾丸。另一侧用同样方法取出睾丸。切口用碘酊消毒，不必缝合。也可以用药物去势，可向公狗睾丸中注射 0.5 毫升去势灵。

母狗去势最好是将卵巢和子宫全部摘除，由于发育程度和个体不同。一般出生后 4～5 个月进行，这样手术较难，最好请兽医具体实施。

（5）分群管理　幼狗长到 6 个月开始性成熟，此时要防止早配。幼狗应按性别、体形大小分开，分别管理，每小群以 10 只为宜。

## （三）提高仔狗成活率的技术措施

仔狗出生后 7～9 日龄，眼睛没睁开，没有听觉，体粗，四肢短小，行动不便，特别是神经系统发育不完善，对外界不良因素抵抗力很低，易得病，死亡率较高，这个时期仔狗除需母狗本能的护理之外，更需人为加以护理，才能达到全活全壮。根据仔狗不同时期的发育特点，要把好六关。

### 1. 抓好母狗饲管关

母狗应在妊娠前，进行一次彻底驱虫，可使用广谱驱虫药。在妊娠 45 天，状态良好的情况下，对母狗进行一次免疫注射，可让胎儿得到有效的被动免疫，从而增强幼狗的抗病能力。同时妊娠母狗应勤运动，每日至少保证早晚运动 2 次，每次运动时间 1 小时。妊娠母狗应喂给全价配合饲料，所用原料要求新鲜，营养丰富，不能用腐败变质原料，以防母狗中毒和造成胎儿流产、死亡等。

### 2. 把好初乳关

仔狗出生后要立即吃上母乳并且吃饱吃足，尤其是产生 3～5 天的初乳。初乳不仅营养丰富，还有缓泻作用，有利于胎便的排出，更重要的是初乳中富含母原抗体，可提高仔狗的免疫能力，将弱狗调制到并固定在泌乳量多的乳头上（母狗后 2 或 3 对乳头），把健壮的仔狗调到并固定在泌乳量少的前边两对乳头。经过仔狗固定乳头的调整使仔狗生长发育均匀一致。

### 3. 把好开食特补关

母狗产后泌乳量随着仔狗需要量逐渐增高，通常产后 21 天左右达到高峰，以后逐渐减少，大多母狗产后 15 天（有的早些）后，母乳就不能满足仔狗的需要了。当仔狗出现哺乳后不能安静休息和睡眠，到处乱爬，茫然寻找乳头而母狗又不愿意继续授乳，这说明母狗乳汁已不足，饲养人员这时就要训练仔狗开食，由于仔狗牙齿发育不全，咀嚼功能弱，最好先给一些流食供仔狗舔食，如牛奶或肉汤等，以后逐渐转为补给豆浆、稀饭，这时饲料中含蛋白量应高些。通过自由舔食能够锻炼胃肠功能，使其逐步适应以后的独立生活。另外，仔狗在哺乳期间容易缺铁，当仔狗缺铁时将产生贫血、结膜苍白、被毛粗乱、病弱、稀便、发育受阻，这时要给仔狗特殊的补饲，饲料中添加一些铁铜合剂、铁钴合剂等。

**4. 把好旺食断奶关**

仔狗 30 日龄后，消化功能渐趋增强，食量大增，体重迅速增加，开始进入旺食阶段。为了提高断奶体重，应喂给成年狗饲料的类型有：一是要喂给适口性强的饲料，如选择香甜的饲料、口感细腻的饲料；二是补料要多样化，保证饲料营养丰富、全价；三是每日要多次饲喂，一般每日补料 4～6 次，每次不要喂得过饱，七八成饱即可，以适应胃肠消化能力，过饱会引起消化功能紊乱，影响以后食欲；四是要注意饲料调制，增加进食量，使肉狗发挥最大生产性能，力争40～50 天断奶后体重达 4.0～4.1 千克。

**5. 把好疫病预防关**

通常仔狗出生后吃到母狗初乳即产生很强的免疫能力，增强了机体对传染病的抵抗力。但是以后这种免疫力随着日龄的增加逐渐降低，机体抗病能力随之下降，为保持机体不受传染病的威胁，仔狗45 日龄之后就要开始免疫，做好免疫接种，增强对疾病抵抗能力。

**6. 把好驱虫关**

仔、幼狗的驱虫往往被人忽视。有些寄生虫卵对外界有很强的抵抗能力，狗随时有感染的机会，如蛔虫，母狗在妊娠期间有可能被感染。幼虫通过胎盘传染给胎儿，有胎儿未出生前寄生在胎儿的血液中，仔狗出生经过 2 天幼虫进入肠壁，然后开始发育。通过胎盘而被感染的胎儿出生后发育不良，生长速度慢，容易患其他疾病。有一个场家对 2 只死亡原因不明的仔狗进行了剖检，结果发现，1 只 58 日龄的仔狗 0.60 米长的小肠内寄生蛔虫 131 条，另有 1 只 38 日龄的仔狗小肠内被蛔虫堵满，可见寄生虫寄生之早，仔狗时期驱虫的必要性。所以，仔狗在 20 日龄时就要开始驱虫。把好驱虫关非常重要。狗崽要很好地护理，防止压死，可设护仔栏。框架式护仔栏较为普遍。一般选用 5 厘米×5 厘米方木条，将其四边棱角改制成钝角，木条横竖结合制成框架。然后将框架垂直地固定在舍内四周墙壁附近，框架平面距墙面 20 厘米，整个框架高度为 30～35 厘米，竖立着的木条与木条之间的距离为 20～25 厘米。横放的木条长度随母狗舍内四周墙的长度不同而变化。

## 四、商品肉狗的饲养管理

为保证饲养商品肉狗能达到健康生长、快速增重、投资少、消耗低、收益高的目标，需加强肉狗各阶段的饲养管理。

### （一）育肥前的饲养管理

商品狗育肥前的饲养管理与其他狗类基本相同。饲养管理方面注意如下几点。

**1. 饲养**

（1）断乳仔狗的饲喂　仔狗 45 日龄时即可离乳。因仔狗刚离开母狗而表现不安，应细心护理和饲养。断乳后的仔狗即能自己吃食，但为了适应其胃肠功能，应将配合饲料做成稀粥，随着日龄的增大而逐渐增稠，以至制成干饭、窝窝头或蒸糕。肉、青菜及维生素添加剂宜做成菜肉汤另外喂给，或 100 只仔狗用 0.5 千克肉，绞碎后煮成较稠的肉汤，然后与料拌匀后喂给。日喂 3 次，晚间增喂 1 次。

（2）40～45 日龄的肉用仔狗的饲喂　此时的饲料应以能量饲料（玉米粉、大麦、米糠、麸皮等）为主，适当增加蛋白质饲料（肉、内脏、骨肉粉等）、无机盐类和青菜。饲料必须煮熟，不能夹生和烧煳。夹生的饲料易发酵，吃后消化不良，易拉稀，影响幼狗的健康，烧煳的饲料口味不好，狗不爱吃。对该段的狗，要求一次让狗吃完所定之食量，食后应将食具拿走。要保证食物新鲜，不喂腐烂变质饲料，特别是喂肉、鱼类时更应注意。饲料要现做现喂。食具用后要清洗干净，放在日光下暴晒或煮沸消毒，或用热水烫洗，也可用药物消毒。

主人应亲自喂狗，加强与狗的联系，及时观察狗的吃食状态，食欲如何，有无剩食等。如出现问题，应查明原因，采取相应措施。喂狗时切不可打骂和恐吓，也不要有大的声响。每日要给洁净的优质水，将水盆或饮水器（深 15 厘米）放在狗舍内让其自由饮用。夏天应特别注意水质，不喝污水、剩水，以防发生胃肠炎。

（3）2 月龄幼狗的饲喂 应增加适量的脂肪性饲料，以利于催肥，日喂 3 次，每日每只给饲量一般可按每千克体重 20～25 克计算。

（4）3 月龄至育肥出售的肉狗的饲喂 应按肉用狗的营养标准配制饲料喂养。为提高肉用狗的生长速度，缩短饲养周期，采用多餐少吃以保持狗的旺盛食欲和消化力。饲料要做到多样搭配，营养全面，喂时要做到定时、定量、定质，每次喂规定量的七八成为宜。平时要供足清洁饮水。

**2. 管理**

（1）要注意商品狗的卫生 狗舍及狗床要经常打扫且保持干净，及时除去粪便及污物，定期消毒、更换垫草和日晒。加强饮食卫生。

（2）减少运动 商品狗进食后应避免其作剧烈运动，以免影响消化。小狗的运动量不宜过大，否则软嫩的四肢会在较重的身体压迫之下变形。

（3）断尾 仔狗出生后 3～4 天，用消过毒的剪刀或 $CO_2$ 激光为其断尾。仔狗没了尾巴，其活动减少，耗能降低，营养消耗减少，快速育肥、增重、出栏。

断尾方法：将狗保定在手术台上，术部常规剪毛消毒后，用 0.25%～0.5% 普鲁卡因做局部皮下浸润麻醉；将 $CO_2$ 激光治疗机（成都国光电子管总厂电子产品研究所制造）工作电流调至 8～10 毫安，电压调至 220 伏；将 $CO_2$ 激光刀调至距术部 1～2 厘米高度，在两尾椎间点状切断尾巴，断端用 $CO_2$ 激光烧灼止血，将浸有庆大霉素注射液的棉球 1 个放于尾端，并用纱布包扎断端 1～2 天即可。

$CO_2$ 激光断尾具有不流血、不污染、不需缝合的特点，但断尾的狗不宜太大，切断尾椎时，应选在两尾椎间进行。

（4）去势 去势术又称阉割术，是将公狗睾丸或母狗卵巢摘除的一种手术。狗对主人虽有很好的驯服性，但对陌生人常具有攻击性，养狗伤人的事情时有发生；处于发情期的狗，夜间经常吠叫，影响人们的睡眠、休息，引起他人对养狗的反感。规模饲养场为了选育优良品种的种狗，对一些不理想的狗特别是公狗需要淘汰时，对其进行阉割则是最理想的一种方法。实践证明，去势后的狗不仅性情变得温顺，便于饲养和调教，狩猎和看家护院的能力明显增强，而且生长迅速，肉质细嫩。尤其饲养肉用狗越来越多，广泛应用去势术，乃是提高肉狗的饲料利用率、出肉率和狗肉品质的重要措施。

及早去势，有利于育肥。作为商品饲养的肉狗，可在 2 月龄时去势。因公狗的性活动比母狗强，在 4～5 月龄就有追配母狗的行为。这样，雄性内分泌加强，在一定程度上影响生长发育。若公狗不去势，育肥中本身活动量大、消耗多。因此，去势育肥较合适。不同类型狗去势的操作方法如下。

① 公狗的去势

保定：通常采取侧卧或仰卧位保定，用细绳将狗的四肢捆绑在一起，用绷带将狗嘴拴紧或带上嘴套，由助手固定狗的头部，或用狗钳夹住颈部以防咬人。术者用脚踩住狗尾根部。对性情暴烈、凶猛咬人的狗，应采取药物（盐酸氯胺酮注射液，按 5～7 毫克/千克肌内注射）进行镇静性保定。

手术方法：手术前将狗两后肢尽量前移，充分暴露其术部。对术部采用 5％碘酊两次涂擦术部消毒法和新洁尔灭或洗必泰溶液消毒法。消毒的步骤是：局部剪毛、剃毛→1％～2％来苏儿洗刷手术区及其周围皮肤→纱布擦干→涂擦 70％酒精脱脂→第一次涂擦 5％碘酊→局部麻醉→第二次涂擦 5％碘酊→术部隔离→70％酒精脱碘→实施手术。或用新洁尔灭（洗必泰溶液）消毒法，消毒步骤为：剪毛→剃毛→温水洗刷→纱布擦干→用 0.5％新洁尔灭或洗必泰溶液洗涤 2 次→擦干→实施手术。

术者用左手拇指和食指自睾丸两侧向中间并拢，卡紧阴囊基部将睾丸挤至阴囊底部，并使阴囊皮肤绷紧；右手持外科刀沿囊缝际线纵切，切开皮肤和总鞘膜（也可在距阴囊缝际一侧 0.5～1 厘米处切口，取出一侧睾丸后，于另一侧再切一口，以取出另一睾丸），露出睾丸，将阴囊皮肤尽量往下挤压，剪断露出的提睾韧带，将精索不断扭转，并在最细处用手指刮断，摘除睾丸。老龄狗由于精索较粗硬，为了安全起见，应在剪断提睾韧带后，于精索上方用消毒过的缝合线结扎精索，在结扎处下方 0.5～1 厘米处切断精索，除去睾丸。切口用碘酊消毒，不必缝合。

② 隐睾狗的去势　这种狗的睾丸大多在腹腔内、肾脏的后方。因此，手术部位应在腹中线侧方约 2 厘米处，与腹中线平行切口。其手术方法可参照母狗去势法，将睾丸牵引出后，结扎摘除。

③ 母狗的去势　母狗的卵巢小，呈长而稍扁平的卵圆形，卵巢的平均长度约 2 厘米。进入初情期后出现发情周期循环的狗，卵巢上就有卵泡和黄体生长，因此，卵巢表面凸凹不平，似小核桃样。狗卵巢韧带短而小，呈扇形，卵巢位于韧带上，并被多量脂肪组织包裹，形成一个"卵巢囊"，囊口很小，故不易将卵巢自囊内挤出，这是母狗去势与母狗去势不同之处。

保定方法：第一种是前躯右侧卧后躯仰卧保定法。助手用狗钳夹住颈部，使狗的前躯右侧横卧，后躯仰卧。术者左脚踩住两后肢小腿的前面，使狗的爪掌部向下。第二种是仰卧保定法。助手用狗钳夹住颈部，使呈仰卧姿势，术者坐于狗尾后的小凳上，使狗的两后肢呈"V"形分开，并用左右脚踩住两后肢大腿内侧面。若无狗钳时，可将狗的两前肢用绳绑住，然后将头、颈、前躯装入麻袋内由助手按压保定，后肢保定法同前。

手术方法：切口定位。术者左手中指抵住母狗左侧髋结节，自髋结节向脐部做一垂线，在离脐部 2～4 厘米的垂线处，拇指下压能触及脊柱旁的硬组织时，再向头颈部前移 2 厘米左右即为其切口部位。术式：先行术部剪毛、消毒之后，术者左手中指抵住狗左侧髋结节，拇指用力压向狗腹部，按前述要求确定手术部位。再用右手持母狗去势刀呈半弧形切开皮肤、腹壁肌肉和腹膜，切口长为 1～1.2 厘米。若有腹水溢出，说明切口深度合适。接着拇指用力下压，幼狗子宫角可随即涌出，如果不涌出，可以拇指用劲按压或将刀柄伸入腹腔，用刀柄钩出子宫角。经产、体质较好的成年狗可能有脂肪随子宫角一起涌出或只涌出脂肪，此时应以刀柄将脂肪送入腹腔，并用刀柄将子宫角钩出。将子宫角取出后，左手拇指不减压，用右手拇指及食指将子宫角牵引到腹腔外，离子宫体端 1 厘米处切断，再顺子宫角牵引出两侧卵巢与子宫角一起摘除。最后，清理创口，除去术部血污，术部涂碘酊，不必缝合即可。

去势时应注意以下几点。一是去势年龄。以生后 40～45 天时最为适宜，此时狗龄较小，手术后引起的组织损伤轻微，极易恢复。成年狗只要不是有病和发情期间，也可以随时实施去势术。二是保定一定要确实，以防发生意外或咬伤人。按压狗的颈部和胸部时不要用力过大；用绷带保定狗嘴时，也不要压迫鼻腔，以免引起窒息、骨折。三是当子宫角被包在脂肪内一起涌出或只涌出脂肪时，应注意辨认，切勿将脂肪组织误认为是子宫角。此时，应先找出子宫系膜，引出子宫角，于子宫体处切断后，再顺子宫角牵引出卵巢（这是能否正确取出卵巢的关键）。四是去势后的狗，应隔离饲养在清洁干燥的狗舍中，为防止发生腹膜炎，必要时可注射抗生素2～3天。

（二）商品肉狗肥育期的饲养管理

**1. 肥育狗的饲养方式**

（1）圈养 圈养法就是将狗舍分设成若干个圈，每圈面积10～12米²，可饲养肉狗12只左右，要求公母分养，圈养至6～7月龄即可出栏，公狗在2月龄去势，母狗不必去势。这种方法简便易行，饲养效果良好。狗舍以双列式居多，用单列式狗舍饲养更好。圈养的好处如下。

① 易于隔离和防疫 圈养肉狗与外界隔离，能有效防止环境污染及传染病、寄生虫病的传播，便于免疫接种，降低狗的发病率、死亡率，提高出栏率，提高养狗的经济效益。

② 增重快、收益大 圈养肉狗，环境条件比较稳定，受应激因素的影响小，气候条件影响比较小，狗运动量减少，能量消耗相应降低。睡眠长，自然增重快，比一般散养增重提高30%～40%。

③ 省时、省工、省饲料 散养占地面积大，不便管理，由于饲养密度大容易出现争食和咬斗情况。如果群狗圈养，饲养人员对狗群好观察，饲喂方便，便于管理，每人可以负担5～8舍（50～80只狗）的饲养任务。群养还可省饲料。

④ 易清扫、卫生 圈养易管理，清理舍内粪便及清扫比较方便，可以减少污染。可收集狗粪再利用。狗粪含有丰富的蛋白质和氮、磷、钾，可以再利用来喂鸡、鸭、鱼或作为果树的肥料。狗粪比一般肥料要好得多；由于每舍饲养狗只数少，又是按类组群，不容易出现霸食、咬伤现象。

合理分群，应按狗的性别、体重大小、体质强弱、种类进行合理调整，每群8～10只为宜，对霸狗、争食好斗的个别狗实行单独管理，以免伤害其他狗和影响别的狗采食。密度过大，会使狗内局部气温升高，狗的食欲减退，个体间发生冲突。组群后要经过一段时间才能建立比较稳定的群居秩序。在育肥期应避免频繁调群。

（2）拴养　就是用铁链把育肥狗拴系到固定位置进行饲养。其目的是减少狗的运动，有利于增膘和脂肪的积累，便于管理和观察。

育肥狗可在水泥地面养，也可以在自然地面养，地面要平整、光滑、不积水。拴系育肥狗桩可用圆钢材（18#以上），也可用角钢（不低于 4 厘米×4 厘米），长 40～50 厘米，一端制成锥形，另一端焊接铁环，将桩全部楔入地面，地面只留铁环。这样使育肥狗活动自由，可做 180°圆周运动，不缠绕铁链。桩距和行距均 3 米，可单行饲养或双行饲养，也可以多行饲养。为便于清扫和排水，按着水流方向设排水缓坡，四周水向中间淌，然后由坡底设计方向流出舍外，一般比降为 0.5% 即可。

拴系后铁链长度一般不要超过 120 厘米，拴后两狗之间留 60 厘米的间距，可防止互相咬伤，也便于饲养人员清理粪便，搞卫生。

这种拴养法，平均每只育肥狗占地面积为 1.12 米²，加上公共占地平均每只狗总占地面积 1.63 米²。

（3）笼养　适用于常年气温较高地区，冬季严寒地区尽量不用。笼养就是在一定大的敞棚下面成列排放狗笼，把狗装入笼中饲养。此法优点是造价低、空气新鲜、光照充足、操作方便、便于观察。一般都要用成年狗的大笼子，用竹、木、钢筋等不同材料制成。笼的大小：长、宽各 1.5 米，高 1 米，笼腿高 40 厘米。笼内设料槽、水槽，每笼能养幼狗 5～6 条，能养青年狗或成年狗 2～3 条。根据饲料规格确定排列狗笼数量和列数，各列之间设人行道，人行道宽不少于 1.5 米，以便料车通过。如需进一步加大密度，可调整笼体大小，制成上下两层立体饲养。这样排列的好处是：造价低，密度大，容量多，整齐划一，易于操作，便于观察，有利于狗均匀吃食并利于防疫防病，易于进一步限制并减少狗的活动量及能量消耗，从而快速育肥。

## 2. 肥育狗的饲养

（1）肥育狗的饲料　根据狗生长规律，以 3～6 个月为育肥期为宜。这个时期特别是经过选种选配的杂种狗肌肉和脂肪沉积比较快，抓住这个有利时机，采取快速育肥，会收到满意效果。肥育狗饲养标准，代谢能 11.7 兆焦/千克，粗蛋白质 17%～20%（其中动物性蛋白要占 1/3 以上），碳水化合物 60%～70%，脂肪 5%～7%，粗纤维 4%～6%。五谷杂粮、残羹剩饭、畜产品加工厂的下脚料等都是肉狗的良好饲料，但为了更好更快地育肥，加快肥育狗生长速度，用配合饲料饲喂肉狗则更好。

配合饲料要结合本地饲料资源实际情况，到市场选择质量上等、种类相似，价格便宜的饲料。另外，还要考虑适口性。马铃薯、甘薯、芋头等都可以做育肥狗的饲料，可以按着一定比例配合其他饲料喂，但配制的饲料一定要达到育肥狗生长标准的要求。育肥狗饲料配制原则是：营养合理、品种多样、价格低廉、适口性好。所以，在配合日粮时，应查阅有关资料，制订营养标准，找出各种饲料营养成分，计算能量、蛋白质、脂肪，能达到标准即可，但是不能漏掉矿物质和维生素的添加。

肉狗饲养同其他品种狗饲养有所不同，肉狗配合饲料中碳水化合物饲料比重比较大。粗蛋白质含量占 20% 左右就可以了，这样有利增膘和积累脂肪。饲料不一定需要很多品种混合，选择能量比较高的饲料 1～2 种，有条件的地方可以增加动物性饲料比例。动物性饲料适口性好，易消化，脂肪含量高，有利于催肥。如果动物下脚料价格便宜，也可以在饲料中增加一定比例，以提高适口性，育肥效果也会更好。同时各种矿物质、维生素等也要满足需要。

（2）饲喂　饲喂上，要采取"五定，一放开"的办法。"五定"是定人员、定时间、定地点、定温度、定用具。定人员就是饲养人员不能经常更换，狗是重感情的动物之一，陌生人饲喂会使狗产生情绪波动，影响食欲，甚至有神经质的狗拒食。定时间就是每天按指定的时间饲喂，让狗形成习惯，不能随意提前或推后，在饲喂前使狗消化系统开始活动，提高食欲，增加采食量。定地点是固定饲喂位置。所有动物都有自己的习惯，通过观察，多数狗吃食都有固定位置。定地点饲喂有利于狗集中精力安静采食，也可防止群狗争食现象。定温度是饲料温度不能过高、也不能过低，更不能喂带冰碴的饲料。食物过热容易烫伤狗的口腔黏膜，且影响吞食，心急可又吃不下食物，急于求食，互相乱窜，容易发生咬斗，出现伤害，一般食物适宜温度为 35～38℃。食物温度过低容易产生肠炎。定用具（用具是指饲养狗用的饲槽、水槽、清理圈舍的各种用具，拴系狗用的脖套、铁链等）是指用具应固定在某一个狗群或某一个圈内，不能随意串换使用，要固定专狗使用，定期消毒，特别是食槽和饮水槽，食后、饮后都要清洗，夏季更要坚持，以便防止消化道疾病的发生。"一放开"是放开定量饲喂方法，让育肥狗自由采食。肉狗自由的采食，吃饱、吃好，不限量，以便快速生长，满负荷增重，创造出更大的经济效益。在育肥期要加强饲料调制，质量始终均匀一致，不能时好、时坏，也不能时稠时稀，影响采食量。如果狗群里发现有个别消化不良，可用健胃散或减少食量来调节胃肠功能的恢复。

育肥狗在进入育肥期前同其他狗饲养方法相同。进入育肥后期就要加大饲养量，每天喂食 2～3 次，尽量让育肥狗采食更多更好的优质饲料，更大限度发挥其生产性能。喂狗时要注意观察采食情况，如剩食或不吃等，应查明原因，采取措施。剩食应及时弃掉，不能长时间的放置狗舍内，既不卫生，又易养成狗采食不良习惯。

（3）饮水　育肥狗要保证充足、清洁的饮水供应。一般在狗舍内设置饮水槽或饮水器，充分给水，狗喜欢饮用清凉水，不喜欢饮用污浊水，饮水槽（器）内要经常换新水，不能新水兑旧水让狗饮用。保证狗随时能饮水，在不结冰的季节里，要保持水槽里昼夜有水。北方寒冷冬季，保温条件差的地方可以采取一餐多用的办法，即冬季里可喂稀食。冬季气温低，狗消耗水分少，通过喂稀食既解决了饱腹，又解决了饮水。温食又增加了体内的热量，冬季消耗热量多，有条件的可以采取多餐制，以保证育肥狗在冬季不影响生长发育。喂食前后应使狗群保持安静，不能做剧烈活动，更不能让陌生人接近狗群，以免使狗群骚动，激怒后会影响狗的正常采食和消化功能。

**3. 肥育狗的管理**

当进入育肥期时，就要采取特殊的管理方法，让肥育狗在最短时间内，生长速度快、早出栏，减少成本，创造更好的经济效益。

（1）保持环境清洁卫生　圈舍内或拴养场地要清洁卫生、干燥，通风良好，阳光充沛，夏季要有纳凉棚，冬季可以适当的保温，雨天不积水。

（2）加强调教　对新合群的调入新圈的育肥狗要及时调教，让狗养成在指定地方排便、吃食和睡觉的习惯。这样不但减轻体力劳动强度，管理方便，而且能保持舍内清洁干燥，增进育肥狗健康。调教要根据狗的习惯进行。要引导，不能粗暴、强制、动武。调教的关键是抓住有利时机，育肥狗调入新圈立即开始调教。

调教的方法是，在狗新入舍之前，把圈舍打扫干净，准备让狗睡觉的地方铺垫草，饲槽放入饲料，水槽备足饮水，并在指定地方堆放少量粪便与稻草的混合物，泼上水，当新入舍狗嗅到粪便味习惯性的自然排便，有的新调入狗不在指定地点排便时，要及时把粪便清除，放到指定地点去，并守候看管，及时纠正。这样几天后，狗就会养成定点采食、睡觉、排便习惯。

（3）加强对弱狗的管理　弱狗容易受到欺负，采食饮水不足而影响生长发育。要控制以强欺弱。狗的群攻性很强，一旦发现弱者被欺，其他狗不是帮助弱狗向强狗进攻，替弱狗解围，而是都来进攻弱者，结果往往出现重伤甚至咬死。动物群体都有争霸的行为，育肥狗在组成新群体时也会出现称王现象。群中一旦出现以强欺弱要立即制止，并对强者给予适当的教训，经过几次教训，强者就会放弃称王的念头，新的秩序就会建立起来。要防止争夺弱食。每个狗群都会有霸食狗，影响其他个体采食和生长。所以，在育肥狗新合群或调入新圈前要有足够的饲槽和水槽，保证每只狗都有充足的采食和饮水空间。

（4）注意观察　认真观察狗的精神状态、采食饮水情况、粪便状态等，及时发现问题加以解决。

（5）施行消声术　狗是一种爱吠叫的动物，常有"一犬吠影，百犬吠声"的习惯，造成环境噪声污染，影响人们的工作和休息，甚至引起对养狗的反感。吠叫也消耗狗的体力和营养，影响狗的休息、肉狗的生长及快速育肥，对肉狗施行消声后可以提高增重。

① 器械准备　开口器、长柄外科钳、长柄弯形圆头外科剪、长柄间接喉镜、小型高频电刀及其他常规器械。

② 术前准备　手术前禁食停水 12 小时；为使狗减少唾液分泌，术前 10～20 分钟应肌内注射阿托品 0.05 毫升/千克，使仰卧或俯卧保定，务将其头部充分伸仰。保定确定，然后用速眠新（0.1～0.5 毫克/千克），静松灵（1.5～2.5 毫克/千克）肌内注射，5～10 分钟后狗即麻醉。

③ 手术方法　一种是声带直接切除法：第一，打开狗的口腔，

装上开口器，术者用右手拇指和中指持纱布，将狗的舌头拉出固定。第二，将钳子伸入狗口腔，轻轻夹住喉软骨的尖端并向外牵引喉部。喉里边的喉腹侧部呈"V"形的，即为声带。第三，用2％普鲁卡因对声带进行表面麻醉。第四，用长柄外科钳夹住声带黏膜，牵引时用长柄弯形圆头外科剪将声带全部剪除。第五，出血时，用肾上腺棉球压迫止血，创面涂以复方碘甘油。第六，用同样方法切除另侧声带。另一种方法是声带直接烧烙法：局部麻醉后用小型高频电刀单极对左右两侧声带皱襞做适当烧烙，其他各步骤均同前。

④ 术后护理　第一，术后未苏醒的肉狗，应令其保持低头姿势，以利于喉室内的分泌物和血液咳出。必要时可注射苏醒药物。第二，手术后的肉狗应饲养在安静的环境下，减少外界刺激，防止咳嗽对创伤的影响，可给予止咳药和镇静药。第三，术后2～5天应连续应用抗生素肌内注射，以防感染。

术后3天内少数狗会出现减食或拒食现象，大多数狗无异常表现，术后7天，所有肉狗的精神、食欲均能恢复正常。声带被完全切除的狗在吠时只有气体冲出的哈气声，听不到声带的振动声。如果声带切除不完全，则在吠叫时能听到沙哑、低沉的声音。3～6月龄的幼狗手术后12个月，其声音又可回升至术前状况。

## （三）商品肉狗快速育肥技术

影响肉狗育肥的因素很多，主要影响因素可分为遗传和环境两个方面。属于遗传因素的有品种与类型、生长发育规律、早熟性等；属于环境因素的有饲料、饲养水平以及狗舍的环境条件等，快速育肥技术如下。

### 1. 利用杂交优势

利用杂交优势，是提高肉狗育肥效果的有效措施之一。因为杂交后代生活力强，生长发育快，日增重高，饲料利用率高。但对育肥效果起决定因素的在于有效的杂交组合。如能引入大型良种狗来改良我国土种狗，其后代的增重速度、饲料利用率的优势将会提高。由于我国土种狗养殖业刚刚兴起，采用哪种杂交组合最为合适，尚待研究中，不过，根据实践经验已经证明，杂交优势已在肉狗培育上效果明显。

### 2. 选择和培育优良的幼狗

选择体重大的、发育良好的幼狗育肥，这样的狗生长速度快，饲料转化率高。自繁自养，应抓好提高仔狗的出生重和断乳重，抓好断奶后幼狗的饲养管理，为育肥奠定良好的基础。

（1）提高仔狗的出生重和断乳重　仔狗出生重的大小和断乳重的高低，对育肥狗以后的增重和饲料利用率有很大的影响。一般来说，出生重大的仔狗，生活力强，适应外界环境较快，生长速度快，断乳体重大；而断乳体重大的幼狗肥育期增重快，饲料利用率高。因此，提高仔狗断乳体重与育肥快慢有密切关系。加强母狗怀孕期的饲养是提高仔狗出生重的关键，抓好哺乳母狗的饲养管理又是提高仔狗断奶重的重要环节。仔狗代谢旺盛、生长发育快，就需要从母狗和外界环境中获得数量充足、质量优良的各种营养物质。但是母狗的乳泌量不是随仔狗日龄增加而增加，产乳量达到一定高峰后会逐渐下降。所以提高仔狗断乳重一定要训练仔狗早采食，以弥补母狗营养物质的不足。

（2）抓好断奶后幼狗的饲养管理　抓好断奶后幼狗的饲养管理是快速育肥的关键。由于幼狗断奶后受脱离母乳等一系列环境的影响，如果饲养管理不当，幼狗不但不能正常生长发育，而且会使抵抗力降低，影响生长，甚至生病死亡。断奶后的仔狗可采用原舍培育法和转入育肥间培育法。

① 原舍培育法　是断奶时把母狗赶走，幼狗留在原来的舍内继续饲养，用哺乳期的补料继续喂养 10～15 天，对幼狗不拆群、不并群，用原来饲养母狗和仔狗的饲养员饲喂断乳幼狗。原舍培育法减少了外界环境的应激，使其仍能保持哺乳期的增重速度，对缩短育肥将起到很关键的作用。

② 转入育肥间培育法　仔狗断奶后从产房转入育肥间，饲料不应马上变更，应有一段过渡期，再换成肥育狗饲料，这样可避免由于转群带来的不利环境因素造成增重速度减慢而影响整个育肥期。在育肥期应按狗的营养需要量维持给予强度饲养，一直到出栏。

**3. 满足狗的营养需要**

满足狗的营养需要是快速育肥的保障。快速育肥狗要求提供营养较全面的配合饲料，才能满足狗的生长发育的营养需要，从而最大限度地发挥狗的生长潜力，达到快速育肥的目的。随着狗生长日龄的增加，能量与蛋白质需要量的水平总的趋势是能量水平逐渐增加，蛋白质水平逐渐降低。在日粮配合上，应采取饲料多样化、因地制宜，充分利用当地的自然资源，并且进行合理地饲喂。

（1）合理调制饲料　按照饲料配方将日粮混匀，可做成粥、窝头或蒸糕，有条件的地方可以用烤箱烤料。烤料含水量少，有一部分饲料变成糊精，利于消化吸收，适口性好，在夏季也不容易发霉变质，可供狗自由采食，同时设置清洁水槽，供狗自由饮用。

（2）定时不定量　肉狗进入育肥期后，经过 100～200 天的育肥即可出栏，在此期间，尽量使肉狗采食更多的饲料，加速生长，增加体重。一般日喂 3 次，吃饱吃足。定时饲喂，增加食欲。

（3）采食环境稳定　在育肥期间，一要保持饲料的相对稳定，不要频繁更换饲料；二要固定饲养人员，不要随意更换，这样，让狗在熟悉的环境中生活和采食，可以减少应激，保证摄取需要的营养。

（4）饲喂熟食　矿物质添加剂、骨粉可以掺到饲料里一同加热煮熟。维生素和生物生长素添加剂在饲喂前，饲料温度降到 40℃ 以下时拌到饲料中饲喂，这样不会使添加剂因高温遭到破坏。

（5）添加脂肪　育肥后期，在饲料中可以增加脂肪含量，如增加各种畜禽的内脏、动物油、饭店的剩菜剩饭等。在饲料中增加脂肪含量，有利于催肥。

（6）密切观察采食情况　饲喂时饲养人员要注意观察狗的采食情况，对霸食狗进行单独管理，让性格温顺狗吃饱，尽量保证狗采食均匀，使个体生长发育平衡。

**4. 选择适宜的饲养方式**

采用高密度圈养和笼养的饲养方式，可以提高饲养密度，减少饲料消耗，提高增重速度，增加效益。

**5. 断尾、去势、消声**

仔狗出生后 3～4 天，用消毒过的手术剪或手术刀等为其断尾。乳狗没有尾巴，其活动减少，耗能降低，营养消耗减少，利于肉狗快速育肥；作为肉狗使用的公狗在 2 月龄时断奶、去势，利于商品狗的快速育肥。因为公狗性活动比母狗性活动强，公狗生长到 4～5 月龄时就有追配母狗的行为，这样雄性内分泌加强，活动量加大，消耗能量多，在一定程度上影响其生长发育。因而公狗去势育肥比较合适。

### 6. 催睡育肥

即适当采用一些药物促其睡眠以减少活动，加速育肥，提高效益。其优点是可以减少狗的能量消耗，加快增重速度，缩短饲喂天数，可以提前出栏。在较好的饲养条件下，一般品种饲养100天体重可达25千克以上。

(1) 催眠的原理及作用　催眠就是人为地使狗进入睡眠状态，是用药物引起的效应。催眠的基本原理就是使用具有麻醉功能的药物，使狗的中枢神经麻痹，达到镇静催眠之目的。催眠后狗的日常运动减少，能量消耗也减少，还可避免狗群打架争斗、吠叫等现象，对提高成活率和加快生长有着重要作用，此外催眠还能大大地增加饲养密度，提高狗舍利用价值。

(2) 饲料的配合及调制方法　要使肉狗快速生长且降低成本，可以自配符合下列营养标准的饲料：从断奶至15千克以下的幼狗，日粮应含代谢能12.55兆焦/千克，粗蛋白质0.5%，磷0.74%，钙0.93%，粗纤维3%，赖氨酸1%，蛋氨酸＋胱氨酸0.4%；15～30千克的大狗，日粮应含代谢能12.15兆焦/千克，粗蛋白18%～19%，粗纤维4.3%，总磷0.9%，钙0.95%，赖氨酸0.98%，蛋氨酸＋胱氨酸0.43%。常用的饲料有：玉米、稻谷、碎米、细糠、花生瓤、豆饼、鱼粉（或血粉）、麦麸、红薯、马铃薯、骨粉、石灰粉、多种维生素、硫酸锌等。配方为：玉米60%，豆饼10%，花生9%，米糠11%，骨粉10%，另加多种维生素5克，硫酸铜95克，硫酸锌10克。也可参照常用饲料营养价值表，设计所需的配方。

大群养狗，喂料前需将饲料浸湿，料水比为1∶（1～2），先将水按比例注入缸里，再将饲料倒入，不要搅拌，让其自然浸泡3小时，使饲料中的粗纤维软化，以增强适口性。

(3) 催眠药物　催眠药又叫麻醉药，是在合理的饲喂基础上辅助施用的药物。用于麻醉催肥的药物有两类：一类是西药中的催眠药，如安定片、氯丙嗪等，一般药店都有出售，但其效果不如中药；另一类是中草药中的镇静安神药，如醉仙桃、醉鱼草和闹羊花等。麻醉药可用2或3种中药按一定的比例配制而成。为了便于用户使用，现在已配成"狗肥灵"。饲喂"狗肥灵"的原则是：第一餐喂药后，狗逐渐进入睡眠状态，至第二餐食前20分钟左右醒来，如狗过早醒来，应适当加大用药量；反之则减少用药量。具体用药方法如下。

① 药物及加工 曼陀罗花（主药）、醉龟草各 500 克，闹羊花500 克（均为干品），混合研粉（狗肥灵）。催眠药都具毒性，已配成的"狗肥灵"平时要妥善保管，宜单独存放，防入误食。

② 用药量 小狗每次每只喂 1 克，中成狗每次每只喂 1.5 克，大狗每次每只喂 2.0 克，同时加安定片 2～4 片。每日喂 3 次，最好是早晨 8 时、中午和下午 7 时各喂 1 次。

③ 饲用方法 在喂前 1 小时把麻醉药兑入 4 汤匙 35°白酒中，加盖预泡，搅匀后拌入少许饲料中喂给，等狗吃完再喂其余饲料。

④ 用药量增减 由于狗种不同，狗的体质有强弱之别，各养殖户可根据狗的实际情况对催眠药物用量进行灵活掌握，适当增减。真正做到食罢便睡，醒后再喂。如狗过早醒来，适当加大用药量；反之减少用药量。

（4）饲料调制及饲喂 狗开始时不爱吃配合饲料，用"诱导法"训练其吃料，把黄豆炒香、粉碎、添加在饲料中，狗闻到香味便吃，调喂几次即可适应，一般喂湿料，料水比例为 1∶（2～3），料浸泡2～3 小时再喂可提高适口性。饲料喂量：7.5 千克以下的狗每日每千克体重喂 20～30 克，大狗每日每千克体重喂 20～25 克。

（5）分群饲养 大小狗要分群饲养，使每只狗都吃到既定饲料量和药量，每群不超过 50 只。饲养场要求通风良好，温度适宜，光照以幽暗为好。该法使用的药物有毒性，对人、畜有毒害作用，要注意安全，切勿误食中毒。宰前 20 天应停药，以便排除狗体中残留的药物。万一误食出现头痛、恶心时，可用绿豆、甘草煎汁服用，重者速送医院抢救。

### 7. 添加剂催肥

为加速肉狗的育肥速度，可在饲料中添加生长促进剂。生长促进剂是指用于刺激狗生长，提高增重速度，改善饲料转化率，并减少狗发病的一类非营养性添加剂、化学合成剂和微量元素等。

（1）抗生素类 在配合饲料中，主要选用抗微生物和驱除寄生虫的抗生素。饲料中添加适量的抗生素类制剂可以获得明显的经济效益，改善狗对饲料的利用效率，防治狗疾病和保障狗健康等。常用的抗生素有杆菌肽锌、硫酸黏杆菌素、维吉尼霉素等。在使用这类抗生素时要严格遵守我国农业部规定的禁忌配伍的抗生素及药物添加剂。

（2）矿物质元素促生长剂　根据狗对矿物质的需要量来配制矿物质元素添加剂。作为促生长剂使用的矿物质元素类制剂，主要是砷制剂与铜制剂，但两者毒性较大，使用时应慎重。

（3）饲料用酶制　加入酶制剂的饲料因为能将难以消化吸收的蛋白质、脂肪、碳水化合物等分解为对动物有营养价值的葡萄糖、氨基酸、游离脂肪酸等易吸收的单体，从而可提高饲料营养物质的消化利用率，获得好的饲养效果。

（4）益生素　益生素是一种可通过改善肠道菌群平衡而对动物产生有益作用的活性微生物饲料添加剂，益生素在狗、鸡、牛、羊等动物上的利用都收到了良好的效果。在狗的日粮中可添加 0.1％益生素（仔狗），防止仔狗患肠道疾病。

（5）中草药添加剂　有些中草药具有促进生长的作用，如何首乌、土黄芪可补血补气，麦芽、神曲、秋牡丹健胃消食，洋金花、钩藤、酸枣仁有养心安神、镇静作用。适量加放中草药，可提高狗的日增重。

（6）饲料的风味剂　饲料风味剂可刺激狗增进食欲，增加采食量，在哺乳期间仔狗的补料和断乳后饲料中，添加饲料风味剂可促进仔狗食物的摄入，对提高增重有一定促进作用。

（7）镇静剂　目前有许多能使狗瞌睡、镇静的药物添加剂，如氯丙嗪、苯并二氮䓬类等（结合中草药麻醉法）。

### 8. 温室越冬快速催肥法

寒冷的冬天对肉狗快速育肥十分不利，不仅饲料消费大量增加，而且肉狗生长缓慢。

太阳能温室是利用透光材料（玻璃、太阳板、塑料薄膜等）的透光、聚热、保温性，人为地将养殖场与周围大气环境隔绝封闭起来，在不适宜肉狗生长繁殖的季节，造成一种适宜于肉狗生长发育的小环境，从而加快肉狗生长速度，加速出栏，进而缩短饲养周期，削减饲料和管理费用，获得较高的经济效益和社会效益。

太阳能温室通常要求保温、保湿、采光和通风。现在饲养场建立的温室类型很多。从外形上看，可分为单面窗式、双面窗式、马鞍形、圆形、多角形等。按结构用料可分为竹木结构、竹木水泥结构、钢筋水泥结构、钢管结构等。按温度分为高温型（18～30℃）、中温型（12～20℃）、低温型（7～16℃）。按功能分有太阳能单一结构型和太阳能沼气能双重结构型。其主要特点是：太阳能在白天为狗舍及狗舍的沼气池聚光增温，使狗舍保持最佳温度，而沼气池在严冬照常发酵、产气；夜晚，沼气池在为狗舍照明的同时，还为狗舍增温，使狗舍昼夜恒温，四季如春，为肉狗的快速生长、发育、出栏提供了良好的环境和条件，大大提高了饲养效益。

**9. 及时做好预防接种及驱虫**

规模化饲养肉狗易发生传染病流行，引起肉狗的发病、死亡，甚至会全群死亡。必须认真及时地做好肉狗各种传染病的预防接种工作。严格按照防疫操作程序进行，严控狗瘟热、狗细小病毒病、狂犬病等疾病的发生及感染。

狗体内和体表可寄生多种寄生虫，不仅消耗狗的营养，影响狗的健康及生长发育，有的还直接危害人的健康。对1～3月龄的仔狗驱虫1次。对粪便及驱下的虫体及毛屑等物要及时收集、堆积发酵以杀灭虫卵和虫体，防止肉狗吃后再感染和扩散。

**10. 最佳出栏期出栏**

利用仔狗断奶后笼养、麻醉饲养、综合育肥3～4个月，在旺长阶段达15～20千克时出栏，为肉狗高效饲养快速上市的最佳出栏期。

# 五、其他肉狗的饲养管理

## （一）老龄狗的饲养管理

一般来说狗从7～8岁开始出现老化现象。但由于品种、环境和管理条件不同，其老化程度也有差异。最明显的老化特征是皮肤变得干燥、松弛、缺乏弹力，易患皮肤病，脱毛增多；一些深色的被毛，如黑色或棕色的毛变成灰色，头部和嘴巴周围出现白毛。10岁以后的狗，牙齿变成黄色，视力和听力都已减退，体力渐弱，体重减轻。但是老龄狗与主人有着深厚的感情，因此，对老龄狗应根据其生理特征，采用科学的饲养管理方法，不能以壮年狗的要求对待。

要提供富含蛋白质和脂肪的优质饲料，饲料要柔软或半流质，以便于咀嚼、消化。粗纤维等难以消化的饲料要少。老龄狗一般因嗅觉减退而食欲不佳，消化力降低，因此，应采取少喂多餐的饲养方式，并提供充足的饮水。

老龄狗的抵抗力低，既怕冷又怕热，因此要做好保温防暑工作。平时应多注意观察狗的行为，发现异常及时诊疗。

老龄狗的性情也会有所改变，不再像以往那样活泼好动，变得好静喜卧，运动减少，睡眠增多，同时也很容易疲劳。因此，带老龄狗活动时，要注意防止疲劳。另外，老龄狗的肌肉和关节的配合及神经的控制协调功能都远不如壮年狗，骨骼也变得脆弱。因此，不能让老龄狗做复杂的高难度动作，以防肌肉拉伤和骨折。对老龄狗原有的良好生活习惯和规律不要轻易地打乱。

### （二）病狗的饲养管理

#### 1. 病狗的营养要求

狗需要有足够的适宜的营养供应，营养不足或缺乏，能引起一系列疾病。病狗往往对能量的需求增加，需要某些特殊的必需营养物质。

疾病常通过特殊的病理损害伴随生理功能改变表现出来，且与营养关系密切。如发热的狗新陈代谢率高，高水平的代谢率意味着大量的酶被消耗，因此需要更多的营养物质、B族维生素以及某些微量元素等。又比如感染传染性疾病的狗，其免疫球蛋白的合成及免疫系统的新陈代谢均加强，为了满足这种合成的需要，必须有足够的蛋白质和必需营养物的供应。

#### 2. 病狗的食物要求及饲养

病狗的营养需要高于健康狗，而许多病常导致狗摄食减少甚至废绝，从而加剧病况。因此，食物的组成成分，营养物含量，可消化性、可接受性及食物的饲喂方式对于病狗来说是至关重要的。

狗的主人在为狗准备食物时，应特别注意喂给可消化性好的食物（所有的谷类食物都必须煮烂）和营养价值高的蛋白质食物，如熟蛋、瘦肉及动物肝脏等。对于狗来说，动物蛋白质更好消化，具有更高的营养价值，也有更好的适口性。粗纤维含量高的食物应该减少或除去。另外，家庭自制日粮必须补充足量的维生素、矿物质和微量元素。

除营养的组成和含量外，食物的可接受性也是至关重要的，如果不被狗接受，再好的食物也毫无用处。疾病尤其是伴有体温升高的疾病，使狗的味觉功能下降，稍不可口的食物都会因缺乏味觉而被狗拒绝。狗的主人应该知道他们的狗平时最喜欢的食物，当狗生病时，定量地喂给它们特别喜爱的食物，同时添加提供能量的物质（糖、脂肪、维生素及微量元素等）。

**3. 病狗的饮水**

通常病狗（尤其当伴有体温升高时）的唾液分泌减少或者停止，口腔干燥，给咀嚼和下咽食物造成困难。因此，病狗需要充足的水供应，流质或半流质食物是病狗较理想的食物。

患有胃肠道疾病，尤其是伴有呕吐和下痢的，会有大量的水分随排泄物一起排出，如不及时补充水分，将导致机体脱水。因而，对这些患病狗，可大剂量静脉输液或令其自然饮水。

**4. 病狗的饲喂**

如果病狗拒绝吃任何食物，就必须以输液（静脉注射或腹腔注射），或通过胃投给必需的营养。适宜的食物温度，也可以改善病狗对食物的摄入。从冰箱取出的食物不应立即喂给病狗（健康狗），最少应让其达到环境的温度，食物的最适宜温度为 37~38℃。由于病狗食欲下降，饲喂时应少食多餐，一般每日 4~6 次。任何食物如果在 15 分钟内未被吃掉，就应移去，换成新鲜的更能刺激病狗食欲的食物。对呕吐和下痢的病狗，食物中要补充 B 族维生素。

**5. 病狗的护理**

科学细心地护理，不仅可以减轻病狗的痛苦，而且可以提高疗效，缩短病程，使病狗早日康复。对病狗的护理工作通常是在兽医的指导下，由饲养员负责实施的，这样可以避免狗因见生人而不安，有利于缓解病情，促使疾病痊愈。如果病情严重，或者需采取某些技术性措施，则由兽医或专门人员看护。病狗护理的要求根据不同情况有所区别。

（1）危重病狗的护理　危重病狗的临床特点是病情变化快，临床症状表现复杂。慢性危重病狗，因病程长，消耗大，体质弱，常卧地不起，容易继发其他病症。急性危重病狗，大部分是突然发病或因意外损伤引起，一般情况下，病情发展急剧，恶化极快，如大失血、休克及心、肾功能衰竭等，如不及时抢救，病狗往往很快死亡。危重病狗常因治疗处理措施较多，要有专人护理，并根据病情制订具体护理计划，主要要求做到以下几点。

① 将病狗置于宽敞、通风、空气新鲜、温度适宜、安静舒适的房舍内；如为传染病则应远离健康狗群，隔离饲养。

② 按时测量病狗体温、脉搏和呼吸数，每天至少上、下午各一次，有的则应进行多次，脉搏数和呼吸数尤为重要。

③ 危重病狗一般饮食废绝，要设法促使病狗进食，或采用其他方式满足机体的营养需要，以增强机体抵抗疾病的能力。对于食欲废绝的病狗，通常需给予人工维持营养，如静脉补液、胃肠补液或腹腔补液等。对于经过抢救治疗后病情好转、解除危险，具有一定消化能力并能自行摄入少量食物的病狗，可喂给容易消化的流质食物，如牛奶、肉汤、稀粥等，但量不要过多，次数不宜过于频繁，以免增加胃肠负担而使病情加重或造成不良后果。危重病狗经抢救脱离危险并治愈后，要逐渐恢复正常饲养，注意防止复发。

④ 注意病狗安全，防止发生意外。不能站立的病狗，要铺厚垫草，勤翻身，防止发生褥疮；对于精神兴奋或卧地而试图起立的病狗，要严加守护，必要时可应用镇静剂，以免头部和后躯因剧烈挣扎摔碰而造成脑震荡、脊髓挫伤，发生骨折等。

⑤ 排尿困难的病狗，要适时导尿，或于腹下触压膀胱，促使排尿。

⑥ 认真观察病情，掌握病情变化，发现异常，及时报告主治医生或进行必要的处理。

⑦ 凡是危重病狗，均须做较为详细地护理记录，以便进一步观察、诊断和治疗。

（2）高热病狗的护理

① 每天上、下午测量体温，检查脉搏和呼吸数，并做好记录。

② 将病狗置于通风良好、空气新鲜的阴凉处，使其安静休息，避免日光直射。

③ 提供充足的清凉饮水让其饮用，以稀释体内毒素和促进体内毒素的排出，并补充水分和降温。

④ 必要时可采用物理法降温和药物降温。物理降温，可用冷水泼身，头颈处放置冰袋，或用冷盐水灌肠。药物降温，可用解热药，

如肌内注射 30％安乃近注射液 2～4 毫升，或安痛定注射液 2～5 毫升。也可用氯丙嗪，按每千克体重 1～2 毫克肌内注射，或将氯丙嗪混于生理盐水中静脉注射。

⑤ 注意观察发热规律、特点及其伴随症状，在病狗退热时，应注意有无虚脱现象，以便随时采取措施。

（3）手术后狗的护理

① 手术后的病狗应安置在通风、干燥、清洁的狗舍内，全身麻醉狗尚未完全苏醒前，应专人守护，禁食禁水。

② 注意病狗的脉搏、呼吸、体温变化，发现异常，及时采取相应措施。

③ 注意观察伤口有无渗血和化脓感染等，并及时处理。

④ 狗术后一般要禁饲 1～3 天（主要是消化道手术），在此期间需给以 0.9％生理盐水或口服补液盐溶液，并根据病狗的身体状况，适当补液，以维持营养。术后第 4 天起，可喂给少量易消化的食物，以后每日递增，通常于手术后第 7 天恢复正常饲喂。

⑤ 一般手术后应连续使用抗生素（如肌内注射青霉素、链霉素等）3～5 天，或直至炎症消退，预防发生感染。

⑥ 保持术部干燥、清洁，必要时用碘酊等消毒剂涂擦或冲洗切口部位。7～12 天后愈合良好者可拆除绷带及皮肤缝线。

上述这些措施对于恢复期的病狗同样有效。

# 第四节 不同季节的管理

季节不同，环境条件变化差异大，直接影响到狗的生理状态和健康状况，饲养管理要求也不同。

## 一、春季管理

春季到来，天气转暖，日照增强，狗的新陈代谢随之增强，皮肤血液循环开始旺盛，上皮老化的细胞开始脱落，被毛陆续脱落，夏季毛逐渐长出更换替代冬毛，此时粗毛继续长出、变稀，绒毛生长受到抵制以便适应夏季高温天气，狗在换毛季节需要大量的蛋白饲料供应，以促进狗尽快换毛，但是，狗在换毛季节里多数出现食欲减退现象，饲养者要注意饲料调制，给予适口性较强的饲料。

春季也是狗发情、交配、繁殖季节。母狗在发情期间，其生理功能和行为常会发生一些特殊的改变。发情母狗出现性情急躁，坐卧不安，到处乱走，寻机跳圈，有时出现狗叫。此时，管理上要加强，要看管好，避免出现杂交乱配和近亲繁殖，以防品种退化。公狗常为争抢配偶而争斗，易发生伤害，一旦出现及时处理。

春季厚实的冬季毛将要脱落，如不经常、及时地梳理，皮肤不洁，就会引起瘙痒。狗为消除痒感会抓挠和摩擦身体，有时会将皮肤弄破，易引起细菌感染。不洁的被毛易缠结，为体外寄生虫和真菌的繁殖提供有利场所，引起皮肤病。南方已经进入雨季，空气湿度大，温暖和湿润的环境有利于蠕形螨虫和疥螨虫等皮肤寄生虫的生长和繁殖，这时狗更容易患皮肤病。同时，也是狂犬病、伪狂犬病和一些传染病及风湿病等常发季节。对此，要保持狗舍清洁干燥，及时梳理狗的被毛，这样可以增强狗皮肤血液循环，清理被毛、皮肤污物，有利于皮肤健康，预防皮肤病发生，通过梳理被毛及时发现皮肤病，以便第一时间采取治疗措施。

为减少疾病发生，加强狗舍和环境的清洁和消毒，对狗排便处要经常用生石灰、草木灰清扫，这样既能防湿，又起到消毒作用。如果用水清洗，清洗后尽早除去地面积水，使狗不至于长时间活动或躺在潮湿的地面上。狗体淋湿后也要及时擦干，避免皮肤病发生。另外，在春雨多，气候多变的条件下，也是肠道病多发季节，应注意预防。

## 二、夏季管理

夏季空气潮湿、气候炎热，饲养管理的重点是防暑、防潮，预防食物中毒。

### （一）防暑降温

狗皮肤汗腺不发达，体温散发比较困难，在气温高、湿度大的环境中，极易发生中暑。

#### 1. 设置凉棚

在狗舍某一个角落，借一面或两面墙，根据自有材料（秸秆、树枝等）搭置凉棚，不求高标准，以实用为主，根据狗群数量设置。

**2. 设置水浴池**

池深 0.50 米，水深 0.3 米，水池面积根据狗数量可自行安排，天气炎热时，狗自行跳入水中降温。

**3. 向地面喷水降温**

注意掌握好洒水量，不能出现泥泞现象，以免影响狗体卫生和患皮肤病。发现狗呼吸急促甚至困难、结膜发绀、心跳加快等，应尽早采取措施，把狗置阴冷处，头颈部放冰袋，凉水浇身、灌冷盐水，同时找兽医治疗。

**（二）防潮管理**

狗舍要建在高燥处，狗舍要不漏雨；要勤换、勤晒垫褥等铺垫物；用水冲洗狗舍后，一定要待彻底晾干后方能进狗。被雨水淋湿后的狗要及时用毛巾擦干；舍内喷水后要加大通风量。

**（三）卫生**

**1. 饲料卫生**

夏季狗的饲料易发酵、变质，容易引起食物中毒。因此，喂狗的食物最好是经加热处理后放凉的新鲜食物，喂给量要适当，不应有剩余。对已发酵变质的食物要坚决倒掉。因为变质食物中可能含有细菌、毒素，能引起食物中毒，如治疗不及时会引起死亡。每次喂食后不久，若发现狗有呕吐、腹泻、全身衰弱等症状时，应迅速请兽医诊疗。

**2. 饮水卫生**

饮水要清洁、凉爽。保持饲喂和饮水用具清洁，每天清洗、消毒。

**3. 环境卫生**

保持舍内舍外清洁卫生，定期灭鼠杀虫。

**（四）驱虫**

狗在夏季最容易患寄生虫病，如钩虫病、球虫病等，特别是狭小、潮湿、通风不好狗舍更容易发生。当狗患病后，应及时给狗驱虫，驱虫后的粪便要集中处理，不能随便乱扔，最后堆积发酵，以免扩大传染。

另外，做好舍内外排水，有积水的地方用土填平，防止有水滋生蚊子。堆积脏物及时清理外运，一时清理不走的要做灭蝇工作。蚤是传播疾病的媒介，用药物做好杀灭工作。杀灭工作不能忽视，鼠是破坏物品之王，到处啃咬破坏物品，更是传播疾病的好手，最好用工具扑杀，不能用药物以防狗吃了中毒。

### 三、秋季管理

秋季狗体内代谢旺盛，食欲大增，采食量增加，夏毛开始脱落，秋毛开始长出，同时又是一年中第二个繁殖季节，其管理方法与春季有许多相似之处。

秋季食物丰盛，给食量要增加，质量要提高，为狗过冬打好基础。还要注意梳理被毛，以促进冬毛的生长。深秋之际昼夜温差大，应做好晚间狗舍的保温工作，防止感冒。

### 四、冬季管理

冬季天气寒冷，管理的重点应放在防寒保温，预防呼吸道疾病上。

由于气温低，机体受寒冷空气袭击，或因管理不当，不注意防寒保温，运动后被雨淋风吹以及狗舍潮湿等，都会引起感冒，严重的会继发气管炎、皮肤炎等呼吸道疾病。预防感冒的有效措施就是防寒保温，防止贼风，加厚垫草并及时更换，保持干燥。在天晴日暖的时候，加强户外运动，以增强体质，提高抗病能力。晒太阳不仅可取暖，阳光中的紫外线还有消毒功能，并能促进狗对钙质的吸收，有利于骨骼的生长发育，防止仔狗发生佝偻病。

# 第五节　其他管理措施

### 一、狗的抓取

经过驯养的狗在抓取时一般无需使用器械，徒手就能抓到。接近狗前应让狗适当休息以消除恐惧。同时，要注意观察狗的眼神，头颈的姿态以及耳、尾、四肢的活动状态。接近时要大胆、沉着、态度温和，站在狗的体侧，用手轻轻拍打狗的头、颈部，若无抗拒表现则可顺利抓取。对比较凶恶而不驯顺的狗，抓取时要用特制的钳式长柄狗夹，夹住狗的颈部，注意不要夹伤其他部位，使头部向上，颈部拉直。为减少狗挣扎，可将狗夹提取倒挂，时间不应超过 1 分钟。

## 二、狗的运输

如果狗从外地购得或从本地运到外地，需要用汽车、火车、轮船或飞机进行托运。在运输之前必须做好充分的准备工作：一是起运前应到当地兽医防疫部门检疫，办理检疫手续，只有健康的狗方能起运；二是狗笼要求结实、耐用、轻便、大小适中；三是带上一些常用的药物，如感冒清、镇静药氯丙嗪等，以防感冒、呕吐及其他不适；四是应准备平时所用饲料，但最简单方便的饲料为熟鸡蛋，一天中喂量不可多，根据狗的大小喂几枚即可，而且狗吃鸡蛋后不排便或排便很少。如喂牛奶，饮后可能会拉稀而影响卫生，因此途中应尽量少喂或不喂，但必须保证充足的饮水。运输路程较短时可以不喂食，只有长途运输时才考虑少喂几枚鸡蛋。

冬天运输时要防止狗受凉感冒，夏天应防止中暑。到达目的地后，不能马上给狗大量的饮食，可先让狗饮些水后，散放活动一下，排出大小便，再给予限量饲喂，以免狗发生过食的现象。

## 三、狗的标记

狗的标记即狗的编号。标记的方法有多种：一是剪毛，即在狗的不同部位剪毛以代表不同的序号，这种方法清楚、可靠，便于观察，但保留时间短，只能作暂时标记，适于幼狗；二是脖圈烙印，即将该狗的编号或标记烙在狗的脖圈上；三是挂牌，即将该狗的标记打在一种铝制或不锈钢的小牌上，然后将此牌挂在狗的脖圈上；四是打耳号，这是狗的一种永久性标记，即将该狗之编号用耳号机打在狗的耳朵上，所编号码应有代表狗品种、世代数的代号。在打印号码时应选择血管少的地方，不要过多拨弄耳朵，以免耳朵充血影响打印的效果。耳朵消毒后用耳号机打字，然后涂上颜料即可。

# 肉狗的疾病防治

<<<<

## 核心提示

肉狗虽然抗病力强，不易发生疾病，但规模化大群饲养，极大地增加了疾病感染和发生的机会，因此，必须注重疾病的控制。狗病防控必须树立"防重于治"、"养防并重"的观念，采取营养保健、隔离、卫生、消毒、免疫接种以及药物预防等综合措施。同时，发病时要及时诊断治疗，将损失降低到最小程度。但生产中存在重治疗轻预防的误区，忽视环境、营养等条件改善，严重影响到疾病防控，必须加以纠正。

## 第一节　肉狗疾病的诊疗

### 一、肉狗疾病的诊断

中医的问诊、视诊、触诊、听诊、叩诊、嗅诊概括了肉狗疾病诊断方法。具体到规模化肉狗生产，疾病诊断可以从以下几个方面进行。

（一）现场询问

为及时准确地诊断疾病，需要有针对性地进行一些调查了解。了解肉狗群的临床表现，可以初步确定疾病的范围。

**1. 询问肉狗的生活史**

询问饲养规模、品种、日粮的种类、饲喂制度与方法、采食量；狗舍的环境和卫生以及免疫接种、发病前用药情况等。可为诊断提供有价值的参考。

### 2. 询问肉狗的患病史

主要询问发病时间、发病年龄和传播速度，由此可以推断该病是急性病还是慢性病。如突然大批死亡，可提示中毒性疾病或环境应激性疾病。短期内肉狗群迅速传播，可提示是一些急性传染病。营养代谢病一般呈慢性经过。既要了解病肉狗的一般共有的临床表现，如精神沉郁、食欲减退、被毛蓬松等，也要掌握某些病狗的特有的临床症状；周围疫情，可以分析本次发病与过去疫情的关系；发病后病情变化，由此分析疾病的发展趋势，如营养代谢病，开始症状轻，若缺乏的营养不能补充或补充不当，就日益加重。

### （二）临床检查

临床检查诊断，就是通过掌握肉狗的主要临床症状及表现的基本特征来诊断疾病，以此缩小疾病可能存在的范围，为诊断疾病提供线索和依据。常见狗体表的异常变化见表6-1。

表 6-1　常见狗体表的异常变化

| 检查项目 | 异常变化 | 可能相关的主要疾病（或原因） |
|---|---|---|
| 体温异常 | 高热 | 大多数急性传染病都会出现高热，如狗瘟热、狗传染性轩炎等。此外中暑、急性中毒、急性肺炎、急性肾盂肾炎、产褥热、败血症、胸膜炎、急性胰腺炎、肛门囊腺炎等也会发高热 |
| | 持续低热 | 见于外耳炎、慢性支气管炎、慢性肾炎、齿槽脓肿和慢性牙周炎、甲状腺功能亢进、子宫内膜炎等。大多数病毒性传染病如狗瘟热、狗传染性肝炎、狗细小病毒病等，转为慢性时也会持续低热 |
| | 体温降低 | 见于衰竭、休克、大失血等。有机磷中毒、极度脱水时也会引起体温降低。当神经性狗瘟热、破伤风、癫痫等病痉挛发作时体温降低 |
| 脉搏异常 | 脉搏减慢 | 主要见于某些脑病及中毒病。脉搏明显减慢，多提示预后不良 |
| | 脉搏增快 | 见于热性病、贫血及心脏衰弱等。某些外界条件和生理因素如过热、恐惧、兴奋、妊娠等可使脉搏发生一时性增快。一般幼龄狗比成年狗明显增快 |
| 呼吸异常 | 呼吸加快 | 大多数发热性疾病、各种肺脏疾病、严重心脏病以及贫血等，都会出现呼吸加快。某些生理因素和环境条件对呼吸影响也较大，如妊娠、运动、兴奋等时，呼吸加快 |
| | 呼吸减慢 | 狗患有某些脑病（如脑炎、脑肿瘤、脑水肿）、上呼吸道狭窄和尿毒症等时会出现呼吸减慢 |

| 检查项目 | 异常变化 | 可能相关的主要疾病(或原因) |
|---|---|---|
| 采食、饮水异常 | 突然不食 | 见于慢性传染病、肠道寄生虫病、慢性胃肠炎、消化液分泌异常、胃肠道菌群失调、癌症、齿槽骨膜炎等 |
| | 食欲不振 | 见于慢性传染病、肠道寄生虫病、慢性胃肠炎、消化液分泌异常、胃肠道菌群失调、癌症、齿槽骨膜炎等。此外,天气过热、运动过度、晕车船、分娩前后,都可能出现食欲不振 |
| | 吃得很多却仍消瘦 | 多因营养不足或失调、肠道有大量寄生虫寄生、慢性肾功能不全、吸收不良症候群(如慢性肠炎,胆汁、胰液分泌障碍)等引起。此外,也见于糖尿病、运动过度、睡眠不足、大面积的慢性湿疹、激素分泌异常(如甲状腺功能亢进)等 |
| | 饮欲增加 | 多见于狂犬病、糖尿病、尿崩症、肝病、癌症、排尿增多,食入过多的爆性食物、急性胃肠炎、严重呕吐、下痢、脱水,肾功能降低、食物中含盐量过高等引起 |
| | 喝水后呕吐 | 见于急性钩端螺旋体病、急性胃炎、幽门痉挛、脑出血、食物中毒、药物中毒、肠扭转、肠套叠等 |
| | 进食后立即呕吐 | 见于食物过量、吃下异物或不适的食物(如给幼狗大块肉类、脂肪过多等)、急性咽喉炎、肠梗阻、蛔虫病、胆管括约肌痉挛等 |
| | 呕吐并伴有发热 | 常见于狗瘟热、狗传染性肝炎、狗细小病毒病、食物中毒、腹膜炎、急性肠炎、中毒性胃肠炎、颅内血肿、急性肾盂肾炎等 |
| | 吃呕吐物 | 呕吐常因吃得过多、食物中纤维过多、胃负担过重、食后马上运动等引起。此时狗常将吐出来的食物又吃进去。另外,患有咽喉炎时,亦有吃呕吐物的现象 |
| | 吞食异物 | 见于营养失调和营养不良、胃酸过多、慢性胃炎、运动不足、慢性湿疹等,此外,糖尿病、狂犬病、寄生虫病和慢性消化功能障碍时也常伴有异食 |
| 身体异味 | 体臭 | 多见于齿垢、齿槽脓肿、肛门脓肿、胃肠病、外耳炎、全身性皮炎等,特别是脓疱性毛囊虫和湿疹渗出脓汁时,散发出令人讨厌的臭味 |
| 动作表现异常 | 摇头或斜头 | 外耳炎时,耳道发痒和不舒服,患狗会把头歪向患侧或摇头。异物、昆虫或灰尘进入外耳道,狗也会尽力摇头使其排除。脑出血或脑肿瘤时,由于头痛,患狗会把头歪向患侧或轻轻摇头。内耳平衡、感觉器官异常也会有此现象 |
| | 常舔身体 | 狗体有外伤及湿疹时,由于患部疼痛、发痒,狗常常用舌去舔。但狗发情时也有舔外阴的动作,应注意区别 |

| 检查项目 | 异常变化 | 可能相关的主要疾病(或原因) |
|---|---|---|
| 动作表现异常 | 蜷曲蹲卧 | 狗体内有大量的钩虫寄生、急性肠炎、溃疡性肠炎、急慢性肝炎、膀胱结石、腹部疼痛等,可表现蜷曲蹲卧姿势 |
| | 吠叫不停 | 狗对环境不习惯,附近有发情母犬,头部疼痛,有剧痛的外伤,急性中毒引起的胃肠和腹部疼痛等时,狗常吠叫不停 |
| | 触摸身体时号叫 | 有骨折、神经痛时,触摸患部有剧烈的疼痛,狗则发出号叫。此外,患神经过敏、肝炎、肾炎、尿道结石等疾病的狗,触摸其腹部时也会号叫或咬人 |
| 眼睛异常 | 眼屎过多 | 黄色脓样眼屎是角膜炎和结膜炎的表现。狗瘟热、狗传肝炎、疱疹、全身性热性疾病,也可见到黄色脓样眼屎。淀粉样白眼屎多见于肠内寄生虫或慢性肠胃病,但通常没有结膜充血症状 |
| | 流泪 | 泪点、泪腺异常或鼻泪管堵塞时,常大量流泪,其他眼病也都有流泪症状。患传染性肝炎时,眼睛也会因刺痛流泪 |
| | 眼球变白 | 整个眼球变白是角膜混浊,多因眼外伤后细菌感染所致。全身性感染和狗传染性肝炎的恢复期,有时也会出现眼球变白。瞳孔泛白主要见于白内障 |
| | 眼皮浮肿 | 见于机械性刺激(外力、倒睫)、结膜炎、眼睑腺炎、花粉过敏、肾炎等 |
| | 眼睛下面的毛变成红褐色 | 泪囊炎,鼻泪管堵塞以及各种眼病都会引起流泪,眼泪中的蛋白质或其他成分,把眼睛下方的毛污染得又红又脏的,变成红褐色 |
| | 结膜潮红 | 常见于眼睑炎、结膜炎、角膜炎等,此外中暑、脱水、发热也会出现结膜充血,钩端螺旋体病时可产生特征性的结膜树枝状充血。心、肺疾病时也可见结膜弥漫性充血 |
| | 结膜黄染 | 结膜里不同程度的黄色,是血液中胆红素增多所致。多见于狗传染性肝炎、钩端螺旋体病、狗丝虫病、梨形虫病、药物中毒、肝脏病、胆管堵塞、十二指肠炎以及各种溶血性疾病。此外,长期食用含胡萝卜素多的食物也会产生黄染 |
| 鼻异常 | 鼻尖干燥 | 狗患感冒、传染病等发热性疾病、脱水、虚脱时都会出现鼻尖干燥,病情严重者,鼻端硬化甚至产生龟裂。某些慢性病只在睡觉或睡醒时鼻尖干燥 |
| | 鼻尖变色 | 主要见于阳光刺激的光敏症、鼻头、鼻梁、眼睑等处的皮肤炎。近来发现狗也有类似人类白癜风的疑难症(即鼻子、口唇、眼睑等处色素全部消失),或黑色鼻子逐渐变成咖啡色,致病原因尚不清楚 |

| 检查项目 | 异常变化 | 可能相关的主要疾病(或原因) |
|---|---|---|
| 耳异常 | 抓耳后 | 见于外耳炎、耳根部皮肤病、虱、蚤叮咬等。耳疥癣发痒时也常用前肢抓耳后 |
| | 耳臭 | 多见于耳炎,尤其是耳垢性、细菌性外耳炎时气味恶臭,耳下垂的狗更为严重 |
| | 耳排出脓性分泌物 | 当外耳炎有细菌感染化脓时,用手压耳根部就会听到"唧唧咕咕"的声音,严重者会有脓性分泌物排出,不及时治疗会发展成中耳炎 |
| | 排出黑色耳垢 | 耳疥癣寄生在外耳道时,会排出有特征的黑色干燥耳垢,严重发炎或细菌感染时耳垢会变得潮湿,色泽也会改变 |
| | 耳外边脱毛 | 外耳炎狗用前肢去抓,患皮肤真菌症、激素分泌失调、光过敏症时,都会引起耳外边脱毛。某些品种的狗,冬季耳前端血液循环不良也可引起脱毛 |
| | 耳内侧发红 | 外耳炎扩大或转为慢性时,炎症波及耳翼内侧,摄取致敏性食物,皮肤发生荨麻疹时,耳内侧都会发红。竖耳狗夏季蚊虫叮咬耳内侧时,会像发疹一样红 |
| | 耳翼血肿 | 多因抓伤、摩擦、打架、撞伤、外力打击等,致使耳翼外皮与软骨剥离,血管破裂,血液潴留于皮下所造成 |
| 皮肤异常 | 皮肤多屑和增厚 | 疥癣病、慢性皮肤病、营养不足、维生素 A 缺乏时,多伴发皮肤多屑和增厚 |
| | 皮肤发痒 | 狗身上有跳蚤、患过敏性皮炎、荨麻疹、疥癣等病时,皮肤发痒 |
| | 被毛无光泽 | 主要见于慢性胃肠病、消耗性疾病、寄生虫病、换毛时期照顾不好、过度肮脏、管理不当时,被毛无光泽 |
| | 大量脱毛 | 除春秋两季的正常换毛外,如狗大量脱毛多见于患有全身性消耗性疾病、疥癣、甲状腺功能减退、肾上腺皮质功能亢进等疾病 |
| 消化系统异常 | 口臭 | 狗患有牙齿疾病、口腔炎、扁桃腺炎等疾病时出现口臭。狗瘟热、狗传染性肝炎、钩端螺旋体病等传染病,营养障碍、维生素不足、尿毒症及其他全身性疾病都会发生口臭现象。糖尿病性酮症时有丙酮臭味;坏疽性肺炎时有腐败臭味;尿毒症时有氨臭味 |
| | 口腔黏膜苍白 | 主要由贫血引起,常见于外伤、外科手术、内脏破裂等急性出血;尿道结石、钩虫病、蚤的寄生、肿瘤、子宫内膜炎、溃疡等慢性出血;维生素、氨基酸、蛋白质、矿物质等缺乏引起的营养性贫血;骨髓活性降低、肝脏疾病、肾脏疾病引起的再生障碍性贫血;血液原虫、细菌、化学物质、免疫反应、物理性因素等,使红细胞破坏引起的溶血性贫血 |

续表

| 检查项目 | 异常变化 | 可能相关的主要疾病(或原因) |
|---|---|---|
| 消化系统异常 | 口唇肿大 | 外伤、荨麻疹、昆虫蜇伤、缺乏维生素引起的口角炎、幼狗生长青春痘、真菌引起的皮肤病、接触化学药品、油漆涂料等引起的过敏、齿槽脓肿等都会口唇肿大 |
| | 流涎过多 | 口腔炎、牙齿疾病、口内异物、颌骨骨折、唇、舌、咽喉麻痹、唾液腺炎、呕吐时都会有较多的涎水流出。给予刺激唾液分泌的苦味药物、晕车晕船、恐惧、痉挛、看到食物的反射作用等也都会有涎水流出 |
| | 口吐白沫 | 狗瘟热、狗丝虫病、脑贫血等引起的癫痫发作,低血钙引起的抽搐、农药、杀虫剂中毒等都会出现口吐白沫 |
| | 齿龈出血 | 见于齿龈炎、齿槽骨膜炎、齿龈肥大、齿龈肿瘤等 |
| | 乳齿不脱落 | 玩赏狗的乳狗齿残存率很高,主要是由于牙根不能吸收的缘故,所以不会脱落,应予以拔除,否则易积存牙垢,发出口臭,并形成永久齿的咬合不正 |
| | 牙齿脱落 | 正常情况下,换牙时乳牙会脱落。但患有牙齿疾病的狗,永久齿也会脱落。齿石、牙齿周围炎等,能引起齿根外露易于脱落。15岁以上的老狗,即使没有疾病,由于老化牙龈退缩,齿槽松弛,牙齿也会脱落 |
| | 吞咽障碍 | 主要见于咽喉肿胀、有异物、肿瘤等。此外,当狗患有牙病、口腔溃疡、面部麻痹、烂嘴角、狂狗病、兔唇时,也可发生吞咽障碍 |
| | 不排便或排硬便 | 肠阻塞、肠扭转、肠套叠、肠麻痹时,肠内容物停止移动而不排便。患直肠炎、直肠狭窄、肛门囊腺炎时,由于粪便在肠内停滞时间长,造成大部分水分被吸收,粪便硬化而排出硬便 |
| | 排便次数增多 | 大肠及直肠炎症、肠内有异物时,排便次数增多。此外神经高度兴奋(如打架后),肠的蠕动增强,也会造成排便次数增多 |
| | 排出泥状粪便 | 狗瘟热、钩端螺旋体病、食物中毒、肝炎、胰腺炎、吃过量的脂肪等均可能排出泥状粪便 |
| | 腹泻 | 急性肠炎、狗瘟热、狗传染性肝炎、钩端螺旋体病、狗细小病毒病、食物中毒、胃肠溃疡、胰液分泌不足、吃脂肪过多的食物和牛奶过量等,可造成腹泻 |
| | 便中带血 | 急性和慢性肠炎、溃疡性肠炎、肠肿瘤、狗细小病毒病、钩端螺旋体病、食物中毒、肠内寄生虫(钩虫、球虫、鞭虫),都会导致肠黏膜出血,排出带血的粪便 |

| 检查项目 | 异常变化 | 可能相关的主要疾病(或原因) |
|---|---|---|
| 消化系统异常 | 腹围膨大 | 幼狗有蛔虫、球虫寄生时可引起腹部膨胀。成年母狗和老龄狗妊娠、子宫蓄脓、腹腔积水、胃肠积气时腹围膨大 |
| | 腹部有声响 | 正常情况下狗的腹部常常发出声响,如响得很厉害时,可能是腹泻、呕吐的先兆,应特别加以注意 |
| 呼吸系统异常 | 呼吸困难 | 见于肺炎、气管炎、横膈膜破裂、胸腔积液、肺水肿、肺气肿、肺肿瘤、肋骨或肺叶外伤、中暑、中毒及肺脏寄生虫病等 |
| | 咳嗽 | 咳嗽主要是喉、气管、支气管等部位的黏膜受到刺激的结果 |
| | 干咳 | 咳嗽的声音清脆,干而短,无痰,见于喉和气管内有异物、慢性支气管炎、胸膜炎等 |
| | 湿咳 | 咳嗽的声音钝浊,湿而长,往往随着咳嗽的动作从鼻孔喷出多量分泌物。常见于咽喉炎、肺脓肿、支气管肺炎等 |
| | 稀咳 | 单发性咳嗽,咳嗽剧烈,连续发作。常见于异物进入上呼吸道时及异物性肺炎等 |
| | 痉咳 | 痉挛性咳嗽,咳嗽剧烈,连续发作,见于异物进入上呼吸道及异物性肺炎 |
| | 连咳 | 即连续性咳嗽,见于急性咽喉炎、传染性上呼吸道感染等 |
| | 痛咳 | 咳嗽声音短而弱,咳嗽带痛,咳嗽时病狗呈现头颈伸直,摇头不安或呻吟等异常表现。常见于急性喉炎、喉水肿等 |
| | 流鼻汁 | 鼻炎、感冒、狗瘟热等常流鼻汁。开始呈水样或黏液样,当有化脓性细菌感染时就会流脓鼻汁。化脓性鼻窦炎也会排出脓性鼻汁 |
| | 鼻出血 | 鼻腔或副鼻窦黏膜的炎症、坏死、溃疡、肿瘤等,是鼻出血常见的原因。鼻内异物、寄生虫、下颌关节突骨折及颅底骨折等,也可造成鼻出血。出血性紫癜、血友病、维生素C及维生素K缺乏症或某些中毒性疾病的进程中,也可见到鼻出血 |
| | 打喷嚏 | 通常异物、冷空气进入鼻腔时,鼻黏膜受到刺激就会打喷嚏。鼻腔黏膜发炎、鼻出血或脓性鼻汁堵塞鼻孔;鼻腔肿瘤的刺激等也会引起打喷嚏 |
| | 打鼾 | 有些品种的狗(如北京狗、缩鼻狗)口吻短,天生鼻道短,呼吸时气流受到压缩,易发生鼻鼾声,这不是疾病。病理性打鼾常见于外鼻孔狭窄、软口盖过长或肿大时 |

续表

| 检查项目 | 异常变化 | 可能相关的主要疾病(或原因) |
|---|---|---|
| 泌尿系统异常 | 多尿 | 见于慢性肾炎、糖尿病、尿崩症、慢性肾功能不全 |
| | 少尿 | 见于剧烈腹泻、休克、心力衰竭、急性肾炎、急性肾功能不全、肾盂或输尿管结石等 |
| | 无尿 | 见于尿道阻塞、膀胱麻痹、膀胱括约肌痉挛等 |
| | 频频排尿 | 膀胱炎、尿道炎、尿道结石、尿道肿瘤、慢性肾功能不全、膀胱结石、前列腺肥大等,尿量少,次数多 |
| | 尿失禁 | 见于急性及慢性膀胱炎、尿道炎、尿道结石、脊髓或支配膀胱的神经受损伤,性激素分泌异常等 |
| | 尿混浊 | 见于肾炎、肾盂肾炎、尿道结石、尿道肿瘤等。因所吃的食物中磷酸盐、硝酸盐含量过高而导致尿中尿酸盐过多引起的尿混浊为生理性混浊 |
| | 血尿 | 见于急、慢性肾炎、肾结石、出血性膀胱炎、尿道炎、尿道肿瘤、血孢子血病、狗丝虫病、钩端螺旋体病等 |
| | 尿黄 | 狗尿一般为鲜黄色,尿量增加时色淡,尿量减少时颜色加深,内服核黄素、痢特灵时使尿色变黄,这不是病理状态。病理性尿黄即胆红素尿,呈棕黄色、黄绿色或红黄色。见于阻塞性黄疸、肝炎、钩端螺旋体病、急、慢性肾炎、某些药物中毒等 |
| 生殖器官异常 | 阴囊及睾丸肿大 | 由于外伤引起,狗丝虫也会引起浮肿。阴囊炎、睾丸炎、布氏杆菌病时,也出现睾丸肿大。如单侧睾丸肿大、坚硬并有结节,可能是睾丸肿瘤 |
| | 公狗阴茎出脓 | 常见于包皮炎和龟头炎 |
| | 母狗舔阴部 | 患有阴道炎、子宫炎、膀胱炎、尿道结石时,阴部有分泌物时,母犬会不停地舔外阴部 |
| | 阴道流分泌物 | 见于流产、胎衣滞留、急性子宫内膜炎、子宫蓄脓等 |
| | 乳房有硬块 | 乳房炎、乳房有乳石、乳房肿瘤时,触摸乳房时可感有硬块 |
| 神经系统异常 | 抽搐 | 见于脑炎、钙、镁缺乏症,有机磷农药中毒,狗瘟热,尿毒症等 |
| | 意识不清 | 见于癫痫、中暑、脑贫血、糖尿病、脑震荡及脑挫伤等 |
| | 狂奔乱走 | 见于狂犬病、脑膜炎、脑积水、恐惧、精神病等 |

| 检查项目 | 异常变化 | 可能相关的主要疾病（或原因） |
|---|---|---|
| 神经系统<br>异常 | 癫痫 | 脑膜炎、脑内肿瘤、脑内寄生虫、先天性脑异常、脑震荡、脑挫伤等疾病，常呈现癫痫发作。狗瘟热、结核病、心血管疾病、尿毒症、低血糖、低钙血症、妊娠毒血症、内分泌紊乱，以及各种中毒均可引起癫痫发作。此外，外周神经受损、皮肤疾病、肠道寄生虫（绦虫、蛔虫、钩虫）以及变态反应（过敏反应）等，亦可引起反射性癫痫 |
|  | 身体某部位抽动 | 神经型狗瘟热、破伤风、有机磷农药中毒、癫痫发作以及母狗因缺钙在妊娠中或产后有时出现身体某部位抽动 |
|  | 麻痹 | 随意运动减弱或消失者称为麻痹。如面神经麻痹、三叉神经麻痹、舌下神经麻痹、前肢神经麻痹等。一侧体躯麻痹（偏瘫）属脑疾病，后躯麻痹（截瘫）为脊髓损伤 |

## （三）病理剖检

病理剖检诊断，即运用病理学知识通过解剖检查病狗尸体，观察其各器官组织的病理学变化，根据观察结果并结合其他检查情况进行分析，对狗生前所患疾病做出比较客观而确切的判断。这种方法经常应用于濒死期或死亡病狗的疾病诊断，对于及时确诊其疾病，有效的治疗其他病狗和保护尚健康的狗，以及验证生前诊断结果、提高诊疗技术水平等，均有重要意义。

### 1. 病狗尸体剖检

病狗最好在死前人工处死进行剖检，已死亡的病狗应尽早剖检。一般死后超过24小时的尸体已腐败变质，从而影响对原有病变的观察，不利于疾病的诊断。

为了全面而系统的检查尸体内外所呈现的病理变化，尸体剖检必须按一定的方法和顺序进行。一般剖检是先体表再体内，体内检查通常是从腹腔开始，然后是胸腔，再后则其他，但剖检方法和顺序也不是一成不变的，应当结合当时的具体情况和检查目的与要求等灵活掌握。

病狗尸体剖检的方法一般是将死狗放成躺卧位，用刀先切开、切断两侧肩胛骨内侧和髋关节周围的皮肤和肌肉，使四肢摊开（为了检查皮下病理变化并利用皮板，在此之前也可先剥皮），然后沿腹中线切开皮肤，向前切至颌下，向后切到肛门，掀开皮肤，再切开剑状软骨至耻骨前缘之间的腹壁；沿左右最后肋骨切腹壁至脊柱，这样便使腹腔脏器全部暴露。此时检查腹腔各脏器的位置关系、形态、颜色等是否正常，检查腹腔液体的数量及性状，腹膜是否光滑、有无出血等。然后由膈肌处切断食管，由骨盆腔切断直肠，将肝、脾、胃、肠取出分别检查。再仔细检查肾脏、膀胱和子宫等。

检查胸腔脏器时先沿季肋部切去膈肌，再用刀或骨剪切断或剪断肋软骨与胸骨连接部，再把刀伸入胸腔划断脊柱两侧肋骨和胸椎连接部的胸膜和肌肉，然后用两手向外按压两侧胸壁肋骨，则肋骨和胸椎连接处的关节脱离或折裂而使胸腔敞开。首先检查胸腔液的量和性状，胸膜的色泽和光滑度，有无出血、炎症或粘连，而后摘取心、肺等进行检查。

尸体解剖和病理检查应同时进行，边剖边检查，以便观察到新鲜的病理变化。对实质脏器如肝、脾、肾、心、肺、胰、淋巴结等的检查，应先观察器官的大小、形态、颜色、光滑度，感觉其硬度，看有无结节、肿胀、坏死、变性、出血、充血、瘀血等，随后还要切开，观察其切面的病理变化。胃肠一般放在最后检查，先看浆膜的变化，而后切开胃和肠管，观察其黏膜的病变及内容物的变化。气管、膀胱、子宫、胆囊等其他体腔器官的检查方法与胃肠相同。脑和骨只在必要时进行检查。在肉眼观察的同时，根据需要在剖检过程中还应进行各种病料的采集。

**2. 病料的采集、保存与送检**

通过上述剖检观察各器官组织的病理变化，结合生前各项检查进行综合分析，一般可对疾病做出较为可靠的诊断。但对某些病例，特别是一些疑难病例和急性病例，由于缺乏对其病理变化的认识或缺乏特征性的病理变化，通过剖检难以得出确切结论，还需采集病料送实验室进一步检查。因实验室各项检查的目的和方法不同，对病料的采集方法和要求也不全一样。一般要求病料在病狗死后立即采取，最迟不要超过 6 小时；用于微生物学检查的病料应在剖检时先采取，且要求无菌操作。

（1）病料的采集　合理取材是实验室检查成功的重要条件之一。除首先无菌采取用做微生物学检查的病料外，采集病料时还应注意以下几个方面。

① 怀疑狗患某种传染病时，则采取该病最常侵害部位的组织或其特征性病变组织。如怀疑狗患伪狂犬病时，采取其脑、肝、脾、肺等；疑患钩端螺旋体病时，采取其肝、肾等。

② 提不出怀疑对象时，则应全面采集病料。通常采取心血、体液、分泌物、胃肠内容物和各主要器官组织及各种病变组织等。

③ 患败血性传染病时，应采取心、肝、脾、肺、肾、淋巴结及胃肠等组织。

④ 患某些专嗜性传染病或以侵害某些器官为主的传染病时，则采取该病侵害的主要器官组织，如呈现狂犬病症状时采取脑和脊髓；主要表现流产时，则采取胎儿组织和胎衣等。

⑤ 拟进行血清学检查时，则采取血液，并分离血清。

（2）病料的保存　采取病料后，如不能立即送检或须寄送到外地检查时，应妥善保存，或加入适当的保存剂，使病料保持新鲜或接近新鲜状态。

① 细菌学检查材料的保存　低温冷存或将采取的组织块保存于饱和盐水或 30% 甘油缓冲液中，容器加塞封固。

② 病毒学检查材料的保存　低温冷存或将采取的组织块保存于 50% 甘油生理盐水或鸡蛋生理盐水中，容器加塞封固。

③ 病理组织学检查材料的保存　将采取的组织块立即放入 10% 福尔马林或 95% 酒精中固定。固定液的用量须为病料体积的 5～6 倍以上，如用 10% 福尔马林固定，应在 24 小时后换 1 次新鲜溶液。严寒季节为防止组织冻结，在送检时可将上述固定好的组织块取出，保存于甘油与 10% 福尔马林的等量混合液中。

（3）病料的送检　病料采取后应派专人尽快送达检验部门，尽早进行检查。病料送检时应注意以下基本要求。

① 应在装病料的容器上编号，并做详细记录，同时附上送检单，说明检查目的和要求，有时还附上病历资料。

② 病料包装要安全稳妥。对于危险材料，怕热或怕冻的材料，应分别采取措施。一般说来，微生物学检验材料都怕受热，病理检验材料都怕受冻。

**3. 注意事项**

为了使病理学诊断结果更为可靠，还应强调以下注意事项。

（1）应选择症状和病变典型病例，最好能同时选择几种不同病程的病例进行剖检。

（2）剖检之前，应对病情、病史加以了解和记录，并全面仔细地进行剖检前检查。

（3）采取病料要及时，应在死后立即进行，最好不超过 6 小时，如拖延过久（特别是夏天），组织变性腐烂，不仅有碍于病原微生物的检出，也影响病理组织学检验的准确性。

（4）取材动物最好应是未使用抗菌药或杀虫药物治疗过的，否则会影响微生物和寄生虫的检出结果。

（5）为了减少污染机会，一般先采取微生物学检查材料，并要无菌采取。然后，再结合病理剖检，采取病理检查材料。另外，对中毒或疑为中毒的病例，以及寄生虫较严重的病例，还应进行相应病料的采取。

## （四）实验室检查

### 1. 临床检验

是实验室诊断检查的一部分，它利用一般临床化验室的各种仪器设备，通过一系列室内操作，对来自病狗的血液、粪便、尿液（可用于许多传染病、寄生虫病、内科病、外科病和产科病等的诊断，有时对某些器官疾病的诊断具有决定性意义）、胸水、腹水、脓汁、呕吐物等病料进行有目的的检查或检测，随后通过对结果进行分析，再结合一般临床检查结果，对狗所患疾病做出比较客观地判断，以提高疾病诊断的准确性。

（1）血常规检验

① 抗凝剂选择　血常规检验通常使用抗凝血，因此，采血时要向其中加入适当的抗凝剂。抗凝剂有多种，各有不同特点，使用时应根据检验目的不同灵活选用。常用的有乙二胺四乙酸二钠（配成 10% 的水溶液，用 2 滴可抗凝 5 毫升血液。不能用于血钙和血钠检测）、柠檬酸钠（配成 3.8% 的水溶液，用 0.5 毫升可抗凝 5 毫升血液，不适用于做血液检验用）和肝素（配成 1% 的水溶液置于冰箱保存，用 0.1 毫升可抗凝 5 毫升血液，用途广，但价格太高，不常用，多用于科学实验）。

② 血样采集　临床上可通过多种途径采集狗的血液，可根据采

血量的多少、狗的大小和习惯等选择不同的采血方法。血样采集方法
见表 6-2。

表 6-2 血样采集方法

| 方法 | 步 骤 |
| --- | --- |
| 正中静脉采血 | 将狗做侧卧保定,助手使狗下侧前肢伸展,并用手握住其前臂部上方,以压迫正中静脉近心端使静脉充血鼓起。采血人员一手抓住狗的前肢掌部,在腕关节稍上方正中静脉沟处剪毛、消毒后进行静脉采血 |
| 外侧隐静脉采血 | 侧卧保定狗,助手将狗上侧后肢拉住,并用手握住膝关节下方,使后肢呈伸展状态。在跗关节上方外侧剪毛,可看清位于皮下的静脉,待静脉暴起后即可消毒采血 |
| 颈静脉采血 | 将狗的头颈稍向后仰,充分伸展颈部,在颈中 1/3 颈静脉沟处剪毛、消毒。术者左手压迫狗胸腔入口处的颈静脉沟,使颈静脉暴起,右手持注射器进行颈静脉采血 |
| 心脏采血 | 选择左心室采血:将狗麻醉、右侧卧保定,在左侧胸廓的下 1/3 与中 1/3 交界处的水平线与第 5 肋交点处剪毛、消毒,用装有抗凝剂的注射器连接针头,垂直刺入皮肤,当针尖穿透胸壁透过胸膜后,使注射器内维持负压,仔细地将针头朝心脏推进,见针管有血流回流时,说明针尖已刺入心脏,继续进针,刺入左心室内进行采血。该方法技术性较强,难度较大 |

③ 血液指标的正常值

a. 血液沉降速度（或称血沉）：是指将抗凝血装入特制的玻璃管中，在一定时间内，观察红细胞下沉的毫米数。肉狗的正常值为每小时下降 2 毫米，每 2 小时下降 4 毫米，每 10 小时下降 10 毫米。临床上血沉加快主要见于各种贫血、急性感染、组织损伤等；血沉减慢见于脱水、肠梗阻以及肝脏疾病等。

b. 血红蛋白含量：正常狗的血红蛋白含量为 120～180 克/升。血红蛋白增加，大多数情况见于脱水，这时血液浓稠，血红蛋白相对增加；也见于真性红细胞增多症及继发性红细胞增多症。

c. 红细胞压积容量：是指红细胞与血液的体积比，肉狗的正常值为 37%～55%。其升高见于各种原因引起的脱水、血液黏稠、红细胞增多等；该数值降低见于各种贫血。

d. 红细胞数：狗红细胞记数的正常值为 $5.5 \times 10^{12}$～$8.5 \times 10^{12}$ 个/升。红细胞数绝对增多很少见，相对增多见于机体脱水、血液浓

缩；红细胞数减少见于各种贫血。

　　e. 白细胞数：狗白细胞记数的正常值为 $6.0 \times 10^9 \sim 17.0 \times 10^9$ 个/升。白细胞增多主要见于各种细菌感染性疾病，特别是球菌感染时，也见于注射异体蛋白后或发生肿瘤、急性出血、白血病等；白细胞减少常见于某些病毒感染，如狗瘟热、狗细小病毒病等，也见于长期使用解热镇痛药、磺胺类药物等；病狗在濒死期也会出现白细胞减少。

　　f. 中性粒细胞增多，说明存在细菌感染，特别是球菌感染，中性粒细胞减少，见于病毒性疾病及各种疾病的重危期。嗜酸粒细胞增多，见于某些寄生虫病或过敏性疾病；减少时，见于中毒病、尿毒症或毒血症等。淋巴细胞增多，见于某些慢性传染病如结核病、布氏杆菌病等，也见于急性传染病的恢复期；淋巴细胞减少，说明机体的免疫力下降。单核细胞增多，见于某些原虫性疾病，或某些慢性细菌感染、病毒性疾病等；减少时，多见于急性传染病的初期和各种疾病垂危期。

　　(2) 粪便常规检验　应注意采取狗新鲜、未被污染的粪样，其常规检验通常包括以下内容。

　　① 粪便的颜色和气味　正常狗粪便的颜色多为土黄色。在排除由于饲料等因素的影响后，应注意幼狗下痢时粪便呈灰白色或黄白色；便秘时粪便颜色深暗；阻塞性黄疸病狗的粪便多呈淡黏土色；肠道出血时粪便呈红色乃至黑色。胃肠卡他和胃肠炎时，由于肠内容物的发酵和腐败，粪便有较浓的酸臭味。

　　② 粪便的性状及其异常混有物　粪便性状的变化及其中的异常混有物对于区别胃肠疾病的类型具有重要意义。如卡他性胃肠炎时，粪便稀软并混有黏液；急性、重度肠炎时，粪便呈粥样或水样。粪便中混有血液或呈黑色，则为胃肠出血性炎症。若血液只附于粪便的表面并呈鲜红色时，是后部肠道出血的特征；若均匀混于粪便中并呈黑色时，说明出血部位在胃或前部肠道。粪便中混有脓汁是化脓性胃肠炎的标志；粪便中混有脱落的肠黏膜，则为坏死性肠炎的表现。溏便，其中混有未消化的食物，多见于消化不良。患某些寄生虫病时，粪便中还常混有寄生虫卵或虫体等。

　　③ 粪便的潜血检验和显微镜检验　粪便中不能用肉眼直接观察

到的血液叫潜血。整个消化系统不论哪一部分出血，都可使粪便带血，但这些血液有时并不能被肉眼看出，这时就需要在实验室用化学方法进行检验。检测潜血时采取粪便之前应使狗禁食肉类食物3天。

粪便的显微镜检查，是从粪便的不同部分采取少许粪样，置于载玻片上加少量生理盐水涂片后镜检。镜检时可检查到寄生虫虫卵、虫体或其残片，以及微生物、饲料残渣和某些细胞成分等。

粪便中出现大量红细胞，可能为后部肠道出血；有少量散在、形态正常的红细胞，同时有多量的白细胞时，说明肠道有炎症性疾患；粪中发现多量白细胞及脓细胞，说明肠道有炎症或溃疡。白细胞为圆形、有核，结构清晰，常分散存在；脓细胞的结构不清晰，常聚集在一起，甚至成堆存在。当粪便中有多量柱状上皮细胞，同时有白细胞、脓细胞及黏液时，为化脓性肠炎的表现。

（3）尿液常规检查　肉狗尿液的理化性状常能反映其全身代谢情况和泌尿系统的功能状态。

① 眼观检查　主要检查尿量及尿液的颜色、透明度等。健康成年狗一天的排尿量为0.5～2.0升，幼狗为40～200毫升，平均每千克体重为22～41毫升。每天排尿3～4次，但公狗常随嗅闻物体而产生尿意，短时间内可排尿10多次。尿液颜色变化较大，一般为淡黄色、黄色至褐色，澄清透明，密度在1.015～1.060克/厘米$^2$。尿量增多，尿色清淡，有臭味，见于糖尿病及尿毒症；尿量少，排尿次数多，频频做排尿姿势，但仅排出少量尿液或排不出尿，常是患有肾炎、膀胱炎、尿道结石等；尿液呈白色、混浊，多见于肾炎、膀胱炎、尿道炎；尿液呈红色，见于钩端螺旋体病、尿结石、肾炎、尿道损伤等。

② 化学检查　主要是检测其中某些化学成分，如进行酸碱度或pH值测定及蛋白质、葡萄糖、潜血检测等。狗正常尿液的pH值平均为6.1（5～7）；蛋白质和葡萄糖含量甚微，用常规方法均不能检出；正常狗的尿液中也不含血液或血红蛋白。若泌尿系统有炎症或有损伤，则尿液可能呈碱性，尿蛋白和潜血检验可呈阳性。尿液中检出了蛋白质则称为蛋白尿，尿液中混有血液或血红蛋白则分别被称为血尿和血红蛋白尿。用一般方法可检测出尿液中含有葡萄糖时称为糖尿，狗病理性糖尿常见于糖尿病、狂犬病、产后瘫痪、神经型狗瘟热

和脑膜炎等。

③ 显微镜检查　是对尿沉渣的检查。尿沉渣可分为有机沉渣和无机沉渣，有机沉渣包括血细胞、泌尿系统各种上皮细胞和这些细胞成分与尿中蛋白类物质黏合在一起所形成的各种管型（又称尿圆柱）；无机沉渣包括各种无机盐类结晶和一些非结晶型沉积物。尿中的有机沉渣属病理性产物，它的出现是狗患病的表现，可见于多种疾病，尤其多见于泌尿系统疾病。尿中无机盐沉渣在正常狗的尿液中就少量存在，当患某些疾病时，其中某些成分可能会显著增多。

（4）胸、腹腔穿刺液检验　胸、腹腔在正常情况下有极少量液体，对腔内器官起润滑作用。当肉狗患有某些疾病时，胸、腹腔内液体量异常增多，发生胸腔积液或腹腔积液。穿刺检查胸、腹腔液，有助于疾病的诊断与治疗。注意穿刺液采取后均应立即送检，避免凝固后影响其检验。必要时可向其中加入 5％柠檬酸钠溶液抗凝，一般每20 毫升穿刺液滴加 1 毫升柠檬酸钠溶液即可。还要留出一部分不加抗凝剂，以观察其凝固性。

① 胸腔液的采集　胸腔穿刺：通常在狗右侧第 6 肋间或左侧第 7 肋间、胸外静脉上方约 2 厘米处进行。穿刺时将狗站立保定，术部剪毛、消毒，皮肤稍向前移动，用 12 号针头接上注射器，沿肋骨前缘垂直刺入 3～5 厘米，当感觉阻力突然消失时，即表示刺入胸腔，用注射器吸取胸腔积液。采样后拔出针头，术部消毒。

胸腔穿刺液在病理状态下可分为渗出液、漏出液、血液、脓液等。渗出液是因胸膜炎引起；漏出液是胸水的表现，提示循环障碍；血液是由于胸内有出血；脓液见于胸腔化脓性炎症及脓气胸时。

② 腹腔穿刺　狗通常是在脐部前后、腹白线两侧 1～2 厘米处穿刺。站立保定狗，术部剪毛、消毒，将皮肤稍向侧方移动，以灭菌针头垂直于术部皮肤刺入 2～4 厘米。注意刺入不宜过深，以免伤及肠管。进入腹腔后，腹腔液经针孔自动流出，收集于无菌容器中送实验室检验。术后局部消毒。

健康狗可采出少量完全透明的微黄色液体，异常情况下腹腔液的量和性状可能发生较大变化。穿刺液中混有饲料成分，提示胃肠破裂；穿刺液中有大量血液成分，提示可能为内出血，如肝出血、脾出血、大血管破裂等；穿刺液中有尿液成分（具有尿臭味或含有试验性诊断时注射的色素剂等），提示膀胱破裂。在肠臌气、胃扩张时，穿刺液量增多，呈透明黄色；如发生胃肠变位扭转，则可能含红细胞而呈红色。至于渗出液、漏出液、脓汁、血液等成分如何鉴别，必要时可参阅相关资料。

**2. 病原学检查**

各种传染病和寄生虫病分别是由不同种类的病原体引起的，能诱发机体产生特异性免疫反应，因此通过病原学检查，检出某种病原体和特异性抗原及抗体，对于这类疾病的确诊和进行流行病学调查与肉狗检疫等均具有重要意义。病原学检查包括细菌学、病毒学、寄生虫学和免疫学检查等（表6-3）。

表 6-3  病原学诊断方法

| 项目 | | 方法步骤 |
|---|---|---|
| 细菌学检查 | 涂片镜检 | 将病料均匀涂布于干净的载玻片上，或用新鲜组织切面在玻片上轻轻压制成触片，干燥后在酒精灯火焰上固定或用甲醇固定，然后选用美蓝染色法、革兰氏染色法、抗酸染色法或其他染色方法染色后进行显微镜检查，根据显微镜下所观察到的细菌的大小、形态、排列、结构特征及染色特性等，初步判定病原菌的种类，并确定进一步检查的方法步骤 |
| | 分离培养与鉴定 | 根据镜检结果和所怀疑病原菌的特点，将病料接种于适宜的细菌培养基上（或之中），在一定的温度（常为37℃）下进行常规有氧培养或做厌氧培养，获得纯培养菌后，再用特殊的培养基培养，进行细菌形态、培养特性、生理生化特点、血清学反应及毒力检测等鉴定工作，以便进一步确定病原菌的种类 |
| | 动物试验 | 进行细菌分离、鉴定和毒力检测的重要手段之一。一般选用易感实验动物（如大白鼠、小白鼠、豚鼠、家兔等）进行试验，必要时可直接感染易感狗。方法是将病料用生理盐水制成1:10的悬浮液，或用纯培养菌液，通过皮下、肌肉、腹腔、静脉或子宫等途径接种动物，接种后按常规隔离饲养，注意接种动物的各种异常表现、体温变化、发病或死亡等状况。如有发病或死亡者，应及时进行剖检，观察病变并采集病料，再次进行细菌学和血清学检查 |
| 病毒学检查 | 显微镜检查 | 病毒是最小的微生物，在普通光学显微镜下难以看见，但许多病毒感染性疾病，在受侵染的细胞内产生包涵体——即病毒在细胞体内增殖所形成的"集落"，病料组织经抹片染色后，这些包涵体在显微镜下可以看到。虽然不是所有的病毒病都出现包涵体，但某种病毒病所出现的包涵体，其存在的细胞种类以及在细胞内的位置（在胞质或核内）、大小、形态、染色特性（嗜酸性或嗜碱性）等都比较确定，据此可用来诊断某些病毒性疾病 |

续表

| 项　目 | | 方　法　步　骤 |
|---|---|---|
| 病毒学检查 | 分离培养与鉴定 | 通常是无菌操作取出病料组织，在无菌室内用磷酸缓冲液洗涤 3 次，然后将病料组织剪碎、研细，加磷酸缓冲液制成 1∶10 悬液（血液或渗出液可直接制成 1∶10 悬液），以 2000～3000 转/分钟离心 15 分钟，取其上清液，再每毫升加入青霉素和链霉素各 1000 单位，置冰箱备用。将处理后的样品，根据所怀疑病毒种类不同接种到鸡胚或活的组织细胞培养基上。分离培养得到的病毒材料，可用电子显微镜进行形态学检查或通过血清学试验、动物试验等方法进行鉴定 |
| | 动物试验 | 用上述方法处理的病毒样品或分离培养后的病毒液，接种易感动物，方法同细菌学检验 |
| 寄生虫学检查 | 粪便检查 | 患蛔虫、绦虫、线虫等病时，大都可从其粪便中检出卵、幼虫、虫体及其残体片段，某些原虫的卵囊、包囊也可通过粪便排出，检查时，粪便应从狗的直肠挖取，或采取刚刚排出的粪便。<br>①直接涂片法　在干净的载玻片上滴加 1～2 滴 50％甘油水溶液或常水，用牙签或火柴棒等挑取少许粪便放入其中并混匀，去掉其中硬固沉渣和多余粪球，使涂片的薄厚以在涂片的下面隐约能见到纸上的字迹为宜，盖上盖玻片，置显微镜下检查。此法简便快速，但检出率低，需多取几次样品进行检查。<br>②漂浮法　取狗新鲜的粪便 5～10 克，放入盛有 50～100 毫升饱和食盐水的烧杯内，反复搅拌使成粪水，粪液经双层纱布或铜筛（40～60 目）过滤到另一杯内，静置约 30 分钟，由于虫卵密度一般小于饱和盐水的密度而浮到液面上来，再用一直径约 8 毫米的细铁丝圈平着接触液体表面，蘸取表面液膜，移于载玻片上，压好盖玻片，显微镜下检查。此方法更适用于多数虫卵的检查。<br>③沉淀法。取狗粪 5～10 克，放在 200 毫升烧杯内，加入少量清水，用玻棒将粪块捣碎，再加 5～10 倍量的清水调成稀糊状，用 60 目铜筛或双层纱布过滤到另一容器中，静置 15～20 分钟，弃去上清液保留沉渣；再加清水混匀，静置沉淀，去上清液保留沉渣。如此反复操作 3～4 次，至上清液透明为止。最后取沉渣涂于载玻片上，加盖玻片置显微镜下检查。此法主要用于检查密度较大的吸虫卵，用水稀释粪便时它更易沉积于水底 |
| | 虫体检查 | ①蠕虫虫体检查　将一定量的狗粪便盛入盆内，加入约 10 倍量的生理盐水，搅拌均匀，静置沉淀 10～20 分钟后，弃去上清液。再于沉淀物中重新加入生理盐水，如此反复 2～3 次，最后取沉淀物于玻璃平皿内，在黑色背景上用肉眼或借助放大镜寻找虫体。如混有绦虫节片，直接用肉眼观察新排出的粪便，就能见到有米粒样的白色节片，有时还能蠕动。发现虫体或其片段，可检出置显微镜下进一步观察鉴定。 |

续表

| 项目 | | 方 法 步 骤 |
|---|---|---|
| 寄生虫学检查 | 虫体检查 | ②线虫幼虫检查 取狗粪便10～20克,放在平皿内,加入40℃的温水适量,10～15分钟后取出粪块,将留下的液体放在低倍显微镜下检查。此法常用于肺线虫的检查。<br>③螨虫检查 在狗体患病部位剪毛,去掉干硬的痂皮,然后用小刀刮取一些皮屑,放在烧杯内,加10%氢氧化钾溶液适量,置室温下过夜或在酒精灯上煮数分钟,待皮屑溶解后取沉淀涂片镜检 |
| 免疫学检查 | 血清学检查 | 即利用已知的抗体检测肉狗体内是否存在相应的抗原,或已知的抗原物质检测狗体内有无相应的抗体。由于抗原-抗体反应具有特异性,所以,用这种方法诊断疾病快速、准确。该方法目前主要用于传染病的诊断和检疫,某些寄生虫病和中毒性疾病也可用这种方法进行诊断。血清学检查的方法很多,如常用的有沉淀试验、凝集试验、补体结合试验、中和试验、免疫扩散试验、酶联免疫吸附试验、免疫荧光抗体试验、放射免疫试验等。值得注意的是,通过血清学检查证实狗体内存在某种特定抗体时,也可能是该狗曾经患过某种传染性疾病,或是被相应病原体感染过,最终对现病的确诊还需结合病原学检查结果进行判断 |
| | 变态反应检查 | 变态反应也称过敏反应,是动物机体受某种抗原物质再次刺激时所表现出来的一种异常强烈的局部或全身的反应。变态反应的种类很多,能引起各种变态反应的物质统称为变应原或过敏原。生产实践中应用某些已知的变应原给肉狗点眼或作皮内、皮下注射,随后观察其是否发生特异性变态反应,以此来判定该狗是否发生或已感染某种疾病。变态反应检查常用于结核病、布氏杆菌病等慢性传染病的诊断或检疫,有时也用于某些寄生虫病的检查 |

## 二、肉狗疾病的治疗方法

### （一）肉狗的保定

保定即限制动物活动的各种方法措施。目的是要防止或减少动物骚动,控制其自卫行为,并使其保持一定体位姿势,便于对其进行疾病诊断检查和治疗处理或进行其他操作。保定是诊疗工作的基础,良好的保定是保证人和动物安全,使诊疗工作顺利进行的首要条件。在对狗进行疾病诊治或预防给药时,有被狗咬伤或抓伤的危险,或是由于其骚动不安而影响各项操作,故这时适当保定十分必要。狗的保定通常是由狗的主人来完成,或是由其密切配合来完成。用于狗的保定方法很多，根据所采取的手段不同可概括为以下三种。

### 1. 徒手保定

徒手保定又称人力保定，是通过保定人员一定的手法操作来达到限制狗活动的目的。这类保定方法主要用于幼龄狗和比较温顺的狗。

（1）头部固定法  保定者以一手捏住狗嘴向上抬，另一手置于狗头后枕部并向前下方用力推压，这样即可牢靠的固定狗头。然后根据需要可使狗站立或倒卧，倒卧时由助手协助分别握住狗的前、后肢。该方法可用于狗的一般检查和皮下、肌内注射等。

（2）双耳固定法  保定者一手握住狗的双耳，另一手按住腰部或握住前肢，或是另一手从狗嘴下向上托住狗嘴或握住下颌及上颌；同时保定者还可骑于狗背上用两腿夹住狗胸部，或保定者采取坐姿用两腿夹住狗的两后肢。其用途同前。

（3）头部前肢固定法  将狗放入怀中或放在诊疗台上，保定者用一只手臂夹住狗的颈、胸部，手从下向上托住狗的下颌或捏住狗嘴，另一只手握住狗的一前肢稍向前拉展。或是将一手放于狗的头颈侧，使狗头颈紧贴胸前得以固定，另一手握住一前肢，此法可用于狗前肢静脉注射或采血等。

### 2. 器械保定

器械保定是利用某些器材通过捆绑、固定等方法来限制狗的活动。这类方法适用于各种类型的狗，特别是成年狗和体型较大的狗，在临床上较多使用。

（1）扎口法  用一段长约 1 米的绷带、布条或细绳等，先在其中部打一个活结或猪蹄扣圈套，使其从嘴端套入狗鼻梁中部，然后迅速拉紧该圈套，或拉紧后再使绳子（绷带或布条）在嘴头上缠绕 1～2 周后于颌下打一结扣，随后将两绳端自下颌固定分别向后引至颈背部打结固定。如此便使狗的上、下颌被捆扎固定，狗嘴不能张开。这是临床上诊治狗病时最常用的保定方法，除单独使用外，还常与其他保定方法配合使用。

（2）口笼法  用皮革、金属线（或棉、麻绳）及塑料等制成网状口笼罩，用时将其戴在狗嘴上，并用系带固定于颈部，即可防止狗咬人。狗口笼罩市面有售。

（3）颈钳法  颈钳由金属制成，钳柄长 90～100 厘米，钳端为两个半圆形钳嘴，钳嘴合拢后正好能卡住一般狗的颈部。保定时，保定人员双手抓持钳柄，使钳嘴张开并钳套狗颈，随后合拢钳嘴，双手握持钳柄，通过控制狗头颈部而限制狗的活动。此法用于保定凶猛咬人的狗比较安全可靠，且较方便。如给狗去势或摘除卵巢时即可使用这种方法进行保定，也常用于狗的其他治疗处理或诊断检查。

（4）棍套法　即用一根长约1米的金属管和一条长约4米的尼龙绳，将绳子对折后传过金属管，使其在金属管的一端（前端）传出形成一个绳环，两个绳头分别固定于金属管的另一端（后端）的把柄上，这样即做成一个简易的棍套器具。没有颈钳时该棍套同样可以达到固定狗头颈的目的。使用时将绳环套在狗的颈部，拉紧一端绳头使金属管前端顶于颈部，再把拉出的绳子固定于把柄上，双手握持金属管便可限制狗的活动，并使狗与保定者保持一定距离。用一根适当长度的木棍和一条麻绳等也可以做成一个棍套器具用于狗的保定。

（5）四肢捆缚法　用绷带或细绳分别捆绑前、后肢，使狗侧卧于地面或诊疗台上，由狗的主人或助手按住头部即可，或是将狗的四肢分别捆缚固定于小动物保定台上，使其侧卧、伏卧或仰卧等，头部由人按住或也用绳子固定于台面上。可用于静脉注射、局部外伤处理和手术治疗等，可同时配合做全身麻醉或化学保定等。

**3. 化学保定**

又称药物保定，是通过使用某些镇静剂、肌肉松弛剂或麻醉药等，使狗安定、无力反抗和挣扎而暂时失去正常活动能力的一种保定方法。该方法在狗中比较常用，主要用于某些疾病手术治疗或外科处理，有时也用于狗运送时的保定。

狗化学保定常用的药物有氯胺酮、846合剂、静松灵、麻保静、眠乃宁、保定宁等，其使用方法、用量请参照各药品的使用说明。该方法还常常需要其他保定方法相配合，如配合使用扎口法、口笼法或四肢捆缚法等。

**（二）肉狗的用药方法**

药物防治是防治肉狗疾病的重要手段。肉狗的用药方法多，可根据用药目的、药物的性质、剂型剂量及病狗的年龄、病情等不同而选择。

**1. 经口给药**

使药物经口腔进入消化道，在消化道内发挥作用，或经消化道吸收后发挥全身治疗作用。该方法适用于各类狗和多种药物，尤其是治疗消化道疾病和驱除体内寄生虫的药物，最常使用这种途径给药。经口给药按操作方法不同又可分为拌料饲喂法、喂服法和胃管投服法。

（1）拌粮（水）饲喂法 这是最简单的给药方法。适用于尚有食欲的狗，且药物无不良气味、无刺激性、毒性较小、用量较小时，多用于狗群预防性用药或驱虫用药。投药时把药物拌入少量狗最爱吃的食物中，或溶于饮水中，让狗自行吃下或饮入。为使狗能顺利吃完拌药的食物或饮完含药的水，最好事先适当禁食、禁水。

（2）喂服法 这是单个病狗最常用的给药方法，是将药物强行送入病狗口腔，通过其吞咽服下。不论病狗是否有食欲，不管什么剂型的药物，只要药物剂量不太大，又无明显的刺激性，均可采用此法给药。喂药时通常将狗站立保定，由一人专门固定头部和狗嘴，另一人将药物小心送入狗口腔，防止被狗咬伤。若药物为片剂、丸剂或胶囊剂时，将狗口腔打开后用手、药匙、竹片、镊子或筷子等将药物送至口腔深部的舌根上，然后向舌面上滴加少量清水，药物便被自行吞下。或在放入药物后迅速合拢其嘴巴，并轻轻叩打其下颌，以促使狗将药物咽下。打开狗的口腔，可由保定者两手分别捏住狗的上下颌将其上下分开；也可由投药者先以左手横越狗鼻梁，将拇指放于上唇左侧，其余4指放于右侧，在捏紧上唇的同时，用力将唇部皮肤向下内方挤压，同时右手拇指与其余4指分别放于下唇的左右侧，用力挤压下唇皮肤，左、右手用力将上下颌分开，此时因左手挤压使颊部肌肉置于上下齿之间狗嘴不能咬合，便可空出右手投药。

若药物为液体或被调制成液体，可用吸耳球、注射器或颈瓶等盛装药液，一手从一侧打开狗的口角，另一手将药液自该口角缓慢倒进或注入口腔，每次送入的药液量不宜太多，否则容易流出口外，待狗咽下后再灌入，直到灌完。也可将药物研细，加入肉汤、牛奶、蜂蜜、白糖或水等，溶液可加入淀粉等，调制成膏剂或糊剂，打开口腔后用竹片等刮取药物涂抹于狗的舌根或上腭上，让狗自行舔食吞咽。

（3）胃管投服法 适用于剂量较大或异味较浓的液体药物及可调制成流质的药物。该方法操作简单、安全可靠、不浪费药物。投药时站立保定病狗，用开口器打开口腔，选择粗细适宜的胃导管（幼狗用直径0.5厘米左右，成年狗用直径1～1.5厘米），在其前端涂以润滑剂或用水沾湿后，由舌的背面缓缓向咽部推进，随狗的吞咽动作将胃导管插入食管直至胃内，经判定无误后，接上漏斗将药液灌入。药物灌完后再用少量清水冲送管内药物，使其全部进入胃内，然后一手捏紧胃导管端口，缓缓抽出胃导管，取下开口器。

经口给药保定狗时，狗头轻微上扬即可，以药物不至于流出、掉出为宜，一般狗嘴端不可高于耳部。如果头抬得太高会影响吞咽，不利于投药或胃管的插入。灌药或往口内滴水时应灌于口角或舌面的两侧，不可将水或药液直对着咽部灌，以防呛入气管。胃管灌药时量不能太大，冬季要将药物（热稳定性药物）加热至温后灌服，以免因药物太多或太凉而刺激胃部引起呕吐。

### 2. 注射用药

注射给药不浪费药物，吸收快而完全，药效出现迅速，剂量容易掌握。但注射时必须注意药品质量和注射器具及注射部位的消毒，否则可能导致危险或发生化脓性感染，也可能传播某些传染性疾病。常用的注射方法有皮下注射、肌内注射、静脉注射和腹腔注射。

（1）皮下注射　即将药物注入皮下疏松组织内，使其经毛细血管吸收。注射时对狗进行适当的保定，选择皮肤较薄而松软的部位（如颈部）注射。局部先剪毛，常规消毒后，注射者左手捏起局部皮肤使形成一皱褶，右手持注射器使注射针头从皱褶的基部沿皱褶方向刺入皮下，一般针头可刺入 1~2 厘米。这时可松开皮肤，回抽注射器不见回血时即可推入药物。注射完后用酒精棉球压住进针部位拔出针头，并按压片刻，以防药液外流。该方法常用于注射刺激性不大的药物、疫苗及血清等。每一注射点不能注入过多的药液，如药液量较大，可分点注射。油类和混悬剂等较难吸收的药物不宜采用皮下注射，否则局部易形成硬结。

（2）肌内注射　是将药物注入肌肉组织内。由于肌肉组织含有丰富的血管，药物吸收更快，药效出现快。注射部位常选在肌肉比较丰厚的臀部、背腰部或股部。注射时适当保定狗，避开较大血管和神经干（神经纤维构成），局部剪毛、消毒后，用左手轻压固定局部皮肤，右手持注射器，使针头垂直于皮肤或稍倾斜迅速刺入肌肉，一般刺入约 2 厘米深，回抽针芯无回血时缓慢注入药物。注射完毕拔出针头方法同前。回抽针芯若有血液回流时，应稍推针改变方向后再刺入。肌肉组织内感觉神经分布较皮下的少，对刺激的感觉不如皮下敏感，注射时疼痛较轻。所以，即使是有一定刺激性的药物和较难吸收的药物，也可采用这种方式给药。但刺激性过强的药物，如氯化钙、水合氯醛等，也不宜肌注，否则易导致局部组织变性坏死。对一些刺激性较强或用量较大的药物，可作分点注射或深部肌内注射。

（3）静脉注射　是将药物注入体表皮下较浅的静脉血管内，药物直接进入血液循环，作用出现最快。适用于大量补液、输血或刺激性较强的注射剂，以及对危重病狗急救时给药。狗的注射部位通常是在前肢前侧的正中静脉或后肢外侧的隐静脉。注射时狗的保定和静脉显露可参照前述正中静脉采血和后肢外侧隐静脉采血的方法进行。确定注射部位后，局部剪毛、消毒，使静脉暴起后，注射者左手握住肢体适当部位以固定肢体，右手持注射针头（或带注射器），使针头与皮肤呈30°左右夹角，沿血管走向刺入皮肤和血管，当见有血液自针头流出，或抽引注射器针芯见有回血时，再将针头放平并沿血管稍向前送进，然后用左手拇指按压固定注射针头，将注射器内药物缓慢推入。输液管进针方法同静脉注射，再用胶布将针头固定在肢体上，缓慢输入药液。输注完药物后，拔出针头，并按压进针部位片刻，以免出血或在局部形成血肿。静脉注射对药剂的要求较严格，药液不能出现沉淀或混浊，油剂和混悬剂不宜作静脉注射，注液时也不能将气泡注入血管，否则有致死危险。若药液有强刺激性，注射时不可将其漏出血管之外。当输液量较大时，在寒冷季节应将药液（热稳性药液）适当加温后静脉注射。

（4）腹腔注射　腹腔的表面积很大，其周壁和内脏表面分布了大量的毛细血管和淋巴管，吸收能力很强，药物注入腹腔后发挥药效的速率稍次于静脉注射。狗的注射部位通常在其腹下耻骨前缘处。注射时将狗两后肢提起做倒立保定，或使狗仰卧保定，后躯抬高。局部剪毛、消毒后，操作者一手提起腹壁皮肤，另一手持针头（或带注射器），从距耻骨前缘2~3厘米处的中线旁侧斜向下朝脊柱方向刺入腹腔，一般刺入2~3厘米即可，不可刺入过深以免损伤内脏。当感觉到针前端缺乏阻力，且能自由摆动，针尾不见血液、气泡、液体或肠内容物排出时（带注射器时抽吸判断），即可注入药液。注射完毕，同前拔出针头。腹腔注射多用于补液，当狗太小或是静脉注射困难及病狗心力衰竭不宜静脉输液时，可采用腹腔注射。所用药物也不能有较强的刺激性，冬季也需加温后注射。

**3. 直肠给药**

即将药物灌入（或放入）直肠内，通过直肠黏膜吸收而发挥作用，或刺激肠道蠕动以解除肠套叠或促使肠内异物、毒素及积粪等尽早排出。根据使用药物种类或剂型的不同，直肠给药可分为灌肠和栓剂放入两种。

（1）灌肠法　适用于液体制剂，如石蜡油、温肥皂水、高锰酸钾溶液等。操作时令助手将狗侧卧或站立保定，使后躯抬高，或提起两后肢倒立保定，并向一侧拉起尾巴使肛门暴露，操作者用一个 12～18 号导尿管或与之粗细相当的橡胶管，在其管端涂抹润滑剂或肥皂水后，经肛门缓缓插入直肠内 8～10 厘米深，然后接上注射器、吸耳球或漏斗等，将药液送入直肠内，灌完药液后，堵住管口并捏住肛门周围拔出导管，继续捏紧肛门或压迫尾根以防努责排出药液，维持 5～10 分钟。一次不能奏效或未达到目的时，可反复多次操作。若需深部灌肠或灌入大量药液时，同前操作先灌入少量药液使直肠内积粪排出后，再灌入大量药液，药液量可达 800～2000 毫升，药液温度以 37℃ 左右为宜。后者主要用于治疗肠套叠和促使直肠前胃肠道内毒素、异物和积粪的排出。

（2）栓剂放入法　站立保定狗，操作者左手拉起狗尾，另一手将栓剂插入肛门，并用手指将栓剂缓缓推入直肠内约 5 厘米，然后放下狗尾，按压 3～5 分钟，待狗不出现努责即可放开。该方法适用于肛门内插入消炎、退热、止血等各类栓剂药物。

**4. 体外用药**

即将药物用于体表皮肤和黏膜等，常用于患部的清洗、消毒和杀虫等，以防治局部感染性疾病和外寄生虫病。通常可分为以下几种用药方法。

（1）清洗　是将药物配制成适当浓度的水溶液，用来清洗眼、鼻腔、口腔、阴道等处的黏膜或皮肤患部及创面。操作时适当保定狗，用注射器或吸耳球吸取药液冲洗局部即可，也可用镊子夹持棉球、敷料块等蘸取药液擦洗局部。

（2）点眼　即将眼药膏或眼药水挤（或滴）入眼内。主要用于治疗结膜炎等眼病。操作时助手保定好狗，使头稍偏斜，患眼朝上；操作者一手提起偏内眼角处的上眼睑或皮肤，另一手将药物点入眼睑与眼球之间或瞬膜与眼球之间，随后使眼睑闭合，轻轻活动上下眼睑，使药物在眼内均匀分布。

（3）涂擦  就是将某种药膏或溶液剂均匀涂抹于患部皮肤、黏膜或创面上，主要用于治疗皮肤或黏膜的各种炎症、损伤、局部感染等。

（4）喷撒  是将某些喷雾剂或粉剂喷洒或撒布于患部皮肤、黏膜或创面上。除用于治疗局部炎症、损伤、感染外，还用于防治狗虱、跳蚤等体外寄生虫病。

（5）药浴  是将某些药物配制成一定浓度的溶液或混悬液，令狗浸入其中片刻，或用其给狗洗浴。该方法主要用于防治狗各种体表或体外寄生虫病。药浴时应注意使全身被毛均匀浸透，但要避免药液进入眼内或耳内，进入后应及时冲洗或吸干。天气较凉时还应注意保暖，使狗身体尽快干燥，防止感冒。更要防止药液被狗饮入。

（三）手术方法

手术疗法是治疗狗病的重要手段。当肉狗患有某些疾病时，使用药物治疗往往难以奏效，而通过手术方法却能取得较好的治疗效果，有时必须采用手术方法才能根治疾病或挽救狗的生命。狗病治疗的手术方法很多，常见的有如下方法。

**1. 腹腔切开术**

适用于腹腔探查及各种腹腔内脏器官的手术。

（1）麻醉与保定  一般为全身麻醉，有时配合局部麻醉。根据手术目的及部位不同，采用仰卧、侧卧或倒立保定。

（2）术部  腹腔切开术部位正确选择与否，与手术能否顺利进行有很大关系。因此，须依手术种类及目的选择切开部位。狗常用手术部位有腹白线切口、腹中线旁切口和侧腹壁切口。

（3）术前准备  一般术前应禁食 24 小时，禁水 4 小时。

（4）术式

① 腹白线切口  腹白线切口的部位分为前腹部和后腹部，前腹部是从剑状软骨向后延伸，后腹部是从耻骨前缘向前延伸。狗仰卧保定。术部剪毛、剃毛、消毒，并敷创巾。紧张切开皮肤，钝性分离皮

下组织，彻底止血，暴露腹白线。如为公狗，在切至包皮时，应绕过包皮侧方2～3厘米，再平行于腹白线向后切开皮肤，分离皮下组织，切断包皮肌，将包皮及阴茎移向一侧，以暴露其下面的腹白线。用手术刀小心切开腹白线0.5～1厘米，插入手术镊，提起腹底壁，在镊子的引导下，切开腹白线，其切口略短于皮肤切口。如腹膜未被切开，用镊子提起腹膜，将其皱襞切开，再在镊子引导下，剪开腹膜。通常在剪开腹膜时，会见到一镰状韧带，如妨碍暴露腹腔，可将其切除。腹腔打开后，用大块浸有灭菌生理盐水的纱布隔离腹壁切口。为充分暴露腹腔，可在其切口安置腹壁牵开器或创钩。然后，按腹腔手术目的作进一步处理。腹腔闭合，腹膜与腹白线连续缝合，喷双抗，皮下组织结节缝合，喷双抗，皮肤结节缝合。5％碘酊消毒，做好结系绷带。

②腹中线旁切口　适用于一侧腹腔探查和脏器手术。动物仰卧保定。术部剪毛、剃毛、消毒，并敷创巾。根据手术需要，距腹中线3～6厘米处作一5～12厘米的切口。分别切开皮肤、腹直肌外鞘、腹直肌、腹直肌内鞘及腹膜等。注意彻底止血。闭合腹腔时，将腹膜、腹直肌内、外鞘和腹直肌对合，作一层连续缝合。皮下组织和皮肤结节缝合，5％碘酊消毒，做好结系绷带。

③侧腹壁切口　侧卧保定。术部剪毛、剃毛、消毒，并敷创巾。于腰椎横突下方由上向下垂直切开皮肤、皮下组织和腹外斜肌筋膜，按肌纤维方向钝性分离腹外斜肌、腹内斜肌和腹横肌，用创钩拉开腹壁肌肉，充分暴露腹膜，按照腹膜切开法切开腹膜，打开腹腔。闭合腹腔时，将腹膜与腹横肌连续缝合，肌肉和皮肤结节缝合，涂5％碘酊消毒，做好结系绷带。

（5）术后护理　术后数日内用抗生素、磺胺类药等以防感染。注意观察，以防狗舐咬伤口。根据伤口愈合情况，应尽早让其适当活动，术后7～8天拆线。

**2. 胃切开术**

适应于胃内异物的取出，胃内肿瘤的切除，急性胃扩张、扭转的整复，胃切开减压或坏死胃壁的切除，慢性胃炎或食物过敏时胃壁活组织检查等。非紧急手术，术前禁食24小时，禁饮4小时，并注意纠正水、电解质及酸碱平衡失调和控制休克。

（1）麻醉与保定 全身麻醉，仰卧保定。

（2）术前准备 一般术前应禁食 24 小时，禁水 4 小时。

（3）术式 腹底壁剑状软骨前方至脐后部大范围的剪毛、剃毛和消毒。在剑状软骨后方与脐部间腹中线切开皮肤，分离皮下组织，暴露腹白线。切开腹白线和腹膜，切除镰状韧带，显露腹腔。用浸有生理盐水纱布隔离腹壁创口，并用腹壁牵开器或创钩牵引，充分暴露腹腔。术者手伸入腹腔先作一般探查，再将胃引出创外，并用湿的纱布块垫在其周围。胃切开部位常取胃大弯与小弯间。在欲切开线两侧缝上预置线或用组织钳或舌钳提起胃壁，防止胃切开时胃内容物流入腹腔。先用刀尖切一小口，再剪开胃壁 2～3 厘米长（切口的长度取决于狗个体的大小及胃切开之目的），吸收胃液，取出胃内异物。如有肿块，应将其切除，或进行其他处理。胃内异物去除后，用温生理盐水彻底冲洗。闭合胃壁，第一层做连续全层缝合，第二层做库兴缝合。缝合完毕，用温生理盐水冲洗胃壁，拆除预置线。将胃还纳于腹腔，将适量双抗或其他抗生素撒入腹腔。腹膜和腹直肌采用连续缝合方法闭合，皮肤用结节缝合，碘酊消毒，装上腹绷带。

（4）术后护理 术后 24 小时内禁饲，不限饮水。24 小时后给予少量肉汤或牛奶，术后 3 天可给予软的易消化的食物，应少量多次喂给，必要时在最初数天内静脉注射葡萄糖溶液。术后 6 天全身应用抗生素及磺胺类药。一般 7～8 天后就要拆线。

**3. 肠管切开术**

适用于排除肠腔内异物（骨头、石子、弹子、毛球、玉米棒、包装用的玻璃纸和塑料纸等）、结粪或蛔虫性肠梗阻，切肠减压，排除肠管内的积液。

（1）麻醉与保定 全身麻醉，仰卧保定。

（2）术前准备 狗因小肠闭结易发生呕吐而造成脱水和碱中毒，术前应注意纠正。

（3）术式 术部剪毛、消毒、隔离。腹中线脐前部切开腹壁，切除镰状韧带，显露腹腔。其创缘用湿的纱布隔离，并用腹壁牵开器或创钩扩大创口。手伸入腹腔探查病变肠段，并将病变肠段与其他内脏分离后，轻轻地引出腹壁切口，用浸有温生理盐水的纱布保护肠管并隔离术部。判断肠管的活力，若有活力，准备切开肠管（失去活力，则需施肠管切除术）。用肠钳（套有胶管）钳夹病灶两端肠管管腔，对靠近异物一端的肠管做肠系膜侧纵向一次全层切开，切口大小以略大于异物横径为准。若怕术后肠管狭窄，也可横向切开肠壁。借助器械，或用手指轻轻拉出异物、结粪，或将之挤出。修剪外翻的肠黏膜，并用浸有消毒液的棉球或酒精棉球擦洗切口缘，然后开始缝合。常规方法是先做一层连续全层缝合，再做一层浆膜肌层内翻缝合，在缝合第二层前彻底冲洗、消毒肠壁切口，手术转为无菌手术。改良式肠缝合方法是在切口两角先做一水平纽孔状缝合，使纵向切口两角对合，其余部分采用间断内翻缝合法闭合整个切口，此法可增大肠管直径。单层缝合法，如全层结节缝合法、全层连续缝合法、库兴缝合法、间断内翻缝合法、压挤缝合法，这些方法可避免肠腔经缝合后变狭窄，临床现多采用这些方法。肠管缝合完毕，用温生理盐水冲洗干净，并被覆部分大网膜于肠管上，将其还纳腹腔，常规闭合腹壁，并装绷带。

（4）术后护理　密切观察术后狗有无呕吐或腹痛症状，如原发性病因解除，术后12小时后即可给予少量流质性食物，如有必要，术后几天可给予静脉滴注葡萄糖。术后6天内用抗生素，以防感染。一般术后7~8天拆线。

**4. 肠管切除及断端吻合术**

适用于常因肠管机械性阻塞如肠梗阻、肠套叠、肠扭转、肠嵌闭（膈疝、腹股沟疝等）、肠狭窄和肿瘤等引起肠管缺血、坏死或穿孔，需施肠管切除及断端吻合术。有时因腹腔脓肿、区域性腹膜炎或因肠管手术继发肠粘连，也需施肠管切除和断端吻合术。

（1）肠管活力的鉴定　腹腔探查时，注意腹腔内的气味，腹水颜色、性质及腹膜状况，发现病变肠段后注意观察肠管颜色、蠕动性和肠系膜动脉搏动以判断肠管活力。若肠管经温敷后仍呈暗紫色或黑紫色、无光泽、不蠕动，肠系膜血管无搏动并已形成血栓（在肠系膜对侧肠壁上切一小口后不流血）时，即可确定该段肠管失去活力。国外采用静脉注射荧光素法和多普勒超声波扫描法判断肠管活力。肠管活力可疑，最好将之切除，免留后患。

（2）麻醉与保定　全身麻醉，仰卧保定。

（3）术前准备　狗发生肠坏死后，因腹痛、出汗及患部渗出和前方肠管扩张积液，狗呕吐等，同样会出现水、电解质代谢紊乱和酸碱平衡失调，为提高手术治愈率，术前应予以纠正。

（4）术式 腹底部剪毛、消毒、隔离。沿腹正中线切开腹壁，去除镰状韧带，用腹壁牵开器或创钩牵引，显露腹腔。探查腹腔并将发病肠管牵出腹壁切口，经鉴定肠管已发生坏死后，将病变肠管严密隔离。确定切除范围，然后双重结扎给欲切除肠管段供血的肠系膜动脉弓及其边缘分支，之后在欲切除病变肠管两端、预切除线两侧 1 厘米处，分别用两把头端套有乳胶管的肠钳（共计 4 把）钳夹，切除病变肠段（预定切除线应成一定角度以保证肠系膜对侧肠管有良好供血），剪去结扎线之间的肠系膜和肠管断端处外翻的肠黏膜，并用 0.1％雷佛奴尔溶液棉球或酒精棉球清理消毒断端，助手将两断端肠管对应靠拢，准备缝合。采用肠壁全层结节缝合一次闭合肠管。先在肠系膜侧缝 1 针（在肠系膜缘的肠壁外，距肠断缘 3 毫米处的浆膜上进针，通过肠壁全层在肠腔内的黏膜边缘处出针，然后针转到对边黏膜边缘进针，针呈一定角度通过黏膜下层、肌肉，在距肠断缘 3 毫米处的浆膜上出针，然后打结并留长线尾作为牵引线），对肠系膜侧也同样缝 1针，再在肠管两侧中间各缝 1 针，以后分别在两缝线间缝 2～3 针。缝线间距 3～4 毫米，针距创缘 2～3 毫米。肠管缝合完毕后，检查缝合是否有遗漏或封闭不全，可进行补针，直至确认安全为止。为促进肠管愈合，防止肠液漏出，可将一部分大网膜覆盖在肠管吻合处，并将其固定在肠壁上。可采用肠线做单层浆膜-肌层库兴缝合，缝线松紧适度，然后将网膜覆盖在肠管吻合处，并将大网膜与肠系膜以 1～2 针缝合固定在一起，使大网膜与肠管断端吻合处紧密接触。最后将肠管还纳腹腔，关腹前适量投入抗生素，常规闭合腹壁切口。

（5）术后护理 术后禁食 24～36 小时，大量输液，纠正水、电解质、酸碱失衡，并配合全身应用抗生素，控制感染。36 小时后，先少量多次喂给易消化的流质和半流质食物 3～7 天，然后逐步饲喂干性食物。术后 7～8 天拆线。

**5. 剖腹产术**

适用于产道性难产；胎儿胎位、胎势、胎向异常，人工助产不能矫正，或胎儿过大、畸形、严重水肿；主动分娩期延长，致使阵缩、努责微弱或原发性子宫无力，经药物催产、人工助产未能奏效；子宫捻转、破裂等。

（1）麻醉与保定　全身麻醉，母体衰弱时可只进行局部麻醉。仰卧保定或侧卧保定（侧腹壁切口）。

（2）术前准备　术前注意纠正母狗水、盐代谢平衡紊乱，准备好接生或抢救胎儿的器具和用品。

（3）术式　腹底部除毛、消毒、隔离。在耻骨前缘至脐之间于腹中线上做5～15厘米切口（或侧壁做5～10厘米切口），按腹腔切开术要领切开腹腔。术者右手或左手伸入腹腔，拨开肠管与网膜，握住一侧子宫角，慢慢地拉出切口之外，在子宫与切口之间垫以大块温生理盐水纱布。沿子宫角大弯纵切4～6厘米，切口应尽量靠近子宫体附近，以便能取出两子宫角内胎儿。切开子宫后，依次将两子宫角内胎儿向切口处挤，取出胎儿后，切开或撕破胎膜，排出胎水，顺次拉出胎儿，扯断脐带，交给助手处理。每取出一个胎儿，应轻轻牵拉留下的脐带断端，从子宫内膜上拉出胎盘。对侧子宫角内的胎儿尽可能在同一切口拉出。若胎儿数多时，也可同时切开两侧子宫角。胎盘完全取出后，排尽胎水，向子宫内投入抗生素或磺胺粉剂，然后缝合子宫。子宫进行双层缝合或单层缝合，双层缝合第一层用螺旋形缝合法，第二层用库兴或褥式内翻缝合法。单层缝合即采用库兴缝合法。温生理盐水清洗，涂碘甘油后，将子宫送回腹腔复位，最后缝合腹壁，外涂5％碘酊消毒，做好结系绷带。

（4）术后护理　术后12～48小时要注意保温，预防感冒。子宫弛缓时，可注射少量的缩宫素。术后6天应用抗生素，以防感染。术后7～8天拆线。

### 6. 卵巢、子宫摘除术

适用于生理性绝育及治疗子宫、卵巢或输卵管感染，卵巢源性内分泌失调和卵巢子宫先天性畸形、肿瘤、严重创伤等。生理性绝育也可仅切除卵巢，但卵巢、子宫一起切除可预防发生子宫疾病。手术时间在生理性绝育无年龄限制，但最好在性成熟前或发情间期，以6～12月龄为宜，术前最好停食半日。成年狗在发情期、怀孕期不能进行手术。

（1）麻醉与保定　全身麻醉，仰卧保定。

（2）术前准备　以治疗疾病为目的时，应根据情况适当进行治疗用药；以绝育为目的时，狗若有某些全身症状则暂不宜进行手术。术前应禁食 12 小时以上，禁水 2 小时以上。

（3）术式　腹底部除毛、消毒、隔离。在腹中线脐后部，根据狗体型大小，做一切口，切口长 4～10 厘米，依次切开皮肤和腹膜外各层组织，剪开腹膜。将手指伸入腹腔，沿腹壁向肾后区仔细探摸卵巢，将其拉出。也可先在膀胱背侧探摸到子宫体，再向前摸到子宫角，进而导出卵巢。当向外牵拉卵巢阻力过大时，可用手撕断卵巢吊韧带，但应注意不要撕破卵巢动、静脉，防止出血。在卵巢系膜上用止血钳尖端捅一个小口，同时引入两根丝线，一根结扎卵巢动、静脉和卵巢系膜（吊韧带）；另一根结扎子宫动、静脉，子宫阔韧带和输卵管。幼龄狗卵巢细小，也可将上述血管、韧带和输卵管一并结扎。在结扎部与卵巢之间切断，除去卵巢。断端确实无出血后，将其还纳腹腔。按同样方法，摘除另侧卵巢。如果卵巢子宫一起摘除，则先不结扎输卵管和子宫阔韧带。牵拉双侧子宫角显露子宫体，分别在两侧的子宫体阔韧带上穿一条线结扎子宫角至子宫体间的阔韧带（不含子宫动、静脉），然后将子宫阔韧带与子宫锐性分离。双重钳夹子宫体，分别结扎钳夹前后方的子宫体壁两侧的子宫动、静脉，最后于双钳之间切除子宫体，将子宫连同卵巢全部摘除。

对幼狗可将子宫体及其子宫体两侧的子宫动脉一起集束结扎后切断。对健康狗可在子宫体稍前方经结扎后切断。当子宫内感染时，子宫体切断的部位尽量靠后，以便尽量除去感染的子宫内膜组织。子宫断端用酒精消毒后进行缝合，第一层全层连续缝合，第二层浆膜肌层内翻缝合。最后闭合腹腔，外用 5% 碘酊消毒，装好结系绷带。

（4）术后护理　全身应用抗生素，给予易消化的食物，1 周内限制剧烈运动。术后 7～8 天拆线。

### 7. 去势术

适用于狗的睾丸癌或经一般治疗无效的睾丸炎症。两侧睾丸都切除用于良性前列腺肥大和绝育，或用于改变公狗的不良习性，如发情时的野外游走、和别的公狗咬斗、尿标记等。公狗去势后不改变公狗的兴奋性，不引起嗜睡，也不改变狗的护卫、狩猎、玩耍和表演能力。

（1）麻醉与保定　全身麻醉，仰卧保定，两后肢向外方转位，充分暴露会阴部。

（2）术前准备　禁食一顿，注意对狗的全身和阴囊局部进行检查，有全身性症状或局部炎症反应明显时不宜进行手术。

（3）术式　阴囊部去毛、消毒、隔离后，术者用左手将睾丸紧紧挤到阴囊底部至缝际线两侧并用手指固定；在缝际线两侧约 0.5 厘米处，分别纵向平行切开，切口大小依睾丸大小确定，以睾丸刚好能被从切口内挤出为准；切开皮肤、肉膜及总鞘膜后，睾丸随之被挤到阴囊切口外，轻轻向外牵引睾丸，剪断阴囊韧带，然后向上撕开睾丸系膜，在睾丸上方适当距离处的精索上做贯穿结扎，暂不剪断结扎线，在结扎线下端切断精索除去睾丸；观察精索断端有无出血，如无出血，剪断结扎线，将精索断端消毒后退入鞘膜管内；清创后用 5% 碘酊消毒创口，创口不予缝合。同法除去另一侧睾丸。

（4）术后护理　适当限制狗的运动场所，注意观察阴囊是否肿胀及排液情况。如果阴囊迅速肿胀并有血液流出，可能是精索结扎线松脱，应将狗再全身麻醉，找到精索断端，重新结扎止血。

**8. 断尾术**

适用于尾部感染、骨折、肿瘤、坏死等临床病理需断尾治疗，或为了育肥、美观而断尾。本手术根据狗种不同，断尾的部位也不同。根据断尾的狗的年龄分为幼小狗断尾术和成年狗断尾术。

（1）幼小狗断尾术　断尾的适宜日龄是狗生后 7～10 天，这时断尾出血少，应激反应很小。断尾长度根据不同品种及畜主的选择来决定。生后 7～10 天的幼小狗断尾，不需要麻醉。尾部清洗消毒后，用一止血带或纱布等扎紧尾根部。术者一手握住尾前方的尾根部，向前移动皮肤，另一手持骨剪或手术剪剪断尾部。手松开，皮肤恢复原位。上下皮肤创缘对合。包住尾椎断端，进行结节缝合。最后解除止血带。断尾后，应立即将仔狗放回母狗处。术后保持狗窝清洁，术后5 天拆除缝线。

（2）成年狗断尾术　全身麻醉、硬膜外麻醉或尾根部环形封闭。站立、横卧或胸卧保定。尾部消毒，术部剪毛消毒。尾根部扎止血带。在皮肤两侧做"八"字形切口，并使两切口在切除部位前方的尾椎骨侧面相连，而切口的皮肤长度以比切除部位多一节尾椎为宜。仔细寻找并结扎尾椎动脉、静脉，若因止血而影响寻找观察，可适当放松止血带；血管结扎后，即可切除尾椎及其尾椎肌肉，放松止血带，进一步观察并彻底结扎出血点。缝合截断端上的皮肤瓣，覆盖尾的断端。先皮下缝合数针，闭合其死腔，防血肿形成；然后，结节缝合皮肤创缘，并包扎保护。术后避免乱咬术部，应用抗生素 6 天，保持尾部清洁。术后 10 天拆除皮瓣缝线。

**9. 绷带法**

绷带在外科手术和外科病治疗中常使用。狗常用的绷带按材料性质划分有纱布绷带、弹性绷带、石膏绷带、夹板绷带和弹性黏性绷带等；按形式划分有单式和复式两种。单绷带是长条卷轴纱布带或三角巾，用以缠裹肢体端部。复绷带是按患部大小制成的多头绷带，适用于复杂部位。绷带加敷料具有保护（防创口污染）、压迫（止血、腹腔透创时压迫腹壁，防止内脏脱出）、固定（骨折、脱臼整复后防止移位）、促进吸收（创伤渗出液）和保温等作用。

使用绷带时要注意开放性化脓创不能用绷带，以免脓汁不能顺畅地排出。脱臼（尤其是四肢近端）时，采用弹性黏性绷带包扎效果好，只是费用高。

打绷带时禁忌打得过紧，以防局部血液循环不畅，引起组织坏死。

**10. 引流术**

引流是排除创液和脓性分泌物的一种方法。临床上多用于深部创伤而有脓性液体排出的局部炎症，或感染创的处理。一般见于刺创、皮肤感染创、手术创及伤口化脓时，引流方法有纱布条引流、胶管引流或塑料管（如一次性静脉输液器）引流等。应当注意，已长出肉芽的创面不能采用以上方法引流。若引流后体温突然升高，局部组织状况恶化；应及时检查引流管并拆除引流纱布或引流管，以防厌氧菌感染。

# 第二节　肉狗疾病的综合防制

## 一、加强饲养管理

科学的饲养管理既可保证肉狗机体健壮，增强机体的适应力和抗病能力，又可减少或消除多种致病因素，从而预防疾病发生，充分利用和发挥良种狗的生产潜力，提高肉狗养殖的经济效益。

### 1. 满足营养需要

狗体摄取的营养成分和含量不仅影响生产性能，更会影响健康。营养不足不仅引起营养缺乏症，而且影响免疫系统的正常运转，导致机体的免疫功能低下。所以要供给全价平衡日粮，保证营养全面充足。选用优质饲料原料是保证供给狗群全价营养日粮、防止营养代谢病和霉菌毒素中毒病发生的前提条件。按照狗群不同时期各个阶段的营养需要量，科学设计配方，合理的加工调制，保证日粮的全价性和平衡性；重视饲料的贮存，防止饲料腐败变质和污染。

### 2. 保证充足饮水

保证充足洁净的饮水，不饮污水、脏水和冰冻的水。

### 3. 合理的饲喂

狗场应按狗的品种、年龄、个体大小、体质强弱及饲养目的等分群饲养，以便管理。在分群饲养的基础上，应根据各个类群的生理特点和营养需要等，确定科学的饲料标准和合理的饲养方法，定时定量饲喂，并供给足量的清洁饮水，保证使每只狗都能够吃好吃饱。谨防狗食配方单一和突然改变饲料及饲喂方式。

### 4. 适宜的环境

狗的许多疾病都是通过粪尿、污水、污染的空气、饲料和饮水等经消化道、呼吸道或皮肤黏膜传播扩散的。狗舍内温度过高或过低、阳光照射不足、潮湿、氨气和二氧化碳浓度过大等，都能降低皮肤黏膜和机体的抵抗力而诱发或导致多种疾病。因此，要按时定期打扫清除圈舍粪尿、环境垃圾与杂草，及时排放污水，并注意狗舍的通风透光，冬季注意防寒保温，夏季注意防暑降温，经常保持狗舍清洁干燥、空气新鲜、温暖舒适，狗床狗窝也要清洁干燥，垫草要勤换勤晒。

### 5. 重视幼狗的饲养管理

对幼狗的饲养管理除要特别注意环境卫生和温度外，仔狗要尽早使其吃到初乳，母乳不足者要设法让其他母狗代养或人工哺乳，幼狗断奶前要及早开食和补食，以提高仔狗的成活率和顺利断奶。

### 6. 减少应激发生

避免或减轻应激，定期药物预防或疫苗接种多种因素均可对狗群造成应激，其中包括捕捉、转群、免疫接种、运输、饲料转换、无规律的供水供料等生产管理因素，以及饲料营养不平衡或营养缺乏、温度过高或过低、湿度过大或过小、不适宜的光照、突然的音响等环境因素。实践中应尽可能通过加强饲养管理和改善环境条件，避免和减轻以上两类应激因素对狗群的影响，防止应激造成狗群免疫效果不佳、生产性能和抗病能力降低。为了减弱应激，可以在应激发生的前后两天在饲料或饮水中加入维生素 C、维生素 E 和电解多维以及镇静剂等。

## 二、加强隔离卫生

### （一）科学选址

应选建在背风、向阳、地势高燥、通风良好、水电充足、水质卫生良好、排水方便的沙质土地带，易使狗舍保持干燥和卫生环境。狗场应处于交通方便的位置，但要和主要公路、居民点、其他繁殖场至少保持 2 千米以上的距离，并且尽量远离屠宰场、废物污水处理站和其他污染源。

### （二）合理布局

狗场的布局应合理，并且严格做到生产区和生活管理区分开，生产区周围应有防疫保护设施。

### （三）严格引种

到洁净的种狗场引种，引入后要进行为期 8 周的隔离观察饲养，确认未携带传染病后方可入场。

### （四）加强隔离

**1. 设置车辆消毒池**

狗场大门必须设立宽于门口、长于大型载货汽车车轮一周半的水泥结构的消毒池（图 6-1），并装有喷洒消毒设施，外来车辆必须在场外经严格冲洗消毒后才能进入生活管理区，严禁任何车辆和外人进入生产区。

**2. 设置人员消毒室**

狗场入口设置人员消毒池（图 6-2），进入人员必须在更衣室沐浴、更衣、换鞋，经严格消毒后方可进入生产区，生产区的每栋狗舍

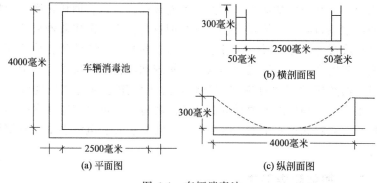

图 6-1　车辆消毒池

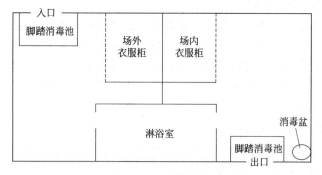

图 6-2　人员消毒室

门口必须设立消毒脚盆，生产人员经过脚盆再次消毒工作鞋后进入狗舍；严禁闲人进场。

**3. 生产区最好有围墙和防疫沟**

围墙外种植荆棘类植物，形成防疫林带，只留人员入口、饲料入口，减少与外界的直接联系。

**4. 场内场外饲料车分开**

饲料应由本场生产区外的饲料车运到饲料周转仓库，再由生产区内的车辆转运到每栋狗舍，严禁将饲料直接运入生产区内。

**5. 进入物品要消毒**

生产区内的任何物品、工具（包括车辆），除特殊情况外不得离开生产区，任何物品进入生产区必须经过严格消毒，特别是饲料袋应先经熏蒸消毒后才能装料进入生产区。

（五）搞好卫生

**1. 保持狗舍和狗舍周围环境卫生**

及时清理狗舍内的污物、污水和垃圾，定期打扫狗舍和设备用具的灰尘，每天进行适量的通风，保持狗舍清洁卫生；不在狗舍周围和道路上堆放废弃物和垃圾。

**2. 保持饲料和饮水卫生**

不喂来源不明的动物性饲料，不采购病畜肉及其副产品做动物性饲料；不喂发霉变质的饲料；含泥沙较多的饲料，加工饲喂前要清洗；饮水要清洁；狗食加工用具和饲喂用具每天或每次用完后都要彻底刷洗，水盆、水槽要定期清洗。

**3. 废弃物和病死狗要无害化处理**

（1）粪便处理 肉狗粪尿中的尿素、氨以及钾磷等，均可被植物吸收。但粪中的蛋白质等未消化的有机物，要经过腐熟分解成 $NH_3$ 或 $NH_4^+$，才能被植物吸收。所以，肉狗粪尿可做底肥，也可做速效肥使用。为提高肥效，减少肉狗粪中的有害微生物和寄生虫虫卵的传播与危害，肉狗粪在利用之前最好先经过发酵处理。

① 处理方法 将肉狗粪尿连同其垫草等污物堆放在一起，最好在上面覆盖一层泥土，让其增温、腐熟。或将肉狗粪、杂物倒在固定的粪坑内（坑内不能积水），待粪坑堆满后，用泥土覆盖严密，使其发酵、腐熟，经 15～20 天便可开封使用。经过生物热处理过的肉狗粪肥，既能减少有害微生物、寄生虫的危害，又能提高肥效，减少氨的挥发。肉狗粪中残存的粗纤维虽肥分低，但对土壤具有疏松作用，可改良土壤结构。

② 利用方法 直接将处理后的肉狗粪用做各类旱作物、瓜果等经济作物的底肥。其肥效高，肥力持续时间长；或将处理后的肉狗粪尿加水制成粪尿液，用做追肥喷施植物，不仅用量省、肥效快，增产效果也较显著。粪液的制作方法是将肉狗粪存于缸内（或池内），加水密封 10～15 天，经自然发酵后，滤出残余固形物，即可喷施农作物。尚未用完或缓用的粪液，应继续存放于缸中封闭保存，以减少氨的挥发。

（2）污水处理 肉狗场必须专设排水设施，以便及时排除雨、雪水及生产污水。全场排水网分主干和支干，主干主要是配合道路网设置的路旁排水沟，将全场地面径流或污水汇集到几条主干道内排出；支干主要是各运动场的排水沟，设于运动场边缘，利用场地倾斜度，使水流入沟中排走。排水沟的宽度和深度可根据地势和排水量而定，沟底、沟壁应夯实，暗沟可用水管或砖砌，如暗沟过长（超过200米），应增设沉淀井，以免污物淤塞，影响排水。但应注意，沉淀井距供水水源应在200米以上，以免造成污染。污水经过消毒后排放。被病原体污染的污水，可用沉淀法、过滤法、化学药品处理法等进行消毒。比较实用的是化学药品消毒法。方法是先将污水处理池的出水管用一木闸门关闭，将污水引入污水池后，加入化学药品（如漂白粉或生石灰）进行消毒。消毒药的用量视污水量而定（一般1升污水用2~5克漂白粉）。消毒后，将闸门打开，使污水流出。

（3）病死肉狗处理　科学及时地处理肉狗尸体，对防止肉狗传染病的发生、避免环境污染和维护公共卫生等具有重大意义。肉狗尸体可采用焚烧法和深埋法进行处理。

① 深埋法　一种简单的处理方法，费用低且不易产生气味，但埋尸坑易成为病原的贮藏地，并有可能污染地下水。因此必须深埋，而且要有良好的排水系统。

② 高温处理　确认是狂犬病、犬瘟热、钩端螺旋体病、黏膜病、李氏杆菌病、布氏杆菌病等传染病和恶性肿瘤或两个器官发现肿瘤的病狗整个尸体以及从其他患病狗各部分割除下来的病变部分和内脏以及弓形虫病、梨形虫病、锥虫病等病畜的肉尸和内脏等进行高温处理。高温处理的具体方法如下。

a. 湿法化制：是利用湿化机，将整个尸体投入化制（熬制工业用油）。

b. 焚毁：是将整个尸体或割除下来的病变部分和内脏投入焚化炉中烧毁炭化。

c. 高压蒸煮：是把肉尸切成重不超过2千克、厚不超过8厘米的肉块，放在密闭的高压锅内，在112千帕压力下蒸煮1.5~2小时。

d. 一般煮沸法：是将肉尸切成规定大小的肉块，放在普通锅内煮沸2~2.5小时（从水沸腾时算起）。

（4）病畜产品

① 血液　漂白粉消毒法，用于确认是狂犬病、犬瘟热、钩端螺

旋体病、黏膜病、李氏杆菌病、布氏杆菌病等传染病的血液以及血液寄生虫病病畜禽血液的处理。将 1 份漂白粉加入 4 份血液中充分搅拌，放置 24 小时后于专设掩埋废弃物的地点掩埋。高温处理：将已凝固的血液切成豆腐方块，放入沸水中烧煮，至血块深部呈黑红色并呈蜂窝状时为止。

②　蹄、骨和角　肉尸做高温处理时剔出的病畜禽骨和病畜的蹄、角放入高压锅内蒸煮至骨脱或脱脂为止。

**4. 防害灭鼠**

老鼠不仅可以传播疫病，而且可以污染和消耗大量的饲料。蚊、蝇、蚤、蜱等吸血昆虫会侵袭肉狗并传播疫病，危害极大。因此，在肉狗生产中，要采取有效措施防止和消灭这些昆虫。

（1）灭鼠

①　防止鼠类进入建筑物　鼠类多从墙基、天棚、瓦顶等处窜入室内，在设计施工时注意墙基最好用水泥制成，碎石和砖砌的墙基应用灰浆抹缝。墙面应平直光滑，防鼠沿粗糙墙面攀登。砌缝不严的空心墙体，易使鼠隐匿营巢，要填补抹平。为防止鼠类爬上屋顶，可将墙角处做成圆弧形。墙体上部与天棚衔接处应砌实，不留空隙。瓦顶房屋应缩小瓦缝和瓦、椽间的空隙并填实。用砖、石铺设的地面应衔接紧密并用水泥灰浆填缝。各种管道周围要用水泥填平。通气孔、地脚窗、排水沟（粪尿沟）出口均应安装孔径小于 1 厘米的铁丝网，以防鼠窜入。

②　器械灭鼠　器械灭鼠方法简单易行，效果可靠，对人、畜无害。灭鼠器械种类繁多，主要有夹、关、压、卡、翻、扣、淹、粘、电等。

③　化学灭鼠　化学灭鼠效率高、使用方便、成本低、见效快，缺点是能引起人、畜中毒，有些鼠对药物有选择性、拒食性和耐药性。所以，使用时须选好药剂和注意使用方法，以保安全有效。灭鼠药剂种类很多，主要有灭鼠剂、熏蒸剂、烟剂、化学绝育剂等。肉狗场的鼠类以饲料库、狗舍最多，是灭鼠的重点场所。饲料库可用熏蒸剂毒杀。投放的毒饵要远离狗笼，并防止毒饵混入饲料。鼠尸应及时清理，以防被人、畜误食而发生二次中毒。选用鼠吃惯了的食物做饵料，突然投放，饵料充足，分布广泛，以保证灭鼠的效果。常用的慢性灭鼠药物见表 6-4。

表 6-4　常用的慢性灭鼠药物

| 名称 | 特性 | 作用特点 | 用　法 | 注意事项 |
|---|---|---|---|---|
| 敌鼠钠盐 | 为黄色粉末,无臭,无味,溶于沸水、乙醇、丙酮,性质稳定 | 作用较慢,能阻碍凝血酶原在鼠体内的合成,使凝血时间延长,而且其能损坏毛细血管,增加血管的通透性,引起内脏和皮下出血,最后死于内脏大量出血。一般在投药1~2天出现死鼠,第5~8天死鼠量达到高峰,死鼠可延续10多天 | ①敌鼠钠盐毒饵:取敌鼠钠盐5克,加沸水2升搅匀,再加10千克杂粮,浸泡至毒水全部吸收后,加入适量植物油拌匀,晾干备用。②混合毒饵:将敌鼠钠盐加入面粉或滑石粉中制成1%毒粉,再取毒粉1份,倒入19份切碎的鲜菜中拌匀即成。③毒水:用1%敌鼠钠盐1份,加水20份即可 | 对人、畜、禽毒性较低,但对狗、猫、兔、猪毒性较强,可引起二次中毒。在使用过程中要加强管理,以防家畜误食中毒或发生二次中毒。如发现中毒,可使用维生素K解救 |
| 氯敌鼠名氯鼠酮 | 黄色结晶性粉末,无臭,无味,溶于油脂等有机溶剂,不溶于水,性质稳定 | 是敌鼠钠盐的同类化合物,但对鼠的毒性作用比敌鼠钠盐强,为广谱灭鼠剂,而且适口性好,不易产生拒食性。主要用于毒杀家鼠和野栖鼠,尤其是可制成蜡块剂,用于毒杀下水道鼠类。灭鼠时将毒饵投在鼠洞或鼠活动的地区即可 | 有90%原药粉、0.25%母粉、0.5%油剂3种剂型。使用时可配制成如下毒饵。①0.005%水质毒饵:取90%原药粉3克,溶于适量热水中,待凉后,拌于50千克饵料中,晒干后使用。②0.005%油质毒饵:取90%原药粉3克,溶于1千克热油中,冷却至常温,洒于50千克饵料中拌匀即可。③0.005%粉剂毒饵:取0.25%母粉1千克,加入50千克饵料中,加少许植物油,充分混合拌匀即成 | |
| 杀鼠灵 | 白色粉末,无味,难溶于水,其钠盐溶于水,性质稳定 | 又名华法令。属香豆素类抗凝血灭鼠剂,一次投药的灭鼠效果较差,少量多次投放灭鼠效果好。鼠类对其毒饵接受性好,甚至出现中毒症状时仍采食 | 毒饵配制方法如下。①0.025%毒米:取2.5%母粉1份、植物油2份、米渣97份,混合均匀即成。②0.025%面丸:取2.5%母粉1份,与99份面粉拌匀,再加适量水和少许植物油,制成每粒1克重的面丸。以上毒饵使用时,将毒饵投放在鼠类活动的地方,每堆约39克,连投3~4天 | 对人、畜和家禽毒性很小,中毒时维生素$K_1$为有效解毒剂 |

续表

| 名称 | 特性 | 作用特点 | 用　法 | 注意事项 |
|------|------|---------|--------|---------|
| 杀鼠醚 | 黄色结晶粉末，无臭、无味，不溶于水，溶于有机溶剂 | 属香豆素类抗凝血杀鼠剂，适口性好，毒杀力强，二次中毒极少，是当前较为理想的杀鼠药物之一，主要用于杀灭家鼠和野栖鼠类 | 市售有 0.75％的母粉和 3.75％的水剂。使用时，将10千克饵料煮至半熟，加适量植物油，取 0.75％杀鼠醚母粉0.5千克，撒于饵料中拌匀即可。毒饵一般分 2 次投放，每堆 10～20 克。水剂可配制成 0.0375％饵剂使用 | 对人、畜和家禽毒性很小，中毒时维生素 $K_1$ 为有效解毒剂 |

（2）杀虫

① 环境卫生。搞好肉狗场环境卫生，保持环境清洁、干燥，是杀灭蚊、蝇的基本措施。蚊虫需在水中产卵、孵化和发育，蝇蛆也需在潮湿的环境及粪便等废弃物中生长。因此，填平无用的污水池、土坑、水沟和洼地。保持排水系统畅通，对阴沟、沟渠等定期疏通，勿使污水储积。对贮水池等容器加盖，以防蚊、蝇飞入产卵。对不能清除或加盖的防火贮水器，在蚊、蝇滋生季节，应定期换水。永久性水体（如鱼塘、池塘等），蚊、虫多滋生在水浅而有植被的边缘区域，修整边岸，加大坡度和填充浅湾，能有效地防止蚊、虫滋生。肉狗舍内的粪便应定时清除，并及时处理，贮粪池应加盖并保持四周环境清洁。

② 物理杀灭。利用机械方法以及光、声、电等物理方法，捕杀、诱杀或驱逐蚊蝇。我国生产的多种紫外线光或其他光诱器，效果良好。此外，还有可以发出声波或超声波并能将蚊蝇驱逐的电子驱蚊器等，都具有防除效果。

③ 生物杀灭。利用天敌杀灭害虫，如池塘养鱼即可达到鱼类治蚊的目的。此外，应用细菌制剂——内菌素杀灭吸血蚊的幼虫，效果良好。

④ 化学杀灭。化学杀灭是使用天然或合成的毒物，以不同的剂型（粉剂、乳剂、油剂、水悬剂、颗粒剂、缓释剂等），通过不同途径（胃毒、触杀、熏杀、内吸等），毒杀或驱逐蚊蝇。化学杀虫法具有使用方便、见效快等优点，是当前杀灭蚊、蝇的较好方法。常用的

药物见表6-5。

**表 6-5　常用的杀虫剂及使用方法**

| 名称 | 性　状 | 使用方法 |
|---|---|---|
| 敌百虫 | 白色块状或粉末。有芳香味；低毒、易分解、污染小；杀灭蚊(幼)、蝇、蚤、蟑螂及家畜体表寄生虫 | 25%粉剂撒布，1%喷雾；0.1%畜体涂抹；0.02克/千克，经口驱除畜体内寄生虫 |
| 敌敌畏 | 黄色、油状液体，微芳香；易被皮肤吸收而中毒，对人、畜有较大毒害，畜舍内使用时应注意安全。杀灭蚊(幼)、蝇、蚤、蟑螂、螨、蜱 | 0.1%～0.5%喷雾，表面喷洒；10%熏蒸 |
| 马拉硫磷 | 棕色、油状液体，强烈臭味；其杀虫作用强而快，具有胃毒、触毒作用，也可熏杀，杀虫范围广。对人、畜害小，适于畜舍内使用。世界卫生组织推荐的室内滞留喷洒杀虫剂；杀灭蚊(幼)、蝇、蚤、蟑螂、螨 | 0.2%～0.5%乳油喷雾，灭蚊、蚤；3%粉剂喷洒灭螨、蜱 |
| 倍硫磷 | 棕色、油状液体，蒜臭味；毒性中等，比较安全；杀灭蚊(幼)、蝇、蚤、臭虫、螨、蜱 | 0.1%的乳剂喷洒，2%的粉剂、颗粒剂喷洒、撒布 |
| 二溴磷 | 黄色、油状液体，微辛辣；毒性较强；杀灭蚊(幼)、蝇、蚤、蟑螂、螨、蜱 | 2克/米² 室内喷洒灭蚊蝇；50%乳油剂以1：200倍水稀释后，喷雾灭成蚊或喷洒在水体内灭幼蚊 |
| 杀螟松 | 红棕色、油状液体，蒜臭味；低毒、无残留；杀灭蚊(幼)、蝇、蚤、臭虫、螨、蜱 | 40%的湿性粉剂灭蚊、蝇及臭虫；2毫克/升灭蚊 |
| 地亚农 | 棕色、油状液体，酯味；中等毒性，水中易分解；杀灭蚊(幼)、蝇、蚤、臭虫、蟑螂及体表害虫 | 滞留喷洒0.5%，喷浇0.05%；撒布2%粉剂 |
| 皮蝇磷 | 白色结晶粉末，微臭；低毒，但对农作物有害；体表害虫 | 0.25%喷涂皮肤，1%～2%乳剂灭臭虫 |
| 辛硫磷 | 红棕色、油状液体，微臭；低毒、日光下短效；杀灭蚊(幼)、蝇、蚤、臭虫、螨、蜱 | 2克/米² 室内喷洒灭蚊、蝇；50%乳油剂灭成蚊或水体内幼蚊 |
| 杀虫畏 | 白色固体，有臭味；微毒；杀灭家蝇及家畜体表寄生虫(蝇、蜱、蚊、库蠓、螨) | 20%乳剂喷洒、涂布家畜体表，50%粉剂喷洒体表灭虫 |
| 双硫磷 | 棕色、黏稠液体；低毒稳定；杀灭幼蚊、人蚤 | 5%乳油剂喷洒，0.5～1毫升/升撒布，1毫克/升颗粒剂撒布 |
| 毒死蜱 | 白色结晶粉末；中等毒性；杀灭蚊(幼)、蝇、螨、蟑螂及仓储害虫 | 2克/米² 喷洒物体表面 |

续表

| 名称 | 性　　状 | 使用方法 |
|---|---|---|
| 西维因 | 灰褐色、粉末；低毒；杀灭蚊（幼）、蝇、臭虫、蜱 | 25％的可湿性粉剂和 5％粉剂撒布或喷洒 |
| 害虫敌 | 淡黄色、油状液体；低毒；杀灭蚊（幼）、蝇、蚤、蟑螂、螨、蜱 | 2.5％的稀释液喷洒，2％粉剂，1～2 克/米² 撒布，2％舍内环境喷雾 |
| 双乙威 | 白色结晶，芳香味；中等毒性；杀灭蚊、蝇 | 50％的可湿性粉剂喷雾、2 克/米² 喷洒灭成蚊 |
| 速灭威 | 灰黄色、粉末；中毒；杀灭蚊、蝇 | 25％的可湿性粉剂和 30％乳油喷雾灭蚊 |
| 残杀威 | 白色结晶粉末、酯味；中等毒性；杀灭蚊（幼）、蝇、蟑螂 | 2 克/米² 用于灭蚊、蝇，10％粉剂局部喷洒灭蟑螂 |
| 胺菊酯 | 白色结晶；微毒；杀灭蚊（幼）、蝇、蟑螂、臭虫 | 0.3％的油剂，气雾剂，须与其他杀虫剂配伍使用 |

## 三、严格消毒

消毒是指用化学或物理的方法杀灭或清除传播媒介上的病原微生物，使之达到无传播感染水平的处理，即不再有传播感染的危险。狗场消毒就是将养殖环境、养殖器具、动物体表、进入的人员或物品、动物产品等存在的微生物全部或部分杀灭或清除掉的方法。消毒的目的在于消灭被病原微生物污染的场内环境、畜体表面及设备器具上的病原体，切断传播途径，防止疾病的发生或蔓延。因此，消毒是保证肉狗健康和生产的重要技术措施。

**（一）消毒的方法**

狗场常用的有机械性清除（如清扫、铲刮、冲洗等机械方法和适当通风）、物理消毒（如紫外线和火焰、煮沸与蒸汽等高温消毒）、化学药物消毒和生物消毒等消毒方法。

**（二）化学消毒的方法**

化学消毒方法是利用化学药物杀灭病原微生物以达到预防感染及传染病的传播和流行的方法。此法最常用于养殖生产。常用的有浸泡法、喷洒法、熏蒸法和气雾法。

## 1. 浸泡法

浸泡法主要用于消毒器械、用具、衣物等。一般洗涤干净后再行浸泡，药液要浸过物体，浸泡时间以长些为好，水温以高些为宜。在狗舍进门处消毒槽内，可用浸泡药物的草垫或草袋对人员的靴、鞋消毒。

## 2. 喷洒法

喷洒地面、墙壁、舍内固定设备等，可用细眼喷壶；对舍内空间消毒，则用喷雾器。喷洒要全面，药液要喷到物体的各个部位。一般喷洒地面，每平方米面积需要 2 升药液；喷墙壁、顶棚，每平方米需要 1 升药液。

## 3. 熏蒸法

熏蒸法适用于可以密闭的狗舍。这种方法简便、省事，对房屋结构无损，消毒全面，鹅场常用。常用的药物有福尔马林（40%的甲醛水溶液）、过氧乙酸水溶液。为加速蒸发，常利用高锰酸钾的氧化作用。实际操作中要严格遵守下面的基本要点：畜舍及设备必须清洗干净，因为气体不能渗透到狗粪和污物中去，所以不能发挥应有的效力；畜舍要密封，不能漏气；应将进出气口、门窗和排气扇等缝隙糊严。

## 4. 气雾法

气雾粒子是悬浮在空气中的气体与液体的微粒，直径小于 200 纳米，分子量极轻，能悬浮在空气中较长时间，可到处漂移穿透到畜舍内的周围及其空隙。气雾是消毒液从气雾发生器中喷射出的雾状微粒，是消灭气携病原微生物的理想办法。全面消毒狗舍空间，每立方米用 5%的过氧乙酸溶液 2.5 毫升喷雾。

### （三）狗场的消毒程序

## 1. 车辆消毒

进入场门的车辆除要经过消毒池外，还必须对车身、车底盘进行高压喷雾消毒，消毒液可用 2%过氧乙酸或灭毒威。严禁车辆（包括员工的摩托车、自行车）进入生产区。外界购狗车一律禁止入场。装狗车装狗前严格消毒，售狗后对使用过的装狗台、磅秤及时清理、冲洗、消毒。进入生产区的料车每周需彻底消毒一次。

## 2. 人员消毒

所有人员进入场区大门必须进行鞋底消毒，并经自动喷雾器进行喷雾消毒。进入生产区的人员必须淋浴、更衣、换鞋、洗手，并经紫外线照射 15 分钟。严禁外来人员进入生产区，必要时需经生产部长批准。病狗隔离人员和剖检人员操作前后都要进行严格消毒。进入狗舍人员先踏消毒盆（池），再洗手后方可进入。消毒池的消毒液每 3 天更换一次。

**3. 环境消毒**

（1）生产区的垃圾实行分类堆放，并定期收集。每逢周六进行环境清理、消毒和焚烧垃圾。消毒时用 3% 的氢氧化钠喷湿，阴暗潮湿处撒生石灰。

（2）生产区道路、每栋舍前后、生活区、办公区院落或门前屋后 4～10 月份每 7～10 天消毒一次，11 月至次年 3 月每半月消毒一次。

（3）土壤消毒　被病狗的排泄物（粪、尿）和分泌物（鼻汁、唾液、奶汁和阴道分泌物等）污染的地面，因含有大量的病原微生物，必须进行消毒。常用含 2.5%～5% 有效氯的漂白粉溶液、4% 福尔马林溶液或 10% 氢氧化钠溶液；被芽孢污染的地方，首先用含 2.5% 有效氯漂白粉溶液喷洒地面，然后表层土壤挖起 30 厘米左右，混上生石灰运出。如果无条件将表层土运出的每平方米加 2.5 千克漂白粉混合，加水湿润后原地压平。其他传染病病原体污染的地面，如为水泥地则用消毒药液仔细清洗；如为土地则可将地面翻深 30 厘米，撒上漂白粉（每平方米用量为 0.5 千克）然后以水润湿压平。

**4. 狗的栏舍消毒**

（1）清扫　首先对狗栏舍内的粪尿、污水、残料、垃圾和墙面、顶棚、水管等处的尘埃进行彻底清扫，并整理归纳舍内饲槽、用具，当发生疫情时，必须先消毒后清扫。

（2）浸润　对地面、狗栏、出粪口、食槽、粪尿沟、风扇匣、护仔箱进行低压喷洒，并确保充分浸润，浸润时间不低于 30 分钟，但不能时间过长，以免干燥不好洗刷。

（3）冲刷　使用高压冲洗机，由上至下彻底冲洗屋顶、墙壁、栏架、网床、地面、粪尿沟等。要用刷子刷洗藏污纳垢的缝隙，尤其是食槽、护仔箱壁的下端，冲刷不要留死角。

（4）消毒　晾干后，选用广谱高效消毒剂，消毒舍内所有表面、设备和用具，必要时可选用 $2\% \sim 3\%$ 的火碱进行喷雾消毒，$30 \sim 60$ 分钟后低压冲洗，晾干后用另一种广谱高效消毒药（$0.3\%$ 好利安）喷雾消毒。

（5）复原　恢复原来栏舍内的布置，并检查维修，做好进狗前的充分准备，并进行第二次消毒。

（6）进狗前 1 天再喷雾消毒。

**5. 带狗消毒**

正常情况下选用新过氧乙酸或喷雾灵等消毒剂。夏季每周消毒 2 次，春秋季每周消毒 1 次，冬季 2 周消毒 1 次。如果发生传染病每天或隔日带狗消毒 1 次，带狗消毒前必须彻底清扫，消毒时不仅限于狗的体表，还包括整个舍的所有空间。应将喷雾器的喷头高举空中，喷嘴向上，让雾料从空中缓慢地下降，雾粒直径控制在 $80 \sim 120$ 微米，压力为 $0.2 \sim 0.3$ 千克/厘米$^2$。注意不宜选用刺激性大的药物。

**6. 兽医防疫人员出入狗舍消毒**

（1）兽医防疫人员出入狗舍必须在消毒池内进行鞋底消毒，在消毒盆内洗手消毒。出舍时要在消毒盆内洗手消毒。

（2）兽医防疫人员在一栋狗舍工作完毕后，要用消毒液浸泡的纱布擦洗注射器和提药盒的周围。

**7. 特定消毒**

（1）狗转群或部分调动时（母狗配种除外）必须将道路和需用的车辆、用具，在用前、用后分别喷雾消毒。参加人员需换上洁净的工作服和胶鞋，并经过紫外线照射 15 分钟。

（2）接产母狗有临产征兆时，就要将产床、栏架及狗的臀部及乳房洗刷干净，并用 1/600 的百毒杀或 $0.1\%$ 高锰酸钾溶液消毒。仔狗产出后要用消毒过的纱布擦净口腔黏液。正确实施断脐并用碘酊消毒断端。

（3）在断尾、去势、注射等前后，都要对器械和术部进行严格消毒。消毒可用碘伏或 $70\%$ 的酒精棉。

（4）手术消毒　手术部首先要用清水洗净擦干，然后涂以 $3\%$ 的碘酊，待干后再用 $70\% \sim 75\%$ 的酒精消毒，待酒精干后方可实施手术，术后创口涂 $3\%$ 碘酊。

（5）器械消毒　手术刀、手术剪、缝合针、缝合线可用煮沸消毒，也可用70%～75%的酒精消毒，注射器用完后里外冲刷干净，然后煮沸消毒。医疗器械每天必须消毒一遍。

（6）发生传染病或传染病平息后，要强化消毒，药液浓度加大，消毒次数增加。

**8. 粪便消毒**

粪便用于堆积发酵，可杀死非芽孢病原体。堆积的场所应在距住宅、狗舍、水源、道路等较远的偏僻下风向地方。将粪尿堆在一起，高、宽不少于1.5米。干粪应用水或粪尿拌湿，外面覆盖8～10厘米的泥土，经1～2个月，即可沤热而做肥料之用。形成芽孢的病原微生物，如炭疽、气肿疽的粪便则应焚烧。

## （四）注意事项

**1. 正确选择消毒剂**

市场上的消毒剂种类繁多，每一种消毒剂都有其优点及缺点，但没有一种消毒剂是十全十美的，介绍的广谱性也是相对的。所以，在选择消毒剂时，应充分了解各种消毒剂的特性和消毒的对象。

**2. 制订并严格执行消毒计划**

狗场应制订消毒计划，按照消毒计划严格实施。消毒计划包括：计划（消毒方法、消毒时间和次数、消毒场所和对象、消毒药物选择、配置和更换等）、执行（消毒对象的清洁卫生和清洁剂或消毒剂的使用）和控制（对消毒效果肉眼和微生物学的监测，以确定病原体的减少和杀灭情况）。

**3. 被消毒物表面清洁**

狗舍内有粪便、饲料、蜘蛛网、污泥、脓液、油脂等存在，有机物以粪尿、血、脓、伤口坏死组织、黏液和其他分泌物等最为常见。如果不清除被消毒物表面的污物（尤其是有机物），不论是何种消毒剂都会降低其消毒效力。有机物影响消毒剂效果的原因：一是有机物能在菌体外形成一层保护膜，而使消毒剂无法直接作用于菌体；二是消毒剂可能与有机物形成一不溶性化合物，而使消毒剂无法发挥其消毒作用；三是消毒剂可能与有机物进行化学反应，而其反应产物并不具杀菌作用；四是有机悬浮液中的胶质颗粒状物可能吸附消毒剂粒子，而将大部分抗菌成分由消毒液中移除；五是脂肪可能会将消毒剂去活化；六是有机物可能引起消毒剂的 pH 值变动，而使消毒剂不活化或效力低下。

在许多情况下，表面的清洁甚至比消毒更重要。进行各种表面的清洗时，除了刷、刮、擦、扫外，还应用高压水冲洗，效果会更好，有利于有机物溶解与脱落。所以在消毒肉狗场的用具、器械等时，将欲消毒的用具、器械先清洗后才施用消毒剂是最基本的要求，而此可以借助清洁剂与消毒剂的合剂来完成。

**4. 药物的浓度和用量充足**

药物的浓度是决定消毒剂效力的首要因素，稀释浓度要正确，黏度大的消毒剂在稀释时须搅拌成均匀的消毒液才行；单位面积的药物使用量与消毒效果有很大的关系，因为消毒剂要发挥效力，须先使欲被消毒物表面充分浸湿，所以如果增加消毒剂浓度 2 倍，而将药液量减成 1/2 时，可能因物品无法充分湿润而不能达到消毒效果。通常狗舍的水泥地面消毒 3.3 米$^2$ 至少要 5 升的消毒液。

**5. 接触时间充足**

消毒时，至少应有 30 分钟的浸渍时间以确保消毒效果。有的人在消毒手时，用消毒液洗手后又立即用清水洗手，是起不到消毒效果的。在浸渍消毒肉狗场器具时，不必浸渍 30 分钟，因在取出后至干燥前消毒作用仍在进行，所以浸渍约 20 秒即可。细菌与消毒剂接触时，不会立即被消灭。细菌的死亡与接触时间、温度有关。消毒剂所需杀菌时间，从数秒到几个小时不等，例如氧化剂作用快速、醛类则作用缓。检视在消毒作用的不同阶段的微生物存活数目，可以发现在单位时间内所杀死的细菌数目与存活细菌数目是常数关系，因此起初的杀菌速度非常快，但随着细菌数的减少杀菌速度逐步缓慢下来，以致到最后要完全杀死所有的菌体，必须要有显著较长的时间。此种现象在现场常会被忽略，因此必须要特别强调，消毒剂需要一段作用时间（通常指 24 小时）才能将微生物完全杀灭，另外须注意的是许多灵敏消毒剂在液相时才能有最大的杀菌作用。

**6. 保持一定的温度**

消毒作用也是一种化学反应，因此加温可增进消毒杀菌率。若加化学制剂于热水或沸水中，则其杀菌力大增。大部分的消毒剂的消毒作用在温度上升时有显著增进，尤其是戊二醛类（卤素类的碘剂例外）。对许多常用的温和消毒剂而言，在接近冰点的温度是毫无作用的。在用甲醛气体熏蒸消毒时，如将室温提高到 24℃以上，会得到较佳的消毒效果。但须注意的是真正重要的是消毒物表面的温度，而非空气的温度，常见的错误是在使用消毒剂前极短时间内进行室内加温，如此不足以提高水泥地面的温度。

**7. 勿与其他消毒剂或杀虫剂等混合使用**

把两种以上消毒剂或杀虫剂混合使用可能很方便，但却可能发生一些肉眼可见的沉淀、分离变化或肉眼见不到的变化，如 pH 值的变化，而使消毒剂或杀虫剂失去其效力。但为了增大消毒药的杀菌范围，减少病原种类，可以选用几种消毒剂交替使用，使用一种消毒剂1～2周后再换用另一种消毒剂，能起到一个互补作用，因为不同的消毒剂虽然介绍是广谱的，但都有一定的局限性，不可能杀死所有的病原微生物。

**8. 注意使用上的安全**

许多消毒剂具有刺激性或腐蚀性，例如强酸性的碘剂、强碱性的石炭酸剂等，因此切勿在调配药液时用手直接去搅拌，或在进行器具消毒时直接用手去搓洗。如不慎沾到皮肤时应立即用水洗干净。使用毒性或刺激性较强的消毒剂或喷雾消毒时应穿着防护服与戴防护眼镜、口罩、手套。有些磷制剂、甲苯酚、过氧乙酸等，具有可燃性和爆炸性，因此应提防火灾和爆炸的发生。

**9. 消毒后的废水须处理**

消毒后的废水不能随意排放到河川或下水道，必须进行处理。

## 四、确切免疫

目前，传染性疾病仍是我国养狗业的主要威胁，而免疫接种仍是预防传染病的有效手段。免疫接种通常是使用疫苗和菌苗等生物制剂作为抗原接种于狗体内，激发抗体产生特异性免疫力。

（一）肉狗常用的疫苗

肉狗常用的疫苗见表 6-6。

表 6-6 肉狗常用的疫苗

| 名　称 | 性状和用途 | 用法与用量 | 注意事项 |
|---|---|---|---|
| 狂犬病疫苗 | 预防狂犬病。本品静置时上部为澄明液体,下部为灰白色或暗红色沉淀。振摇后成灰白色或暗红色的混浊黏稠液体 | 于后腿或臀部肌内注射。狗体重4千克以下用3毫升,体重4千克以上用5毫升;动物被患狂犬病的动物咬伤时,立即紧急预防注射1或2次,两次的间隔时间为3～5日 | 于冷暗干燥处保存。有效期暂定为6个月。注射前必须检查动物的健康状况。一般无不良反应。有时注射局部出现肿胀,很快即可消失 |
| 狂犬病弱毒细胞冻干疫苗 | 本品为淡黄色海绵状疏松固体,易与瓶壁脱离,加入稀释液后迅即溶解成均匀的乳浊液。预防狗的狂犬病 | 于无菌条件下用注射用水或磷酸盐缓冲液稀释,使每头份为1毫升。摇匀后不论狗大小,一律皮下或肌内注射1毫升。免疫期为1年 | −15℃以下保存,有效期约为1年;于4℃冷暗干燥处保存,有效期约为6个月;于25℃以下室内保存,有效期为7天。接种本疫苗所用的注射器不能用化学药品消毒;疫苗稀释后应置于阴凉处限8小时内用完。一般无不良反应,有时注射局部发生肿胀,但很快即消失 |
| 狗传染性肝炎灭活疫苗 | 本疫苗为棕褐色混悬液,静置时上层为黄色澄明液,下层为褐色沉淀,振摇后呈均匀混悬液。预防狗传染性肝炎 | 断乳狗应以2～3周为间隙,连续免疫2次或3次,每次肌内注射1毫升,以后每年免疫1次。免疫持续期为1年 | 4～7℃阴冷干燥处保存,有效期6个月。①该苗应防止冻结,注苗前需将疫苗摇匀,注射时应避免注入气泡。②疫苗瓶破裂、透气的不得使用,启封后的疫苗应于当日用光 |
| 狗传染性肝炎弱毒冻干疫苗 | 本品为白色海绵状疏松团块,易与瓶壁脱离,加稀释液立即溶解成粉红色液体。预防狗传染性肝炎 | 使用时按瓶签标示量加稀释液溶解成每头份1毫升,仔狗以2～3周间隔,连续免疫3次,每次肌内注射1毫升。于接种1～2周后产生免疫力,免疫期为1年以上 | 4～7℃阴冷干燥处保存,有效期2年。CAV-1型弱毒疫苗免疫效果确实,但有时可使免疫狗产生一过性角膜混浊,后驯化出来的CAV-2型弱毒无此副作用,现已逐渐取代CAV-1型弱毒 |

续表

| 名　称 | 性状和用途 | 用法与用量 | 注意事项 |
|---|---|---|---|
| 狗细小病毒灭活疫苗 | 预防狗细小病毒病(出血性肠炎、急性心肌炎等)。本品上层为红色液体,下层为粉红色沉淀,振摇后呈均匀粉红色混悬液 | 断乳仔狗以 2～3 周为间隔连续免疫 3 次。每次肌内注射 1 毫升,以后每年加强免疫 1 次。初免疫期为 6 个月。有效期 1 年 | 4～7℃阴冷干燥处保存,保存期为 1 年。本品只能用于健康狗的预防注射,不能用于已发生疫情时的紧急预防与治疗 |
| 狗细小病毒弱毒疫苗 | 湿苗为红色澄明液体,冻结后呈粉红色团块,冻干苗为白色海绵状疏松团块,易与瓶壁脱离,加注射用水迅速溶解成粉红色液体。预防狗细小病毒病 | 湿苗经室温溶化后即可注射,冻干苗则需加注射用水稀释,按瓶签标示量稀释成每头份1毫升,断乳后仔狗应以 2～3 周为间隔连续免疫 3 次,每次肌内注射 1 毫升。免疫持续期为 1 年 | 只能用于健康狗的预防注射,不能用于紧急预防或治疗;受母源抗体的干扰,非疫区可待母源抗体消失后再注射,一般于生后第 8～12 周龄进行第一次注射,间隔 2～3 周后再注射 1 次即可;注射后 1 周左右,机体的免疫力反而有所降低,容易感染发病 |
| 狗瘟热灭活疫苗(中试产品) | 预防狗温热病。每瓶 1 毫升,1 个剂量 | 30～90 日龄狗注射 3 次,90 日龄以上狗注射 2 次,间隔 2～4 周。每只注射 1 个剂量,以后每 6 个月加强免疫 1 次。方法同 90 日龄以上狗 | 冷冻保存有效期 2 年;本疫苗只能用于健康狗的预防注射,不能用于已发生疫情时的紧急预防注射和治疗;注苗后如发生过敏反应,可用盐酸肾上腺素救治;使用抗血清的狗最好过 2～3 周后再使用本疫苗;注苗后 2～3 天避免调出和饲养条件剧变 |
| 狗瘟热、细小病毒、腺病毒三联弱毒冻干疫苗 | 外观为乳黄色疏松海绵样团块,加稀释液后呈粉红色液体。预防狗的狗瘟热,细小病毒引起的肠炎和心肌炎,腺病毒引起的狗传染性肝炎。每瓶苗 5 只份 | 接种前用10毫升注射用水稀释,溶解、摇匀后肌内注射,每年接种此苗 2 次,首次于配种前即 12 月份至翌年 1 月份,第二次在 7～8 月份,断奶2～3 周后的幼狗与成狗同时注射。每只 2 毫升,疫区仔狗应在间隔 2 月后再加强免疫一次,每只 2 毫升。如紧急接种,注射剂量加倍 | 必须注意疫苗保存与运输时应避光、低温。禁止与消毒剂接触,稀释后的疫苗在 12 小时内用完,每只动物一个消毒过的针头,如遇有过敏反应者,可用肾上腺素救治 |

续表

| 名　称 | 性状和用途 | 用法与用量 | 注意事项 |
|---|---|---|---|
| 浓缩型狗五联活疫苗<br>注：人工驯化致弱，无致病力，具优良免疫源性的狂犬病和狗瘟热病毒、狗细小病毒、狗腺病毒Ⅱ型及狗副流感病毒5个弱毒株分别在细胞单层上培养繁殖，经浓缩纯化、优化组合，加抗热稳定剂，低温真空干燥制成 | 对狂犬病、狗瘟热、狗细小病毒性肠炎（或心肌炎）、狗腺病毒Ⅱ型引起的喉气管炎、狗腺病毒Ⅰ型引起的狗传染性肝炎及狗副流感病毒引起的流行性感冒等六大狗传染病或继发脑炎具有良好的预防作用。乳白色疏松团块，加水迅速溶解为淡红色一致均匀的悬液 | 本品每瓶装量为1头剂，临用前用2毫升注射用水溶解稀释，对狗做肌内或皮下注射。每间隔2周接种1头份，当年狗共接种3针。成年狗每年春季加强免疫注射1针 | 低温、避光保存。-15℃暂定2年。2～8℃1年。22℃3个月。避光避热条件下运输 |
| 狂犬病、犬瘟热、细小病毒病、犬副流感和犬钩端螺旋体病五联活疫苗 | 冻干苗微黄色，海绵状疏松团块状；液体疫苗为轻度混浊的粉红色液体。预防狂犬病、犬瘟热、细小病毒病、犬副流感和犬钩端螺旋体病五种疫病。每瓶1只份 | 不论大小，每头肌内注射或皮下注射1只份剂量。注射前用注射用水或专用稀释液稀释，充分振荡，使其均匀。有效期2年 | 避光2～8℃保存，不宜冻结和日光照射。仅用于健康动物，疫苗稀释后必须立即用完。已经使用过多血清的犬必须过2～3周后再使用疫苗，注射疫苗2～3周内避免长途运输和饲养管理条件的剧变等应激发生 |

## （二）狗群的免疫参考程序

狗几种主要传染病的最佳免疫程序见表6-7。

表6-7　狗几种主要传染病的最佳免疫程序

| 疾病类型 | 疫苗类型 | 接种途径 | 首次接种周龄/周 | 再次接种周龄/周 | 第3次接种年龄/周 | 免疫保护期/月 |
|---|---|---|---|---|---|---|
| 狗瘟热 | 弱毒苗 | 皮下或肌内注射 | 6～8 | 10～12 | 14～16 | 12 |
| | 麻疹弱毒苗 | 皮下或肌内注射 | 6～10 | | | |

续表

| 疾病类型 | 疫苗类型 | 接种途径 | 首次接种周龄/周 | 再次接种周龄/周 | 第3次接种年龄/周 | 免疫保护期/月 |
|---|---|---|---|---|---|---|
| 狗传染性肝炎 | 弱毒苗或灭活苗 | 皮下或肌内注射 | 6～8 | 10～12 | 14～16 | 12 |
| 狗细小病毒病 | 弱毒苗 | 皮下或肌内注射 | 6～8 | 10～12 | 14～16 | 12 |
|  | 灭活苗 | 皮下或肌内注射 | 6～8 | 10～12 | 14～16 | 12 |
| 副流感 | 弱毒苗 | 皮下或肌内注射 | 6～8 | 10～12 | 14～16 | 12 |
|  | 弱毒苗 | 鼻内 | 6(最早可在2周龄时接种) | | | |
| 大肠杆菌病 | 灭活苗 | 皮下或肌内注射 | 6～8 | 10～12 | 14～16 | |
|  | 弱毒苗 | 鼻内 | 6(最早可在2周龄时接种) | | | |
| 冠状病毒病 | 灭活苗 | 皮下或肌内注射 | 6～8 | 10～12 | 12～14 | 12 |
| 狂犬病 | 弱毒苗 | 肌内注射 | 12 | 64 | | 36 |
|  | 灭活苗 | 皮下或肌内注射 | 12 | 64 | | 12或36 |
| 钩端螺旋体病 | 灭活苗 | 皮下或肌内注射 | 10～12 | 14～16 | | 12 |

注：(1)目前国内已生产有包括狂犬病、狗瘟热、传染性肝炎及细小病毒五种传染病的"五联苗"中试产品可供使用。(2)由于预防接种应用的是生物制剂，对机体而言都是异物，接种后总有一个反应过程，接种反应。一般属于正常反应。如与正常反应性质相反的则称为合并症，此时应请兽医治疗。(3)一般肉用狗每年注射一次五联疫苗（狂犬病、狗瘟热、副流感、传染性肝炎、狗细小病毒病）。肉用狗从经济角度讲，幼犬应以注射单联或三联为佳，主要预防狗瘟热、细小病毒病、传染性肝炎。一般在45日龄时注射第一次，隔两周再注射一次，以注射2～3次为宜。(4)疫苗只能用于健康狗注射，不能用于已发生疫情的紧急预防注射和治疗。

## (三)疫苗接种前后的注意事项

### 1.疫苗使用前要检查

使用前要检查药品的名称、厂家、批号、有效期、物理性状、贮存条件等是否与说明书相符。仔细查阅使用说明书与瓶签是否相符，明确装置、稀释液、每头剂量、使用方法及有关注意事项，并严格遵守，以免影响效果。对过期、无批号、油乳剂破乳、失真空及颜色异常或不明来源的疫苗禁止使用。

### 2.免疫操作要规范

(1)预防注射过程应严格消毒，注射器、针头应洗净煮沸15～30

分钟备用，每注射一只狗更换一枚针头，防止传染。吸药时，绝不能用已给动物注射过的针头吸取，可用一个灭菌针头，插在瓶塞上不拔出、裹以挤干的酒精棉花专供吸药用，吸出的药液不应再回注瓶内。

（2）液体在使用前应充分摇匀，每次吸苗前再充分振摇。冻干苗加稀释液后应轻轻振摇匀。

（3）要根据狗的大小和注射剂量多少，选用相应的针管和针头。针管可用 10 毫升或 20 毫升的金属注射器或连续注射器，针头可用 38～44 毫米 12 号的；新生仔狗可用 2 毫升或 5 毫升的注射器，针头长为 20 毫米的 9 号针头。注射时要一狗一个针头，要一狗一标记，以免漏注；注射器刻度要清晰，不滑杆、不漏液；注射的剂量要准确，不漏注、不白注；进针要稳，拔针宜速，不得打"飞针"以确保苗液真正足量地注射于肌内。

（4）接种部位以 5％碘酊消毒为宜，以免影响疫苗活性。免疫弱毒菌苗前后 7 天不得使用抗生素和横胺类等抗菌抑菌药物。

（5）注射时要适当保定，保育舍、育肥舍的狗，可用焊接的铁栏挡在墙角处等相对稳定后再注射。哺乳仔狗和保育仔狗需要抓逮时，要注意轻抓轻放。避免过分驱赶，以减缓应激。

（6）注射部位要准确　肌内注射部位，有颈部、臀部和后股内侧等供选择；皮下注射在耳后或股内侧皮下疏松结缔组织部位。避免注射到脂肪组织内。需要在交巢穴和胸腔注射的更需摸准部位。

（7）接种时间应安排在狗群喂料前空腹时进行，高温季节应在早晚注射。

（8）注射时动作要快捷、熟练，做到"稳、准、足"，避免飞针、针折、苗洒，苗量不足的立即补注。

（9）对怀孕母狗免疫操作要小心谨慎，产前 15 天内和怀孕前期尽量减少使用各种疫苗。正在发生狗瘟热、传染性肝炎和冠状病毒性肠炎的狗也不能使用疫苗，特别是狗细小病毒弱毒疫苗。

（10）疫苗不得混用（标记允许混用的除外），一般两种疫苗接种时间至少间隔 5～7 天。如细小病毒病、狗传染性肝炎与狗瘟热等弱毒疫苗之间存在一定程度的免疫干扰作用，所以最好以 7 天左右的间隔分别免疫。

（11）失效、作废的疫苗，用过的疫苗瓶，稀释后的剩余疫苗等，必须妥善处理。处理方式包括用消毒剂浸泡、煮沸、烧毁、深理等。

**3. 免疫前后的管理**

（1）防疫前的 3～5 天可以使用抗应激药物、免疫增强保护剂，以提高免疫效果。

（2）在使用活病毒苗时，用苗前后严禁使用抗病毒药物；用活菌苗时，防疫前后 10 天内不能使用抗生素、磺胺类等抗菌、抑菌药物及激素类。

（3）及时认真填写免疫接种记录，包括疫苗名称、免疫日期、舍别、狗的类型和日龄、免疫头数、免疫剂量、疫苗性质、生产厂家、有效期、批号、接种人等。每批疫苗最好存放 1～2 瓶，以备出现问题时查询。

（4）有的疫苗接种后能引起过敏反应，需详细观察 1～2 日，尤其接种后 2 小时内更应严密监视，遇有过敏反应者，注射肾上腺素或地塞米松等抗过敏解救药。

（5）有的狗、有的疫苗打过后应激反应较大，表现采食量降低，甚至不吃或体温升高，应饮用电解质水或口服补液盐或熬制的中药液。尤其是保育舍仔狗免疫接种后采取以上措施能减缓应激。

（6）接种疫苗后，活苗经 7～14 天、灭活苗经 14～21 天才能使机体获得免疫保护，这期间要加强饲养管理，尽量减少应激因素，加强环境控制，防止饲料霉变，搞好清洁卫生，避免强毒感染。

（7）如果发生严重反应或怀疑疫苗有问题而引起死亡，尽快向生产厂家反映或冷藏包装同批次的制品 2 瓶寄回厂家，以便找查原因。

## 五、合理用药

**（一）肉狗常用的药物**

肉狗常用的药物见表 6-8。

表 6-8　肉狗常用的药物

| 类型 | 药名 | 作　用 | 用量用法 |
|---|---|---|---|
| 抗生素类药物 | 青霉素 G 钾（钠） | 对革兰阳性菌具有抑制作用 | 肌注，狗每千克体重 2 万单位，每天 2 次。稀释后应当天用完 |
| | 苄星青霉素 G | （长效西林）与青霉素 G 钾（钠）作用相同，但效力较持久 | 肌注，每千克体重 4 万单位，每天注射 1 次 |

续表

| 类型 | 药名 | 作　用 | 用量用法 |
|---|---|---|---|
| 抗生素类药物 | 先锋霉素Ⅰ | （头孢菌素Ⅰ）对革兰阳性菌具有抑制作用 | 口服或肌注，每千克体重20～30毫克，每天2次 |
| | 先锋霉素Ⅱ | （头孢菌素Ⅱ）对革兰阳性菌具有抑制作用 | 口服或肌注，每千克体重11毫克，每天2次 |
| | 安苄青霉素 | 对革兰阳性菌具有抑制作用 | 口服10～20毫克/千克，肌注和静注5～10毫克，每天4次 |
| | 硫酸链霉素 | 对多种革兰阴性杆菌和结核杆菌、钩端螺旋体等有效 | 用注射用水溶解，肌注，每千克体重1万单位，每天2次。溶解后冷藏，应当天用完 |
| | 林可霉素（洁霉素） | 对革兰阳性菌有效 | 肌注，每千克体重25～50毫克，每天1次；口服，15毫克/千克，每天1次 |
| | 庆大霉素 | 对大多数革兰阴性菌和常见的革兰阳性菌有抑制作用 | 皮下或肌内注射，3～5毫克/千克，每天2次 |
| | 卡那霉素 | 为广谱抗生素。对革兰阴性菌（大肠杆菌、肺炎杆菌、巴氏杆菌）有效，对耐青霉素的金黄色葡萄球菌、链球菌也有效 | 皮下或肌内注射，7毫克/千克，每天4次。口服，10毫克/千克，每天4次 |
| | 新霉素 | 为广谱抗生素。对革兰阴性菌、阳性菌、钩端螺旋体有抑制作用 | 皮下或肌内注射，3.5毫克/千克，每天3次。口服，20毫克/千克，每天4次 |
| | 土霉素 | 广谱抗生素 | 肌内或静脉注射，每天每千克体重5～10毫克。静脉注射时，可以用注射用水、生理盐水或5％葡萄糖注射液做溶剂；内服量：每天每千克体重60毫克，分3次服 |
| | 金霉素（氯四环素） | 与土霉素相同，两者比较，金霉素对革兰阳性菌、耐药性金黄色葡萄球菌感染疗效更强 | 静脉注射，每天每千克体重5～10毫克。临用时加入5％葡萄糖注射液溶解后应用；内服量同土霉素。对胃肠黏膜和注射局部刺激性较强，不可肌内注射 |
| | 四环素 | 同土霉素。但内服后吸收良好，血液浓度较高，维持时间较长 | 静脉注射，每天每千克体重5～10毫克。临用时加入5％葡萄糖注射液溶解后应用；内服量同土霉素。对胃肠黏膜和注射局部刺激性较强，不可肌内注射 |

续表

| 类型 | 药名 | 作　用 | 用量用法 |
|---|---|---|---|
| 抗生素类药物 | 强力霉素(脱氧土霉素) | 抗菌谱与四环素相似,但抗菌作用较强,药效时间长,对耐四环素的细菌也有效 | 静脉注射,每千克体重2～4毫克,每天1次。注射时以5%葡萄糖注射液制成0.1%以下浓度注射液,缓缓注入;内服,每千克体重3～10毫克,每天1次 |
| | 高力米先(硫氰酸红霉素) | 对于大部分革兰阳性菌(包括对青霉素产生抗药性的金黄色葡萄球菌)和部分革兰阴性菌均有效 | 肌内注射,每千克体重1～2毫克,每天2次 |
| | 杆菌肽 | 主要对革兰阳性菌有杀菌作用。做饲料添加剂,能促进狗生长发育,提高饲料利用率 | 混饲料:每吨饲料中添加10～100克。制剂:杆菌肽锌,每毫克含50单位,混料用量同上 |
| 呋喃类磺胺类药物 | 呋喃西林 | 抗菌 | 口服,5～10毫克/千克,每天2次 |
| | 呋喃唑酮 | 抗菌 | 口服,5～10毫克/千克,每天1次 |
| | 磺胺嘧啶(SD) | 对链球菌、葡萄球菌、肺炎球菌、巴氏杆菌、大肠杆菌、李氏杆菌等有效 | 内服,初次量每千克体重220毫克,维持量每千克体重110毫克,每天2次;肌内或静脉注射,每千克体重50毫克,每天2次 |
| | 磺胺二甲嘧啶 | 对链球菌、葡萄球菌、肺炎球菌、巴氏杆菌、大肠杆菌、李氏杆菌等有效 | 口服或静注,50毫克/千克,每天2次。首服加倍 |
| | 磺胺甲基异噁唑(新诺明,SMZ) | 对链球菌、葡萄球菌、肺炎球菌、巴氏杆菌、大肠杆菌、李氏杆菌等有效 | 口服,50毫克/千克体重,每天1次。首服加倍 |
| | 磺胺二甲氧嘧啶(SDM) | 有抑制细菌生长的作用 | 内服、静注或肌注,首次量每千克体重100毫克,维持量每千克体重12.5毫克,每天1次 |
| | 磺胺-6-甲氧嘧啶(SMM) | 有抑制细菌生长的作用 | 内服、静注或肌注,首次量每千克体重100毫克,维持量每千克体重12.5毫克,每天1次 |

| 类型 | 药名 | 作　用 | 用量用法 |
|------|------|--------|----------|
| 呋喃类磺胺类药物 | 磺胺脒（磺胺胍，SG） | 内服吸收少，在肠内可保持较高浓度。用于治疗肠炎、腹泻等肠道细菌性感染 | 口服，每天每千克体重 0.1～0.3 克，分 2～3 次 |
| | 甲氧苄胺嘧啶(TMP) | 广谱抗菌剂。作用与磺胺嘧啶相似 | 静注或肌注，每千克体重 20～25 毫克，每天 1 次 |
| | 敌菌净（二甲氧苄胺嘧啶，DVD） | 抗菌作用与 TMP 相同。内服吸收差，在胃肠内保持较高浓度,用作肠道抗菌增效剂比 TMP 优越 | 口服，每千克体重 20～25 毫克,每天 2 次 |
| 抗病毒药物 | 吗啉胍（病毒灵） | 用于治疗流感、水痘、疱疹等 | 内服,0.1 克/次 |
| 驱虫药物 | 伊维菌素 | 为高效、广谱驱线虫药,对螨、虱等有驱杀作用 | 内服量:每千克体重 300～500 微克。屠宰前 28 天内不要用药 |
| | 盐酸左旋咪唑（左咪唑） | 为广谱抗寄生虫药。用于防治蛔虫、食道口线虫、肺线虫、肾虫等 | 内服量:10 毫克/千克。使用本品中毒时,可用阿托品解毒。不可与碱性药物合用 |
| | 枸橼酸哌嗪（驱蛔灵） | 用于驱蛔虫、食道口线虫 | 内服量:100 毫克/千克。严重感染可连服 2～3 天,每天 1 次 |
| | 敌百虫 | 有防治消化道线虫、外寄生虫的作用 | 内服量每千克体重 75 毫克；1%～2%溶液外用驱虫。使用本品中毒时,可用阿托品解毒。不可与碱性药合用 |
| | 灭虫丁（7051） | 有广谱、高效、低毒、安全等优点。对各种线虫、疥螨、虱均有很强的驱杀作用 | 片剂(或粉剂):本品含量为 2 毫克/克。内服量:每千克体重 0.15 克,混饲料饲喂。屠宰前 21 天内不要用药 |
| | 硫双二氯酚 | 驱吸虫、绦虫、姜片吸虫 | 口服,200 毫克/千克 |
| | 吡喹酮 | 用于治疗囊尾蚴、脑包虫和绦虫、姜片吸虫等 | 口服,5～10 毫克/千克,1 次内服 |
| | 丙硫苯咪唑（抗蠕敏） | 为广谱驱虫药。用于驱杀肠道线虫、肺线虫、绦虫、吸虫、结节虫、棘头虫、圆线虫 | 片剂(或粉剂):每片含 100 毫克、200 毫克。内服量:10～20 毫克/千克 |

续表

| 类型 | 药名 | 作　用 | 用量用法 |
|------|------|--------|----------|
| 驱虫药物 | 四咪唑（驱虫净） | 驱线虫等 | 口服,10～20 毫克/千克 |
| | 海群生（乙胺嗪） | 驱肺线虫及抗丝虫 | 口服,60～70 毫克/千克,分 3 次,连用 30 天；皮下注射或肌注,40 毫克/千克,连用 3 天 |
| | 甲硝唑（灭滴灵） | 驱肺线虫及抗丝虫 | 口服,60 毫克/千克,每天 1 次,连用 5 天 |
| | 三氮脒（贝尼尔、血虫净） | 抗原虫 | 皮下注射或肌注,3.5 毫克/千克 |
| | 蝇毒磷 | 为有机磷制剂。用于杀灭外寄生虫,如螨、虱、蝇蛆等 | 结晶粉：外用含量 0.025%～0.05%,喷洒患部 |
| | 除虫菊酯 | 用于灭虱、蚊、疥螨等 | 0.2%除虫菊酯煤油溶液,灭蚊、蝇。1%～3%乳剂,灭虱、疥螨 |
| 解热镇痛药 | 阿司匹林(乙酰水杨酸) | 有解热镇痛作用。用于治疗发热、神经痛、关节痛、风湿症等 | 口服,10 毫克/千克,每天 2 次。制剂：复方阿司匹林片,每片含阿司匹林 226.8 毫克、非那西汀 162 毫克、咖啡因 32 毫克；口服,1～2 片/次 |
| | 氨基比林 | 有解热镇痛作用。用于治疗发热、神经痛、关节痛、风湿症等 | 口服,130～140 毫克/千克,分 3 次 |
| | 安痛定注射液 | 有解热镇痛作用。用于治疗发热、神经痛、关节痛、风湿症等（本品含氨基比林 5%、安替比林 2%、巴比妥 0.9%） | 皮下、肌内注射量为 5～10 毫升/次 |
| | 安乃近 | 有解热镇痛作用。用于治疗疝痛、神经痛和发热等 | 口服,500～1000 毫克/千克 |
| | 水杨酸钠 | 有解热镇痛消炎、抗风湿作用。用于治疗风湿性关节炎 | 口服,200～2000 毫克/千克；静注,100～300 毫克/次 |
| | 盐酸吗啡 | 镇痛 | 皮下注射,0.11～2.2 毫克/千克 |
| | 盐酸哌替啶 | 镇痛 | 皮下注射,5～10 毫克/千克 |
| | 镇痛新 | 镇痛 | 静注或肌注,1.5～3 毫克/千克 |

| 类型 | 药名 | 作 用 | 用量用法 |
|------|------|--------|----------|
| 镇咳祛痰平喘药 | 氯化铵 | 有促进气管分泌黏液、稀释浓痰、祛痰镇咳作用 | 片剂(或粉剂):内服量为0.1~2克/次,每天2次;忌与碱性药品、磺胺类药合用 |
| | 杏仁水 | 对呼吸中枢、咳嗽中枢有抑制作用 | 内服量为0.2~2毫升/次,每天3次 |
| | 复方甘草合剂 | 有促进气管分泌黏液、稀释浓痰、祛痰镇咳作用 | 口服,5~10毫升/次,每天3次 |
| | 氨茶碱 | 有松弛支气管平滑肌、解除痉挛、平喘作用。用于治疗痉挛性支气管炎、支气管喘息等 | 口服,10毫克/千克,每天3次;静脉或皮下注射,5~10毫克/千克。静脉注射,禁与维生素C、肾上腺素、四环素合用 |
| 利尿药 | 双氢氯噻嗪(双氢克尿噻) | 有抑制肾小球对钠离子的再吸收、利尿的作用 | 口服,2~4毫克/千克,每天2次 |
| | 乌洛托品 | 在酸性尿液中分解成甲醛,而起防腐消毒作用。与抗生素配合应用时,可增强药效 | 口服或肌注,100~200毫克/千克,每天2次 |
| | 氯化钾 | 利尿 | 口服,10~100毫克/千克,每天2次 |
| | 甘露醇 | 有利尿和降低颅内压作用。用于治疗脑水肿及急性肾功能衰竭 | 静脉注射用量为1000~2000毫克/千克,每天4次 |
| 健胃药 | 人工盐(人工矿泉盐) | 有健胃、利胆作用。内服小剂量能增强胃肠蠕动,增加消化液分泌,促进消化吸收。内服大剂量能泻下 | 粉剂:由无水硫酸钠44份、碳酸氢钠36份、氯化钠18份、硫酸钾2份合成。健胃内服量为1~2克/次,每天3次 |
| | 复方龙胆酊(苦味酊) | 为苦味健胃药。用于治疗食欲减退和消化不良 | 本品由龙胆100克、橙皮末40克、草豆蔻末10克,加60%酒精1000毫升制成。内服量为1~5毫升/次,每天2~3次 |
| | 稀盐酸 | 有健胃制酸作用,用于治疗胃酸不足引起的消化不良、胃内发酵、食欲不振、碱中毒等 | 溶液剂:含10%的盐酸。内服量为0.1~0.5毫升/次。每天3次。忌与碱类药配合 |

续表

| 类型 | 药名 | 作　用 | 用量用法 |
|---|---|---|---|
| 健胃药 | 胃蛋白酶 | 有消化蛋白质的作用,用于治疗缺乏胃蛋白酶引起的消化不良等症 | 粉剂:内服量为 0.1～0.5 克/次,每天 3 次 |
| | 乳酸 | 有防腐、止酵和刺激作用,能增加消化液的分泌,帮助消化。用于治疗消化不良、胃内发酵等 | 液剂:内服量为 0.2～1 毫升/次,用时 50 倍水稀释,每天 3 次 |
| | 酵母 | 本品含有多种 B 族维生素,常用于治疗消化不良、B 族维生素缺乏症 | 片剂(或粉剂):内服量 8～10 克/次 |
| | 健胃散 | 用于治疗消化不良、肠蠕动减弱、肠鼓胀和胃肠炎等 | 由大黄末 1 份、龙胆 2 份、碳酸氢钠 3 份合成。内服量 1.5～2 克/次,每天 2～3 次 |
| 泻药 | 硫酸钠(芒硝) | 本品为肠黏膜难吸收的盐类泻剂。用于治疗便秘、毒物中毒等 | 内服 5%～10% 的硫酸钠溶液 100 毫升/次,口服为 5～20 克/次 |
| | 液体石蜡 | 在肠道内不吸收,对肠壁及粪便有滑润作用,用于治疗便秘 | 口服,10～30 毫升/次 |
| | 硫酸镁 | 本品为肠黏膜难吸收的盐类泻剂。用于治疗便秘、毒物中毒等 | 内服量为 5～20 克/次 |
| | 大黄 | 小剂量用作健胃,大剂量则有泻下作用 | 粉剂:口服健胃量为 0.5～1 克/次;与硫酸钠配合泻下量为 1～2 克/次 |
| | 双醋酚汀 | 在肠内遇碱性肠液,运行分解为酚汀及醋酸,酚汀能引起肠壁蠕动,而发挥导泻作用 | 口服,5～10 毫克/千克 |
| 止泻药物 | 鞣酸蛋白 | 内服入肠,遇碱性肠液放出鞣酸,起收敛止泻作用。用于治疗肠炎、非细菌性腹泻等 | 片剂(粉剂):每片 0.25 克、0.5 克。内服量为 0.3～2 克/次,每天 4 次 |
| | 次硝酸铋 | 内服后,不溶于水,故大部分被覆在肠黏膜表面,起到保护作用。用于治疗肠炎、腹泻、溃疡等病 | 片剂(粉剂):每片 0.3 克。内服量为 0.3～2 克/次,每天 4 次 |

续表

| 类型 | 药名 | 作　用 | 用量用法 |
|---|---|---|---|
| 止泻药物 | 矽炭银 | 有吸附、收敛作用。用于治疗胃肠炎、白痢病、腹泻、胃肠发酵等病 | 口服,1~3克/次,每天4次 |
| | 木炭末 | 内服可吸附消化道内的细菌、毒素及气体,并起止泻作用。用于治疗肠炎、毒物中毒等病 | 口服,0.6~3克/次,每天2次 |
| 解毒药物 | 二巯基丙醇 | 解毒药。用于砷、汞中毒的解毒 | 肌内注射,4毫克/千克。4小时1次,直到痊愈 |
| | 亚甲蓝注射液(美蓝注射液) | 较大剂量能解除氰化物中毒,较小剂量能解除亚硝酸盐中毒 | 静脉注射量为5~10毫克/千克。解除氰化物中毒时,本品可与硫代硫酸钠交替使用 |
| | 注射用解磷定(解磷毒) | 为胆碱酯酶复活剂。是有机磷杀虫药中毒时的解毒药 | 肌内、静脉注射量为10~20毫克/千克 |
| | 双复磷 | 为胆碱酯酶复活剂。是有机磷杀虫药中毒时的解毒药 | 肌内、静脉注射量为15~30毫克/千克 |
| | 注射用硫代硫酸钠(次亚硫酸钠) | 用于氰化物、砷、汞、铅、铋、碘等中毒的解救 | 静脉注射量为20~30毫克/千克(用生理盐水溶解成5%~20%溶液) |

## (二) 肉狗的药物保健

做好狗群保健预防用药就是在狗容易发病的几个关键时期,提前用药物预防,能够起到很好的保健作用,降低狗场的发病率。这比发病后再治,既省钱省力,又能确保狗正常繁殖生长,还可以用比较便宜的药物达到防病的目的,收到事半功倍的效果,提高养狗经济效益。

药物预防通常选用一些安全、有效且价廉的药物。如在钩端螺旋体病流行季节,在饲料中加入土霉素0.75~1.5克/千克或按1~1.5克/千克喂服四环素,选用7天,可控制狗感染此病。

每隔15~20天给狗连续3天喂0.1%高锰酸钾水或0.2%土霉素水有良好的疾病防治作用;内服磺胺类药物、大蒜或大蒜酊等可防治大肠杆菌、副伤寒等；内服促菌生、应用杆菌肽等饲料添加剂，可预防胃肠炎等消化道疾病，并有刺激或促进狗生长的作用。

在母狗分娩前 10 天，饮用氨丙啉溶液（1～2 汤匙 9.6％氨丙啉溶于 4.5 升水中），结合卫生消毒工作，可有效预防球虫病的发生。

在蚊蝇出现前 1 个月至出现后 2 个月内，每日喂食海群生（6.6 毫克/千克），配合每月 1 次口服伊维菌素（6 微克/千克）和杀螨菌素，可抑制心丝虫幼虫的发育，防止虫体到达心脏而发病等。

使用药物预防时应注意：①长期不间断用药使病原体产生耐药性，从而影响预防效果，因此可以间断使用或交替使用；②在肉狗出栏屠宰前一段时期，应尽可能减少用药或不用药物，以免药物残留而影响肉品质和危害人体健康。

狗的寄生虫种类很多，发现狗寄生虫的剖检感染率高达 100％，流行普遍，这对狗的生长发育、养狗的效益都有很大影响，因此对狗进行定期驱虫是很重要的。狗生下来满 20～25 日龄时应进行第一次驱虫。第二次驱虫应在注射疫苗前，在 40～50 日龄。第三次在三月龄进行驱虫。以后可以同成年一样，每年在春、秋两季各进行一次驱虫。驱虫一般用盐酸左旋咪唑，用量一般用 10 毫克/千克，一次口服。对于大型养狗场，每年应进行一次寄生虫的检查，及时发现新的寄生虫，并及时处理。肉狗药物保健程序见表 6-9。

**表 6-9　肉狗药物保健程序**

| 时间 | 目的 | 使用的药物 |
| --- | --- | --- |
| 20～25 日龄 | 驱虫 | 盐酸左旋咪唑,用量一般用 10 毫克/千克,一次口服 |
| 40～50 日龄 | 驱虫 | 盐酸左旋咪唑,用量一般用 10 毫克/千克,一次口服 |
| 4 月龄以内 | 防球虫病 | 幼犬开食时用百虫清按 15 毫克/千克一次口服;以后间隔 3～4 周用药一次 |
| 母狗分娩前 10 天 | 防球虫病 | 饮用氨丙啉溶液(9.6％氨丙啉溶于 4.5 升水中,1～2 汤匙) |
| 夏季和秋季 | 防钩端螺旋体 | 饲料中加入土霉素,0.75～1.5 克/千克;或按 1～1.5 克/千克喂敷四环素,选用 7 天 |
| 每隔 15～20 天 | 预防胃肠炎等消化道疾病 | 给狗连续 3 天饮 0.1％高锰酸钾水或 0.2％土霉素水有良好的疾病防治作用;内服磺胺类药物、大蒜或大蒜酊等可防治大肠杆菌、副伤寒等 |

续表

| 时间 | 目的 | 使用的药物 |
|------|------|-----------|
| 蚊蝇出现前1个月至出现后2个月内 | 防治心丝虫病 | 每日喂食海群生(6.6毫克/千克),配合每月1次口服伊维菌素(6微克/千克)和杀螨菌素 |
| 每年春、秋两季 | 驱虫 | 盐酸左旋咪唑,用量一般用10毫克/千克,一次口服 |

# 第三节 肉狗的常见病防治

## 一、病毒性传染病

### (一) 狗瘟热

狗瘟热（犬瘟热）是由犬瘟热病毒引起的一种高度接触性传染性病毒病。它以体温双相升高，白细胞减少，急性鼻卡他以及随后的支气管炎、卡他性肺炎、严重的胃肠炎和神经症状为特征。此病分布于全世界，主要发生于幼狗。

【病原】狗瘟热病毒属于 RNA 病毒。这种病毒可以在狗、雪貂和犊牛肾细胞以及鸡成纤维细胞中进行培养。在鸡胚中培养，接种后1～2天，在绒毛尿囊膜上可见到水肿、外胚层细胞的增生和部分坏死。此病毒只有一种抗原型，其病原性依毒株不同可能有若干差别。日光直照14小时能将这种病毒毁灭。56℃ 10～30分钟被毁灭。但对干燥和寒冷有很强的抵抗力，冻干的材料中，4℃能保持多月。低温中保持多年仍有感染力。为了贮藏这种病毒，在乳糖-陈溶液中冻干最为适宜。最适宜的 pH 值为 7.0。对碱抵抗力弱，7.3% 苛性钠溶液、3% 甲醛溶液或 5% 石炭酸溶液有迅速杀灭这种病毒的作用，0.5%～0.75% 酚液也可以用作消毒剂。

【流行病学】本病寒冷季节（10月份至翌年4月间）多发。特别常见于狗类比较集聚的地方。一旦狗群发生本病，其他幼狗很难避免感染，哺乳仔狗由于可以从母乳中获得抗体，故很少发病，通常以3～12月龄的幼狗最易感，人工感染发病率可达70%以上。死亡率在50%以上。2岁以上发病率逐渐降低。5～10岁的老龄犬人工感染仅有 5％左右发病，康复狗可获终生免疫。

病狗是本病的传染源。病毒大量存在于鼻汁、唾液中，也见于血液、脑脊髓液、淋巴结、肝、脾、脊髓、心包液及胸、腹水中，并且能通过尿长期排毒，污染周围环境。本病是通过气溶胶微滴和被污染的物体传染的，主要经消化道和呼吸道感染。

【临床特征】体温呈双相热型（即病初体温高达 40℃左右，持续 1 或 2 天后降至正常，经 2～3 天后，体温再次升高）；第二次体温升高时（少数病例此时死亡）出现呼吸道症状：病狗咳嗽，打喷嚏，流浆液性至脓性鼻汁，鼻镜干燥，眼睑肿胀，化脓性结膜炎，后期常可发生角膜溃疡；下腹部和股内侧皮肤上有米粒大红点、水肿和化脓性丘疹；常发呕吐；初便秘，不久下痢，粪便恶臭，有时混有血液和气泡。少数病例可见足掌和鼻翼皮肤角化过度性病变，有 10％～30％的病狗出现神经症状（痉挛、癫痫、抽搐等）。本病致死率可高达 30％～80％。如与狗传染性肝炎等病混合感染时，致死率更高。

狗瘟热病的病程差别很大，主要取决于继发感染的性质和严重程度。近年来已证明，除了并发大肠杆菌、葡萄球菌、沙门杆菌、支气管败血博代杆菌、星形诺卡菌等细菌感染外，还存在与狗传染性肝炎的混合感染。由于这两种病毒之间不存在干扰现象，所以混合感染比单一感染要严重得多。

【实验室检查】采取病料（眼结膜、膀胱、胃、肺、气管及大脑、血液）送往检验单位，做病毒分离、中和试验等特异性检查可以确诊。

【类症鉴别】要注意与狂犬病、钩端螺旋体病、传染性肝炎及副伤寒的鉴别。①狂犬病病狗对人和其他动物有攻击性，狂犬病病毒对鹅红细胞有特异性凝集作用。②狗传染性肝炎出血后凝血时间延长，剖检有特征性的肝、胆病变及体腔血样渗出液。组织学检查为犬传染性肝炎为核内包涵体，而狗瘟热核内和胞浆内均有包涵体，以胞浆内为主。③钩端螺旋体病不出现呼吸道和结膜炎症状，但是有明显的黄疸症状。另外，本病病原体为钩端螺旋体。④副伤寒，剖检可见脾脏显著肿大，病原为沙门菌。

【预防措施】

(1) 加强兽医卫生检疫措施　各养殖场应尽量做到自繁自养。个人养的狗，在本病流行季节，严禁将狗带到集聚的地点，以防感染传播。

（2）彻底消毒狗舍、运动场地　狗舍及运动场地应以3％烧碱（又名氢氧化钠）溶液或10％福尔马林喷射消毒。

（3）定期预防接种　免疫程序为：仔狗至6周龄时为首免时间，8周龄时为第二次免疫，10周龄时为第三次免疫，以后每年春、秋各免疫1次，每次免疫量为3毫升，可获得较好的免疫效果（疫苗最好选用梅里亚、英特威和道富等进口疫苗）。近年来，有些单位对1～2月龄幼狗，应用人用麻疹疫苗各免疫1次，可获得一定的免疫效果。

【发病后措施】有狗瘟热疫情威胁或怀疑死狗是死于狗瘟热病时，应立即将病畜隔离，防止扩大传播，把死狗尸体焚毁。使用3％甲醛溶液、3％苛性钠溶液或5％石炭酸溶液进行彻底消毒，有的器具可用煮沸或蒸汽消毒。目前尚无特异的有效疗法，但发病早期可采取以下治疗办法。

（1）本病康复狗血清或全血行肌内注射或皮下注射，剂量为每千克体重2～3毫升；也可用本病的高免球蛋白，视狗体重大小注射1～3支。并同时配合应用抗生素（如青霉素、链霉素等）及对症治疗，对于防治细菌继发、感染和病狗康复均有良好效果。

（2）应用狗五联免疫球蛋白和三合一针治疗：病狗发病初期，用药越早效果越好，采用第四军医大学动物保健品研制中心生产的精制狗五联免疫球蛋白，每日2次，每次依其体重1～3支，连用3天；另需配合人用654-2（盐酸消旋山莨菪碱注射液）、地塞米松磷酸钠注射液和庆大霉素各一支，每日2次，连用3天。等病情恢复后的10天，再接种相应疫苗。

（3）高免血清5～10毫升，每日1次，连用3～5天，或狗用病毒灵，连用5天。氨苄青霉素或先锋霉素50毫克/千克，肌内注射，2次/日，连用3天，防继发感染。

（4）中药治疗

处方1：水牛角8克，芍药8克，生地黄13克，黄连10克，白头翁10克，牡丹皮6克，黄柏10克（犀角地黄汤加味），煎水取汁，胃管投用；下痢狗只，直肠灌注（加减：初期体温升高者，重用黄连，加金银花、蒲公英、板蓝根；粪便腥臭，有血块脓块者，加地榆炭、侧柏叶、炒蒲黄；肺炎咳嗽，加天花粉、桔梗、麻黄、甘草；体温下降，食欲不振者，加生黄芪、党参、熟地黄、山药；下痢者，加云南白药，直肠灌注）。

处方2：大青叶6克，金银花6克，黄芩6克，黄连3克，生石膏6克，柴胡6克，升麻3克，生地黄6克，生甘草6克，连翘6克（清瘟败毒饮加味），水煎灌服，日服1剂（加减：呕吐者，加吴茱萸；肌肉震颤严重者，加僵蚕；有神经症状者，加郁金、胆南星、石菖蒲、礞石、朱砂；下痢脓血者，加大黄、木香、侧柏炭；呼吸浅表、困难者，加知母、法半夏、苍术、紫苏子）。

处方3：生石膏60克，知母30克，生地黄15克，玄参15克，牡丹皮15克，麦冬15克，丹参15克，连翘15克，金银花15克，黄芩10克，黄连10克，栀子10克，桔梗15克，木通10克，淡竹叶10克，甘草10克（清营汤合清瘟败毒饮加减），煎水灌服或深部灌肠，每日2次。

## （二）狂犬病

狂犬病俗称疯狗病或恐水病，是由狂犬病病毒引起的一种急性接触性传染病。在病理组织学上它以一种淋巴细胞性脑脊髓灰质炎为特征，在临床上主要表现各种形式的兴奋和麻痹症状。

【病原】狂犬病病毒属RNA型弹状病毒，病原体呈粗短子弹形，一端钝圆，一端扁平，其外包有两层致密程度不等的套膜，对油脂溶剂敏感。病毒在动物体内主要存在于中枢神经组织、唾液腺和唾液内，在唾液腺和中枢神经（尤其在脑海马角、大脑皮质、小脑等）细胞的胞浆内形成狂犬病特异的内涵体，即内基小体，内部可见到小的嗜碱性颗粒，数目不定。病毒通过实验动物的继代，能减弱对人、畜的毒力，并可用来制备弱毒疫苗。病毒对碱、碘、酸、石炭酸、福尔马林、升汞等消毒液敏感。2%肥皂水、43%～70%酒精、0.01%碘液、丙酮、乙醚都能使之灭活。病毒不耐湿热，50℃加热15分钟，100℃2分钟，以及紫外线和X线照射均能灭活，但在冷冻或冻干状态下可长期保存。在50%甘油缓冲液中或4℃下可存活数月至1年。

【流行病学】本病通常以散发的形式为主，即发生单个病例为多，大多数有被疯病动物咬伤的病史，一般春夏发生较多（这与狗的性活动有关）。

【临床特征】病狗表现狂暴不安和意识紊乱。病初主要表现精神沉郁，举动反常，如不听使唤，喜藏暗处，出现异嗜，好食碎石、木块、泥土等物，病狗常以舌舔咬伤处，不久即狂暴不安，攻击人畜，常无目的奔走。外观病狗逐渐消瘦，下颌下垂，尾下垂并夹于两后腿之间，呻吟嘶哑，流涎增加，吞咽困难。后期，病狗出现麻痹症状，行走困难，最后终因全身衰竭和呼吸麻痹而死。具有以上典型症状的病例，结合有被咬伤的病史，可做出初步诊断。咬人的狗不一定都是狂犬病病狗，也确实存在相当数量的无临床症状的病狗及呈现临床症状前就向外排毒的狗。所以对咬过人、畜的可疑病狗，不应立即处死，应将其捕获，至少隔离观察2周，如两周内不呈现狂犬病症状，证明不是狂犬病，可以解除隔离。

【实验室检查】采取狗脑，送化验室作特异性检查，如神经细胞内的内基小体检查、荧光抗体或酶联免疫吸附试验，以查明脑组织中是否存在有狂犬病病毒，也可将细胞组织悬浮液接种家兔或小白鼠，做出确诊。

【预防措施】

（1）定期进行预防接种　目前我国生产的狂犬病疫苗有两种，即狂犬病疫苗与狂犬病弱毒细胞冻干苗。狂狗病疫苗狗的用量：体重4千克以下的狗3毫升；4千克以上的狗5毫升。被病狗咬伤的人、畜，应立即紧急预防接种，在这种情况下，只注射一次疫苗是不够的，应以3～5个月为间隔注射2次。注射疫苗的狗可获半年的免疫期。狂犬病弱毒细胞冻干苗使用前，应以无菌的注射用水或生理盐水按瓶签规定的量稀释、摇匀后，不论大小，每狗一律皮下或肌内注射1毫升，可获1年的免疫期。无论注射哪种疫苗的狗，一般均无不良反应，有时在注射局部出现肿胀，但很快即可消失。但是，体弱狗、临产或产后的母狗及幼龄狗都不宜注射这两种疫苗。

（2）加强检验　未注疫苗的狗入境时，除加强隔离观察外，必须及时补注疫苗，否则禁止入境。对无人饲养的野狗及其他野生动物，尤其是本病疫区的野狗，应捕杀。

【发病后措施】对已出现临床症状的病狗及病畜应立即捕杀，不宜治疗。患狂犬病死亡的病狗一般不应剖检，尸体应深埋或焚烧，不准食用。对新咬伤的狗，要及时治疗。治疗效果取决于治疗的时间及局部处理是否彻底。在咬伤的当时，先局部挤出血，再用肥皂水充分冲洗伤口，以排除局部组织内的病毒，后用升汞液（0.1％）、酒精或碘酒等处理。如有狂犬病免疫血清，在创口周围分点注射（用量：每千克体重按1.5毫升计算，最好在咬伤后72小时内注完）更好。如无血清，应及时用疫苗进行紧急预防接种。

如果人被病狗咬伤要及时治疗。对咬伤的人，应迅速以20％肥皂水冲洗伤口，并用3％的碘酒处理，还要及时接种狂犬病疫苗（第0天、第3天、第7天、第14天、第30天各注射一次，至第40天及第50天再加强注射一次），常可取得防治效果。也可采用连续10针法（0～9天各1针）。

### （三）传染性肝炎

传染性肝炎是由传染性肝炎病毒引起的狗的一种急性、败血性传染病。以肝小叶中心坏死、肝实质细胞和皮质细胞核内出现包涵体和出血时间延长为特征。

【病原】狗传染性肝炎病毒，按其构造和生物学特征属于腺病毒一类。各分离的毒株都相同。狗传染性肝炎病毒可凝集人（O型）、鸡、豚鼠的红细胞，利用这种特性可进行血凝抑制试验。这种病毒抵抗力相当强，冻干后能长期存活，在0.2％的福尔马林经24小时灭活，在50℃150分钟或60℃3～5分钟后可灭活，对乙醚和氯仿有耐受性。在室温下pH值3～9的环境中可存活，在室温下能抵抗95％的酒精达24小时，如果注射器和针头仅依赖酒精消毒，仍有可能传播本病。经紫外线照射2小时后，病毒已无毒力，但还有免疫原性。最适pH值为6～8.5，较高的与较低的pH值分别于5天和10天后使之灭能。

【流行病学】不分品种、性别、季节都可发生，但以1岁以内的幼狗和冬季多见。

【临床特征】初期症状与狗瘟热相似。病狗精神沉郁，食欲不振，渴欲明显增加，甚至出现两前肢浸入水中狂饮，这是本病的特征性症状。病狗体温升高达40℃以上，并持续4～6天。呕吐与腹泻较常见，若呕吐物和粪便中带有血液，多预后不良。多数病狗剑状软骨部有痛感。急性症状消失后7～10天，部分病狗的角膜混浊，呈白色乃至蓝白色角膜翳，被称为"肝炎性蓝眼"，数日后即消失。齿龈有出血点。该病虽叫肝炎，但很少出现黄疸。若无继发感染，常于数日内恢复正常。

【实验室检验】病毒分离、荧光抗体染色及其他特异性检验。

【类症鉴别】本病要与狗瘟热、细小病毒病相区别。

狗瘟热的病狗凝血时间不延长，可视黏膜潮红，胆囊壁不水肿，不增厚，不出血。肝不肿大，色较深。小叶不清楚，腹腔不积血样的液体。

细小病毒病的病狗没有黄疸及皮下水肿。腹部能触诊无疼痛，没有角膜混浊。

【预防措施】

（1）平时要加强对肉狗的饲养管理，增强其体质及自我保护能力。同时要搞好狗舍及其周围环境卫生，定期消毒。做到自繁自养，严格与其他狗混养，以防传染。

（2）疫苗接种　采用狗五联弱毒苗（狂犬病、狗瘟热、副流感、传染性肝炎、细小病毒性肠炎）和狗肝炎、肠炎二联苗，按规定进行预防注射。对 30～90 日龄的狗注射 3 次，90 日龄以上的狗注射 2 次，每次间隔 2～4 周。每次注射用量：五联苗 2 毫升，二联苗 1 毫升，可获 1 年的免疫期。或注射其他经国家鉴定的疫苗。

【发病后措施】发病后尽早隔离病狗，做好用具、狗栏、狗舍以及周围环境的消毒工作。采用如下方法治疗。

（1）用高免血清或成年狗血清治疗　每天 1 次，每次 10～30 毫升。此外，每日应静脉注射 50％葡萄糖液 20～40 毫升、维生素 C 200 毫克或三磷酸腺苷（ATP）15～20 毫克，1 日 1 次，连用 3～5 天。口服肝泰乐片。要节制饮水，可每 2～3 小时喂一次 5％葡萄糖盐水。

（2）中药治疗（中兽医验方）

处方 1：清开灵注射液（由胆酸、去氧乙酸、水牛角、珍珠母、金银花、黄芩苷等制成）。按每千克体重 1～4 毫升，一次肌内注射。本方具有清热解毒，化痰通络，醒脑开窍的作用。用本方配合病毒灵等治疗狗传染性肝炎病 50 例，除 2 例因并发狗细小病毒病、1 例因年老体衰、1 例因诊治太晚而死亡外，其余 46 全部康复，治愈率

92%（蔡勤辉等．畜牧与兽医杂志，2007）。

处方 2：防风、川芎、当归尾、红花、车前子、黄芩各 4 克，荆芥、白菊花、白芷、厚朴、蔓荆子各 5 克，木贼、龙胆各 6 克（洗肝散），研成细末，用大蒜糖水灌服，每天 2 次。本方具有散风清热，消肿明目的作用。用本方中西医结合治疗狗传染性肝炎 22 例，轻者 1～2 天痊愈，治愈率达 98%，病重者 3～5 天痊愈，治愈率为 85%（李昌碧．中西医结合治疗狗传染性肝炎．贵州畜牧兽医，2002）。

处方 3：龙胆、黄芩、栀子、车前子各 60 克，泽泻、木通、当归、生地黄各 50 克，柴胡 40 克，甘草 15 克（龙胆泻肝汤），水煎，分 2 次灌服，每天 1 剂。本方具有清泻肝火，利湿泄热的作用。本方治疗狗传染性肝炎有一定疗效（郑继方主编．中兽医诊疗手册．北京：金盾出版社，2006）。

（四）细小病毒病

狗细小病毒病是狗的一种急性传染病。临床上以出血性肠炎或非化脓性心肌炎为主要特征。幼狗多发，死亡率为 10%～50%。

【病原】病原是狗细小病毒，能在狗肾细胞和猫胎红细胞（原代或传代细胞）上生长。在 4℃ 或 25℃ 条件下，能凝集猪和恒河猴的红细胞，而不凝集其他动物的红细胞。狗细小病毒对外界因素具有较强的抵抗力。于 56～60℃ 中可存活 1 小时，在 pH 值 3～9 时 1 小时并不影响其活力，对福尔马林、β-丙内酯和紫外线较敏感，但对氯仿、乙醚等脂溶剂则不敏感。

【流行病学】本病主要由直接接触或间接接触而感染。细小病毒由感染狗的粪便、尿液、呕吐物、唾液中排出，污染食物、垫草、食具和周围环境而使易感狗受到感染。康复狗粪尿中有长期带毒的可能性。此外，还有一些无临床症状的带毒狗，也是危险的传染源。本病流行无明显季节性，但寒冷的冬季较为多见。刚断乳不久的幼狗多以心肌炎综合征为主，青年狗多以肠炎综合征为主。

【临床特征】本病在临床上主要以两种形式出现，故可将其分为下列两型，即肠炎型和心肌炎型。肠炎型潜伏期 7～14 天，一般无呕吐而腹泻，粪便先呈花色或灰黄色，覆有多量黏液和伪膜，而后粪便呈番茄汁样，带有血液，发出特殊难闻的腥臭味。病狗精神沉郁，食欲废绝，体温升至 40℃ 以上（也有体温不升高的）并迅速脱水。也有些病狗呈间歇性腹泻或排软便。心肌炎型的病狗脉快而弱，呼吸困难，可视黏膜苍白。心脏听诊可听到心内回流性杂音。

【实验室检查】应早期采取病狗腹泻物，用0.5％的猪红细胞悬液，在4℃或25℃按比例混合，观察其对红细胞的凝集作用。必要时也可将粪便样品送检验单位做电镜检查，进行确诊。

【类症鉴别】狗瘟热的病狗体温双热型并伴有呼吸道黏膜卡他、肺炎以及神经症状、排稀粪便等，病程可持续1周或更长些，而细小病毒病狗排血样稀粪，病急，病程短；冠状病毒病从症状而言，两者很难区别，但冠状病毒病的呕吐、腹泻症状较细小病毒病轻，成年病狗几乎无；传染性肝炎的病狗有黄疸及皮下水肿、腹部确诊疼痛、暂时性角膜混浊、血凝时间延长等症状；细菌性肠炎抗生素治疗有效。此外，还应注意将本病与中毒病、球虫病和急性胰腺炎等相区别。

【预防措施】搞好免疫接种。国内已有狗细小病毒灭活疫苗，国外多主张对6周龄、8周龄和14周龄狗连续接种3次，每次皮下接种2～3毫升，这样免疫至少可保护1年。

【发病后措施】当狗群爆发本病后，应及时隔离，对狗舍和饲具，用2％～4％烧碱、1％福尔马林、5％过氧乙酸或5％～6％过氯酸钠（32倍稀释）反复消毒。对无治愈可能的狗应尽早捕杀，焚烧深埋；对轻症病例，应采取对症疗法及支持疗法。

（1）对症疗法 肠炎型多死亡于脱水失盐，故治疗重点应针对脱水，以大量输液为主，同时应用抗生素以防止继发感染，心肌炎型多由于表现临床症状时已来不及救活而死亡。据报道，国内有应用免疫血清配合药物治疗本病的，治愈率为76.2％，死亡率为23.8％。其法是以本病康复狗血清或血浆或成年健康狗3次接种病毒30天左右的血液或血浆30～50毫升，腹腔注射1或2次，配合输液，口服痢特灵和肌内注射庆大霉素。

（2）中药治疗（中兽医验方）

处方1：地榆10克，槐花10克，金银花（双花）15克，龙胆10克，大青叶10克，黄连须10克，郁金10克，乌梅10克，诃子10克，云茯苓10克，当归10克，甘草10克。每天1剂，连服3～4剂。本方清热解毒，凉血止痢。用本方配合抗生素和输液治疗狗病毒性腹泻24例，治愈20例，死亡4例，治愈率为83.3％（中国兽医杂志，1984）。

处方2：郁金3克，黄连3克，黄柏3克，黄芩3克，白头翁6克，酒大黄3克，厚朴3克，白芍6克，乌梅6克，甘草3克（郁金散加味）。加水150毫升，煎至50毫升，连煎2次，得药液100毫升，加白糖50克混合，6月龄狗一次灌服，每天1剂，重症连用3天。本方清热凉血，涩肠止泻。用本方治疗狗细小病毒病920例，治愈率达95％以上。用本方配合强心、补液、止血、消炎西药效果好（孟昭聚．中国养犬杂志，1995）。

处方3：葛根40克，黄芩20克，黄连15克，白头翁20克，山药10克，地榆15克，甘草10克（葛根芩连汤加味）。水煎，分3～4次内服，每次50～100毫升，幼狗酌情减量，每天1剂。本方清泄里热，解肌散邪。用上方治疗狗细小病毒病23例，疗效满意。便血重者，加侧柏炭15克；津伤者，加生地黄20克、麦冬20克；里急后重者，加木香10克；呕吐剧烈者，加竹茹15克；食欲差者，加山楂30克；气血亏虚者，加黄芪30克、当归15克；眵盛难睁者，加菊花20克、秦皮10克（廖柏松．中国兽医杂志，1990）。

（五）冠状病毒病

本病是狗的一种急性胃肠道传染病，其临床特征为腹泻。

【病原】病原是冠状病毒，主要存在于病狗的胃肠道内，并随粪便排出污染饲料和周围环境。因此，本病主要经消化道感染。病毒对外界环境的抵抗力较强。粪便中的病毒可存活6～9天，污染物在水中可保持数天的传染性，因此，狗群中一旦发生本病，很难在短时间内控制其流行和传播。病毒对热敏感，紫外线、来苏儿、0.1％过氧乙酸及1％克辽林等都可在短时间内将病毒杀死。

【流行病学】本病多发于寒冷的冬季，传播迅速，数日内常成窝爆发，本病的发生虽无品种、年龄、性别之分，但在狗群中流行时，通常都是幼狗先发病，然后波及其他年龄的狗，幼狗的发病率和致死率均高于成年狗。

【临床特征】幼狗症状严重，呕吐和腹泻是本病的主要症状，病初呕吐持续数天，至出现腹泻后，呕吐减轻或停止。腹泻物呈糊状、半糊状乃至水样，橙色或绿色，水样便中常含有黏膜和血液。病狗精神沉郁、喜卧、厌食，但体温一般不高。成年狗症状轻微。

本病的临床症状和流行病学与轮状病毒感染相似，而且常与轮状病毒、狗细小病毒等混合感染，诊断较为困难。因此，运用实验室检验，如粪便病料的电镜检查、病毒分离或荧光抗体检查对本病的确诊具有重要意义。

【预防措施】注意冬季的防寒保温，搞好隔离和消毒。

【发病后措施】

（1）病狗应立即隔离到清洁、干燥、温暖的场所，停止喂奶，改用葡萄糖甘氨酸溶液（葡萄糖 45 克，氯化钙 8.5 克，甘氨酸 6 克，枸橼酸 0.5 克，枸橼酸钾 0.13 克，磷酸二氢钾 4.3 克，水 200 毫升）或葡萄糖氨基酸溶液给病狗自由饮用，也可注射葡萄糖盐水和 5% 碳酸氢钠溶液，以防脱水、脱盐。

（2）要保证幼狗能摄食足量的初乳而使其获得免疫保护。也可试用皮下注射成年狗的血清。此病目前尚无疫苗可进行预防。

（3）中药治疗（中兽医验方）

处方：白头翁 20 克，黄连须 10 克，黄柏 15 克，秦皮 10 克。

用法：水煎去渣，分 2 次服，每天 1 剂，连服 3～5 天。

本方具有清热解毒、燥湿止痢作用，治疗狗冠状病毒性肠炎有一定疗效。便血鲜红量多者加大黄炭、仙鹤草；里急后重明显者加牡丹皮；便呈血样者加乌梅、诃子。

（六）轮状病毒病

轮状病毒病主要是感染幼狗的一种肠道传染病。以腹泻为主要特征，成年狗感染后一般取隐性经过。

【病原】轮状病毒是一种双链核糖核酸病毒，属于呼肠孤病毒科。

【流行病学】轮状病毒存在于病狗的肠道内，并随粪便排出体外，污染周围环境。消化道是本病的主要感染途径。痊愈动物仍可从粪便中排毒。但排毒时间多长尚不清楚。各年龄的狗都可感染，但成年狗一般为性感染，缺乏明显的症状。本病多发生于寒冷季节，卫生条件不良常可诱发此病。

【临床特征】幼狗常发生严重腹泻，排水样至黏液样粪便，可持续 8～10 天。但食欲和体温无大变化。

本病特征为腹泻，故应与带有腹泻症状的犬瘟热、犬细小病毒病、大肠杆菌感染等相区别。本病多发于寒冷季节，主要发生于幼狗，腹泻症状轻重不一，食欲变化不大，体温无变化，发病突然，发展迅速，经适时对症治疗很快好转。确认要靠电子显微镜检查。做免疫吸附试验也是目前常用的一种诊断方法。

【预防措施】【发病后措施】见冠状病毒病。

## 二、细菌性传染病

### （一）狗副伤寒

狗副伤寒又叫沙门菌病，是由沙门菌引起的人畜共患病的总称。多数感染狗不表现出临床症状，临床上可表现为肠炎和败血病。

【病原】为沙门氏杆菌，它包括有2000多个血清型。而从狗体内分离到的有40多个血清型。

【流行病学】能引起狗临床发病的最常见的菌型是鼠伤寒沙门杆菌，经常潜藏于消化道、淋巴组织和胆囊内，当某种诱因使机体抵抗力降低时，菌体即可增殖而发生内源传染，连续通过易感动物后，毒力增强，便引起该病的扩大传播。在此种情况下，消化道感染是主要的传播途径。

【临床特征】病狗突发急性胃肠炎，表现高热、厌食、呕吐和腹泻，排水样和黏液样粪便，重症的可排血便。体质迅速衰竭，黏膜苍白，最后因脱水、休克而死。幼龄狗常发生菌血症和内毒素血症，此时病狗体温降低，全身虚弱及毛细血管充盈不良。

【实验室检验】能引起狗发生高热、厌食、呕吐和腹泻的原因很多，且健康畜禽带有沙门菌的现象较普遍，因此，只凭临床诊断是难以最后确诊的。对具有上述临床表现的狗，应采取病死狗的脾、肠系膜淋巴结、肝、胆汁等病料送检做细菌学检查。只有从病料中发现有致病性的沙门菌，再结合上述临床表现，才可最后确诊。

【预防措施】

（1）保持狗舍卫生，定期对狗舍、用具（笼、食盆、水槽等）进行消毒，注意灭蝇灭鼠。

（2）禁止饲喂不卫生的肉、蛋、乳类食品。这些食品，尤其是动物内脏和下脚料，带有沙门菌的机会更多，因此应尽可能地将动物性饲料煮熟后再饲喂，杜绝传染源。

（3）严禁得过副伤寒的狗或其他可能的带菌动物与健康狗接触

（患病治疗期间，应进行严格隔离，专人饲养护理，防止人为扩散病原体，病死狗要深埋或焚烧）。

（4）本病可用土霉素、四环素、螺旋霉素、先锋霉素、丁胺卡那霉素、红霉素、卡那霉素、庆大霉素、环丙杀星、蒽诺沙星、磺胺类药物和增效剂等配合预防和治疗。有条件的可将分离到的病原体制成灭活苗进行注射预防。

【发病后措施】

（1）隔离消毒 发现病狗及时隔离治疗，专人管理，严禁病狗与健康狗接触。对病狗舍、运动场、食具应以 2%～3%烧碱溶液、漂白粉乳剂、5%氨水等消毒液消毒。尸体要深埋，严禁食用，以防人员感染。

（2）治疗 对病狗可用抗生素治疗，氯霉素有较好的疗效，用量 0.02 克/千克，每日 2～4 次，连用 4～6 天；或呋喃唑酮，0.01 克/千克，分 2～3 次内服，连用 5～7 天。或磺胺嘧啶，首次量为 0.14 克/千克，维持量为 0.07 克/千克，1 日 2 次，连用 1 周；或应用增效新诺明 0.02～0.025 克/千克，1 日 2 次；也可使用大蒜内服，即取大蒜 5～25 克捣成蒜泥后内服或制成大蒜酊后内服，每日 3 次，连服 3～4 天。此外，适当配合输液，维护心脏功能，清肠制酵，保护胃肠黏膜等对症治疗。

## （二）狗的大肠杆菌病

大肠杆菌病是由致病性大肠埃希菌引起的、主要侵害各初生动物的一种急性肠道传染病，临床上以严重腹泻和呈现败血症为特征。本病可引起初生狗死亡，造成较大的经济损失。

【病原】大肠杆菌是所有温血动物后肠道的常在菌，部分菌株具有致病性或条件致病性。大肠杆菌为革兰阴性染色两端钝圆的小杆菌。根据其致病机制不同分为肠致病性大肠杆菌、侵袭性大肠杆菌、肠毒素性大肠杆菌，肠毒素性大肠杆菌是人和动物腹泻的主要病原菌。本菌对外界环境因素的抵抗力中等，对物理化学因素较敏感，55℃ 1 小时或 60℃ 20 分钟可被杀死。在污水、粪便和尘埃中可存活数周至数月。对石炭酸和甲醛敏感。

【流行病学】本病主要发生于 1 周龄以内的仔狗，发病与不良的饲养管理密切相关。大肠杆菌与前述的沙门杆菌同属于肠杆菌科，分别为埃希菌属细菌和沙门菌属细菌。大肠杆菌广泛存在于外界环境中（包括水和土壤等），粪便中含量更高，也大量存在于健康动物和人的肠道中。当饲养管理不当、狗舍卫生不良、气候剧变、仔狗哺乳不足以及在其他某些应激因素的作用下，使仔狗体质变差、抵抗力降低时，便可引起大肠杆菌内源性感染，或经消化道或脐带感染。一种动物可被数种血清型的大肠杆菌先后或同时感染发病。

【临床特征】患病仔狗精神沉郁，体温升高，鼻镜干燥，食欲不振并腹泻。病初粪便稀软或呈粥状，颜色发绿、变黄或呈灰白色；随后出现水样腹泻，粪便腥臭，其中常混有未消化的凝乳块和气泡，病狗肛门周围及尾部常被粪便所污染。后期常出现严重脱水和败血症，表现可视黏膜发绀，皮肤缺乏弹性，两后肢无力，行走摇摆，临死前体温降至常温以下，有的还出现神经症状。

本病病程短，致死率高，多数病仔狗常于发病后1～2天死亡。通常可根据发病年龄和腹泻特点作出初步诊断。

【实验室检查】采取病死狗的小肠内容物、肝、脾、淋巴结等病料作病原分离和菌型鉴定可以确诊。

【预防措施】加强饲养管理，搞好环境卫生是预防本病的关键。尤其是在母狗产仔前后，要彻底清扫消毒产房，保持母狗乳房干净，产房要保温，要使仔狗尽早哺食初乳，精心饲养母狗，及早防治母狗泌乳不足等，也可在母狗食物中添加抗生素、磺胺类、大蒜酊等进行药物预防。

【发病后措施】

（1）隔离消毒 发现病狗立即治疗，同窝未发病仔狗及时采取药物预防措施，勤打扫圈舍，增加消毒次数。可选用3％烧碱、来苏儿或甲醛溶液等进行消毒。

（2）治疗 很多药物对本病都有较好的治疗作用，关键是要早发现、早治疗。治疗常用抗生素和磺胺类药物以及其他消炎止泻的药物，常用的有新霉素、多黏菌素、庆大霉素、磺胺脒、甲氧苄氨嘧啶、泻痢宁、黄连素、大蒜酊等。如选用四环素，每千克体重0.1～0.15克，每日3～4次。或磺胺嘧啶，首次量为0.14克/千克，维持量为0.07克/千克，1日2次，连用1周；同时应注意纠正和预防脱水及酸中毒，保护肠黏膜和调整胃肠功能等，可静脉或腹腔注射葡萄糖盐水、碳酸氢钠溶液，内服补液盐溶液和促菌生等，还要加强护理，防寒保暖。

### （三）狗的结核病

结核病是由结核分枝杆菌引起的一种人、畜、禽类共患的慢性传染病。狗主要以对人型及牛型结核杆菌敏感，在机体多种组织内形成肉芽肿和干酪样钙化灶为特征。

【病原】结核菌是不产生芽孢和荚膜、不能运动的革兰阳性菌，为严格需氧菌，用齐-尼二氏抗酸染色法着色好。人型结核菌为直或微弯的细长杆菌，呈单独或平行排列，牛型比人型的短而粗，禽型的短而小且多形。结核菌对干燥和湿冷抵抗力强，对热抵抗力差，60℃时30分钟死亡。粪便中和水中存活5个月，土壤中存活7个月；70%酒精、10%漂白粉、石炭酸、氯胺和3%福尔马林溶液等均是可靠的消毒剂。

【临床特征】病狗无明显的特殊症状。常是慢性感染，表现为低热、消瘦、咳嗽、贫血、呕吐并伴有腹泻症状出现。①肺部结核，常以支气管肺炎症状出现，伴有干咳，呼吸喘促，听诊肺部有啰音，体重下降，食欲减退。②胃肠道结核，以消化道症状出现，伴有呕吐、消化不良、腹泻、营养不良、贫血，腹部触压可触到腹腔脏器有大小不同的肿块。③骨结核，可表现为运动障碍、跛行，并易出现骨折。④皮肤结核可发生皮肤溃疡。病理剖检特征：肺脏的病变为不钙化的肥肉状磁白色的坚韧结节，甚至将肺包膜突破，后发生胸膜炎。扁桃体和上颌淋巴结也常发生结核病变。

【实验室检查】

（1）结核菌素试验 可用提纯结核菌素，于大腿内侧或肩胛骨部皮内注射0.1毫升，经48～72小时后，结核病狗（阳性反应）可出现明显肿胀，其中央坏死。

（2）用鼻腔分泌物、痰液、乳汁及其他病灶进行涂片，抗酸染色后进行镜检，可以直接看到结核杆菌。

【预防措施】定期进行结核检疫，发现开放性结核病狗，应立即淘汰；严禁结核病人饲喂和管理狗；对狗舍及狗经常活动的地方要进行严格的消毒。

【发病后措施】需要治疗的病例应在隔离条件下应用抗结核药物

治疗。如异烟肼，5毫克/千克，肌内注射，2次/日；或链霉素，10毫克/千克，肌内注射，2次/日。有全身症状的狗，可对症治疗，用咳必清或咳平0.5毫克/千克，2次/日，镇咳、祛痰。

### （四）狗布氏杆菌病

布氏杆菌病是人兽共患的一种传染病，以生殖系统受侵害为特征。主要表现为睾丸炎、附睾炎、淋巴结炎、关节炎、流产、不育等特征。狗感染布氏杆菌大多呈隐性感染，少数可表现临床症状。

【病原】病原为布氏杆菌，革兰阴性球杆菌，(0.6~1.5)微米×(0.5~0.7)微米大小，无鞭毛，不能运动，无芽孢，有形成荚膜的能力。本菌在普通培养基上可以生长，在肝汤琼脂和马铃薯培养基上生长茂盛，在肝汤琼脂或甘油琼脂上、37℃培养2~3天后长出灰白色小菌落，随着培养时间的延长，菌落增大，颜色也加深。

本菌对环境抵抗力强，在乳汁中可生存10天，在土壤中可生存20~120天，在水中也能存活72~100天之久，而且在胎儿体内可以存活180天，在皮毛和人的衣服上也能生存150天。本菌对热敏感，100℃数分钟内死亡，1%~3%的石炭酸、来苏儿液、0.1%升汞液、2%福尔马林或5%生石灰乳均可在15分钟内杀死本菌。本菌对卡那霉素、庆大霉素、链霉素和氯霉素敏感，对青霉素不敏感。

【流行病学】狗发生布氏杆菌病通常与接触病牛、病羊、病狗有关。病的传播与交配，吃食染菌食品或接触流产的胎儿、胎盘及阴道分泌物有密切关系。

【临床特征】狗感染布氏杆菌后，一般有两周至半年的潜伏期，后表现临床症状。怀孕的母狗多在怀孕40~50天后发生流产，流产前一般体温不高，阴唇和阴道黏膜红肿，阴道内流出淡褐色或灰绿色分泌物。流产的胎儿常有组织自溶、水肿及皮下出血等特点。部分母狗怀孕后并不发生流产，在怀孕早期胎儿死亡，被母体吸收。流产后的母狗常以慢性子宫内膜炎症状出现，往往屡配不孕。公狗感染布氏杆菌后，以睾丸炎、附睾炎、前列腺炎、包皮炎症状出现。病狗除发生生殖系统炎症外，还可发生关节炎、腱鞘炎，运动时出现跛行症状。

【实验室检验】用细菌学检验和血清学检验进行确诊。

【预防措施】加强狗的检疫，应每年用凝集试验检查1次或2次；

对流产狗要进行细菌分离培养和血清凝集试验，以查明流产原因；治愈狗不能再留做种，病狗应淘汰；对病狗舍、运动场、饲养工具等应用10％石灰乳、2％～5％漂白粉溶液或热烧碱水彻底消毒，对流产的胎儿、胎衣、羊水等妥善消毒及深埋；在做好狗布氏杆菌病防治工作的同时应加强对人（饲养员、主人）布氏杆菌的检疫和防疫，以防人被感染。

【发病后措施】结合病狗的状况，要适当采用抗生素药物进行辅助治疗，以减轻症状。四环素，25毫克/千克，混入5％葡萄糖注射液中静脉滴注，2次/日；或口服四环素，50毫克/千克，2～3次/日；或土霉素片，0.1克/千克，口服，2次/日；或硫酸卡那霉素，5万单位/千克，肌内注射，2次/日；或硫酸庆大霉素，8千单位/千克，肌内注射，2次/日。

（五）狗破伤风

破伤风又叫强直症，俗称锁口风，是由破伤风菌引起的一种人、畜等共患的急性毒血症。病狗的运动神经中枢对刺激反射兴奋性增高和骨骼肌持续性痉挛收缩为主要临床特征。几乎所有哺乳动物都易感，虽然狗较家畜的易感性低，但因创伤处理不当而致发本病亦时有发生，且多预后不良，故对狗仍构成一定的威胁。

【病原】破伤风梭菌是厌氧的革兰阳性杆菌，形似球拍状，有周鞭毛，能运动，无荚膜。该菌能产生两种毒素，一种为痉挛毒素，毒性很强，多于细菌的繁殖末期产生，能引起本病典型的症状；另一种为溶血毒素，能使红细胞崩解，导致局部组织坏死。本病有创伤感染，尤其创伤深、创口小、创伤内组织损伤严重、有出血和异物、创腔内具备无氧条件，适合破伤风芽孢发育繁殖的伤口，更易产生外毒素而致病。该菌芽孢抵抗力很强，煮沸10～15分钟后才能被杀死，用5％石炭酸15分钟、3％福尔马林24小时也能被杀死。该菌在自然界分布极广。

【流行病学】破伤风菌在自然界分布很广，广泛存在于施肥的土壤、街道尘土和腐臭的淤泥中，畜、兽和人类的粪便也可能存在本菌。本病主要经小的伤口感染，钉伤、刺伤和不消毒而引发本病的可能性最大。本病感染面较宽，其中马、骡、驴等单蹄兽较易感，猪、羊和牛次之，狗、猫不多见。禽鸟类对本菌有抵抗力。实验动物中豚鼠最易感，小鼠次之，家兔有抵抗力，人类易感性也很高，儿童较老年人易感，本病多呈零星散发，病死率高。

【临床特征】本病潜伏期短者1天，长者月余，甚至可达数月。一般为1～2周。本病的特征性症状是体肌强直性痉挛和反射兴奋性增高，肌肉痉挛常始于头部，然后波及其余体肌。病狗牙关紧闭，口角向后吊起，耳朵僵硬、竖起、并互相靠拢，瞬膜外露，体温正常。病狗受外界噪声、强光和触摸等刺激时，体肌立即强直性收缩，脊柱僵直，呈木马样姿势。病狗神志清醒。最后病狗多因咬肌痉挛不能进食，胸肌痉挛导致呼吸困难、缺氧以及心脏麻痹而亡。病狗病程长短不一，常为2～4周。

【类症鉴别】在本病定性时，一定要注意与神经型狗瘟热、狂犬病和中毒病等相区别。

①狗瘟热的病狗以早期表现双相热、急性鼻卡他以及随后的支气管炎、卡他性肺炎，严重的胃肠炎和神经症状为特征，发病多与创伤无关，并具有高度接触传染性。故此病的区别不难。②狂犬病临床特征是神经兴奋和意识障碍，继之局部或全身麻痹而死，狂犬病患畜（兽）有咬伤史，故区别两病难度不大。③中毒病多有中毒史，并能找到毒源，病狗以急性胃肠炎为主症，故区别较易。

【预防措施】平时要注意饲养管理和清洁卫生，尽量避免狗体内外受伤，狗一旦发生外伤，应抓好伤口处理，彻底消毒，消除本菌的侵染机会；注射破伤风类毒素。在本病高发地区，每年定期按说明书给狗皮下注射精制破伤风类毒素。"破抗"可于狗受伤后，进行外科手术时，去势时及对新生狗作被动免疫用，皮下注射或肌内注射，其预防作用可维持2周。

【发病后措施】发病后的治疗方法如下。

（1）特异疗法　狗病初，及时应用破伤风抗毒素（简称破抗）疗效较佳。皮下注射或静脉注射均可。一次大剂量（2万～5万单位）。"破抗"比少量多次注射疗效要好。必要时，次日可重复注射1次。

（2）抗菌疗法　当病狗体温升高或有肺炎等继发感染时，可选用青霉素、链霉素等抗生素或磺胺类药配合治疗，以提高疗效。

（3）清创除菌　这是提高治愈率的关键所在，因本菌只存在于创伤的局部，故必须扩创清理，除尽创内的脓汁、坏死组织、异物等，并用 3% 双氧水或 1% 高锰酸钾溶液消毒，涂擦 5%～10% 浓碘酊，再用青、链霉素在创周注射，以消除感染，减少毒素的继续产生。

（4）对症疗法 可用 5% 碳酸氢钠溶液静脉注射，以调节体内酸碱平衡，防治酸中毒，提高治疗效果。病狗不能采食和饮水时，应每日进行补液（以复方氯化钠较好），便秘时内服缓泻剂，并用温水反复灌肠，病狗强烈兴奋和强直性痉挛时，可选用镇静解痉药，如 25% 硫酸镁溶液缓慢静脉注射，氯丙嗪每日 1 或 2 次静脉注射或肌内注射，水合氯醛灌肠或配成 1% 浓度静脉注射。安定、利眠宁和溴化钠（钾）等交替使用。病后期病狗消化不良时，可适当给予健胃剂。

治疗同时，注意对病狗的护理。将病狗置于光线较暗、干燥洁净的狗舍中，严寒时应注意保暖，环境应保持安静，减少各种不良刺激。对采食困难病狗可用胃管给予流汁食物。

## 三、寄生虫病

### （一）狗蛔虫病

本病是由狗蛔虫和狮蛔虫寄生于狗的小肠和胃内引起的，我国分布广，主要危害 1～3 月龄的仔狗，影响生长和发育，严重感染时可导致死亡。

【病原及生活史】犬蛔虫和狮蛔虫寄生于犬的小肠和胃内。犬蛔虫（犬弓首蛔虫）呈淡黄白色，头端有 3 片唇，体侧有狭长的颈翼膜。犬蛔虫的特点是在食管与肠管连接处有 1 个小胃。雄虫长 50～110 毫米，尾端弯曲；雌虫长 90～180 毫米，尾端直。狮蛔虫（狮弓蛔虫）颜色、形态与犬蛔虫相似，但无小胃；雄虫长 35～70 毫米，雌虫长 30～100 毫米。

犬蛔虫卵随粪便排出体外，在适宜条件下发育为感染性虫卵。3 月龄以内的仔犬吞食了感染性虫卵后，在肠内卵出幼虫，幼虫钻入肠壁，经淋巴系统到肠系膜淋巴结，然后经血流到达肝脏，再随血流达肺脏，幼虫经肺泡、细支气管、支气管，再经喉头被咽入胃，到小肠进一步发育为成虫，全部过程 4～5 周。年龄大的犬吞食了感染性虫卵后，幼虫随血流到达身体各组织器官中，形成包囊，幼虫保持活力，但不进一步发育；体内含有包囊的母犬怀孕后，幼虫初激活，通过胎盘移行到胎儿肝脏而引起胎内感染。胎儿出生后，幼虫移行到肺脏，然后再移行到胃肠道发育为成虫，在仔犬出生后 23～40 天已出现成熟的犬蛔虫。新生仔犬也可通过吸吮初乳而引起感染，感染后幼虫在小肠中直接发育为成虫。

【临床特征】逐渐消瘦，黏膜苍白，食欲不振，异嗜，消化障碍，先下痢而后便秘。偶见有癫痫性痉挛。幼狗腹部膨大，发育迟缓。感染严重时，其呕吐物和粪便中常排出蛔虫。有的腹部皮肤呈半透明的黏膜状，大量虫体寄生于小肠可引起肠阻塞、肠套叠，甚至肠穿孔而死亡。

【诊断】通过症状做初步诊断；用直接涂片法或饱和盐水浮集法来检查狗粪中虫卵或虫体确诊。

【防治措施】

（1）定期检查与驱虫　幼狗每月检查 1 次，成年狗每季检查 1 次，发现病狗，立即驱虫。

（2）药物防治　左旋咪唑，10 毫克/千克，一次口服，甲苯咪唑，10 毫克/千克，每日服 2 次，连服 2 天；或噻嘧啶（抗虫灵），5～10 毫克/千克，内服；或枸橼酸哌嗪（驱蛔灵），100 毫克/千克，内服；或虫克星（阿维菌素），用 2% 粉剂"虫克星"，每 10 千克体重用 1.4 克，一次口服。

（二）狗钩虫病

本病是狗比较多发而且危害严重的线虫病。钩虫寄生于小肠内，主要是十二指肠。多发于夏季，特别是狭小潮湿的狗窝更易发生。

【病原及生活史】犬钩虫，其虫体呈淡黄色，口囊发达，口囊前腹面两侧有 3 个大牙齿，且呈钩状向内弯曲；雄虫长 10～12 毫米，雌虫长 14～16 毫米。虫卵钝椭圆形、浅褐色，内含 8 个卵细胞，大小为（56～75）微米×（34～47）微米；狭头钩虫，其虫体较大钩虫小，雄虫长 5～8 毫米，雌虫长 7～10 毫米。虫卵大小为 70 微米×45 微米左右。

犬钩虫成熟的雌虫一天可产卵 1.6 万个，虫卵随粪便排出体外，在适宜的条件下（20～30℃）经 12～30 小时孵化出幼虫；幼虫再经一周时间蜕化为感染性幼虫。感染性幼虫被犬吞食后，幼虫钻入食管黏膜，进入血液循环，最后经呼吸道、喉头、咽部被咽入胃中，到达小肠发育为成虫。第二种感染途径是：感染性幼虫进入皮肤，钻入毛细血管，随血液进入心脏，经血液循环到达肺中，穿破毛细血管和肺组织，移行到肺泡和细支气管，再经支气管、气管，随痰液到达咽部，最后随痰被咽到胃中，进入小肠内发育为成虫。怀孕的母犬，幼虫在体内移行过程中，通过胎盘到达胎儿体内，使胎儿造成感染。幼虫在母犬体内移行过程中，可进入乳汁，当幼犬吸吮乳汁时，可造成幼犬感染。狭头钩虫的生活史和犬钩虫生活史大致相同。但大多以口感染的途径多见。胎盘感染和乳汁感染的途径很少见。

【临床特征】严重感染时，黏膜苍白，消瘦，被毛粗乱无光泽，易脱落。食欲减退，异嗜、呕吐、消化障碍，下痢和便秘交替发作。粪便带血或呈墨色，严重时如柏油状，并带有腐臭气味。如幼虫大量经皮肤侵入，皮肤发炎、奇痒。有的四肢水肿，以后破溃或出现口角糜烂等。经胎内或初乳感染狗钩虫的出生3周龄内的仔狗，可引起严重贫血，导致昏迷和死亡。

【诊断】结合病狗，再采用饱和盐水浮集法检查狗粪内的虫卵进行确诊。

【防治措施】

（1）卫生消毒　应保持狗舍清洁干燥，及时清理粪便，定期喷射消毒药物。清除的粪便应堆放发酵。

（2）驱虫　商品制剂4.5%二碘硝基酚溶液，一次皮下注射剂量为每千克体重0.22毫升（10毫克），对狗的各种钩虫驱虫效果达100%。此外，也可应用左旋咪唑、甲苯咪唑、噻嘧啶、虫克星驱虫，用量用法参阅狗蛔虫病。严重贫血时，还需对症治疗口服或注射含铁的滋补剂或输血。

（三）狗鞭虫病

狗鞭虫病是由毛首鞭形线虫寄生于狗的盲肠引起的。主要危害狗，严重感染时可引起死亡。

【病原及生活史】毛首鞭形线虫寄生于盲肠和结肠。虫体似鞭子，故以鞭虫得名。本虫虫体的前端钻入肠黏膜内，并牢固的固着在肠壁上，造成黏膜损伤，吸取大量的营养。我国各地区均有发生，该病对幼犬危害很大，重者可引起死。虫卵随粪便排出体外，在外界适宜的条件下，约3周发育为感染性虫卵。犬吞食了感染性虫卵以后，幼虫在肠中孵出，钻入小肠黏膜内，停留2～10天后，进入盲肠内发育为成虫。从吃入感染性虫卵到幼虫发育为成虫经 11～12 周。

【临床特征】一般感染不出现临床症状，严重感染时，由于虫体头部深深钻入黏膜内，可引起急性或慢性肠炎，虫体吸血常导致病狗贫血。死后解剖，在盲肠内可发现大量虫体（数百条到上千条）。

【诊断】该病可采用饱和盐水浮集法检查病狗粪便内的虫卵来确诊。

【防治措施】

（1）清洁卫生　虫卵对干燥敏感性强，故应保持狗舍清洁干燥，减少感染的机会。

（2）驱虫　酚嘧啶（羟嘧啶）为驱除鞭虫的特效药，按每千克体重 2 毫克口服（或用甲苯咪唑，每千克体重 100 毫克口服），每日 2 次，连服 3～5 天。

（四）狗绦虫病

狗绦虫病是绦虫寄生于狗的小肠而引起的常见寄生虫病。沛县狗鼻孔绦虫感染率达 56.1%。

【病原及生活史】能在犬体内寄生的绦虫有很多种，如犬复孔绦虫、豆状带绦虫、泡状带绦虫、裂头绦虫、细粒棘球绦虫、多头带绦虫、连续带绦虫等。当虫体在体内大量寄生时，虫体头部的小钩和吸盘叮附在小肠黏膜上，引起肠黏膜损伤和肠炎。

【临床特征】轻度感染症状不明显。在严重感染时呈现食欲反常（贪食、异嗜）、呕吐，慢性肠炎，腹泻、便秘交替发生，贫血，消瘦。容易激动或精神沉郁，有时发生痉挛或四肢麻痹。虫体成团时，可堵塞肠管，导致肠梗阻、肠套叠、肠扭转和肠破裂等急腹症。

【诊断】发现病狗肛门口夹着尚未落地的绦虫孕节，以及粪便中夹杂短的绦虫节片，可帮助确诊。

【防治措施】

（1）清洁卫生，消灭传染源　经常用杀虫剂杀灭狗体上的蚤、虱。

（2）预防性驱虫　每年应进行 4 次预防性驱虫，繁殖狗应在配种前 3～4 周进行。

（3）治疗性驱虫　用氢溴酸槟榔素，用量 1.5～2 毫克/千克，口服，使病狗绝食 12～20 小时后给药。为了防止呕吐，应在服药前

15～20分钟给予稀碘酊液（水10毫升、碘酊2滴）或用吡喹酮，用量为5～10毫克/千克，一次口服。或用盐酸丁萘脒，用量为25～50毫克/千克，一次口服。

### （五）狗旋毛虫病

狗旋毛虫病是人、兽共患的寄生虫病。多种动物在自然条件下可感染，家畜中主要感染猪和狗。

【病原及生活史】旋毛虫成虫寄生于宿主小肠，主要在十二指肠和空肠上段，含幼虫的囊包则寄生于同一宿主的横纹肌细胞内，对新宿主具有感染性，二者均不需要在外界发育，但必须转换宿主才能继续下一代生活史。因此，被旋毛虫寄生的宿主既是终宿主，也是中间宿主。人、猪、野猪、犬、猫、鼠、熊及多种野生动物均可作为本虫的宿主。

【临床特征】该病临床表现为发热、肌肉疼痛、水肿。但自然感染狗症状较难发现，必要时可采取肌肉做活体组织检查，也可采用酶联免疫吸附试验或间接血凝试验。死后可根据在肌肉中发现幼虫确诊。

【诊断】可采取膈肌左右角各一小块，再剪成麦粒大的小块24块，用厚玻片压片镜检。

【防治措施】搞好卫生、消灭鼠类、尸体烧毁或深埋。喂狗的生肉必须经过卫生检验，证明无旋毛虫才可喂饲，旋毛虫病可试用丙硫咪唑治疗，用量按25～40毫克/（千克·日），分2次或3次口服，5～7天为一个疗程。

### （六）狗心丝虫病

该病是由狗心丝虫寄生于狗的右心室及肺动脉引起循环障碍、呼吸困难及贫血等症状的一种丝虫病。猫及其他野生肉食动物也可被感染。

【病原及生活史】狗心丝虫属丝虫科、恶丝虫属，呈黄白色细长粉丝状。犬蚤、按蚊或库蚊为中间宿主。寄生在右心室的雌虫产出能自由活动的微丝蚴，进入血液，蚤、蚊吸血时把微丝蚴吸入体内，发育成感染性幼虫，进入蚤、蚊的口内，当蚤、蚊吸血时，幼虫从口逸出钻入终宿主的皮内，经皮下淋巴液或血液而循环到心脏及犬血管内。

【临床特征】最早出现慢性咳嗽，后出现心悸亢进，脉细弱并有间歇，心内有杂音。肝区触诊疼痛，肝肿大。胸、腹腔积水，全身水肿。末期，由于全身衰弱或运动时虚脱而死亡。病狗常伴发结节性皮肤病，以瘙痒和倾向破溃的多发性灶状结节为特征。

【诊断】根据病史、临床症状初诊。最后确诊应于夜晚采外周血液做镜检，找到微丝蚴。

【防治措施】

（1）防止和消灭中间宿主蚤、蚊，也可采用药物预防，乙胺嗪（海群生）按6.6毫克/千克剂量内服，忌在蚊、蝇季节连续用药。

（2）驱杀成虫　硫乙胂胺钠，剂量为2毫克/千克，静脉注射，每日2次，连用2天；或盐酸二氯苯砷，剂量为2.5克/千克，静脉注射，每隔4～5天1次，该药驱虫作用强，毒性小。

（3）驱微丝蚴　左咪唑，用量为10毫克/千克，口服，连用15天，治疗第6天后检验血液；当血液中检不出微丝蚴时，停止用药。伊维菌素，用量为0.05～0.1毫克/千克，一次皮内注射。

（七）狗肺吸虫病（肺蛭病或并殖吸虫病）

【病原及生活史】病原为并殖吸虫属的卫氏并殖吸虫，呈暗红色，背面隆起，腹面扁平，很像半粒红豆。虫体常成双寄生在肺组织所形成的囊里，虫囊与支气管相通。虫卵随宿主痰液被咽入消化道，通过粪便排出，在水中孵出毛蚴，侵入第一中间宿主淡水螺体内分裂繁殖，经过胞蚴、雷蚴各发育阶段，最后发育成为大量尾蚴。由螺体逸出，侵入第二中间宿主（蟹），变为囊蚴。犬、猫吃了含有囊蚴的生的或半生的蟹，便在小肠里破囊而出，穿过肠壁、腹腔、膈肌与胸膜一直到肺脏，然后发育为成虫。

【临床特征】常见的临床症状为咳嗽，并可伴有咯血、气喘、发热和腹泻，粪便为墨色（寄生于狗、猫的肺脏、胸膜和气管中）。

【诊断】结合流行特点及临床症状，痰液及粪便中检出虫卵便可确诊。

【防治措施】

（1）在本病流行地区，应禁止以新鲜的蟹或喇蛄做狗、猫的饲料。

（2）药物防治　吡喹酮驱虫，用量为 50 毫克/千克，口服，连用 3～5 天；或硫双二氯酚，用量为 100 毫克/千克，口服，每日或隔日给，10～20 个治疗日为一个疗程。

**（八）狗球虫病**

主要危害幼狗。

【病原及生活史】球虫属于原虫。该球虫寄生于犬的小肠黏膜上皮细胞内，它以无性繁殖繁殖许多代（裂体生殖），产生许多新裂体芽孢。经过若干裂体生殖后，进行有性繁殖，形成很多大孢子和小孢子，大、小孢子进入肠管内，并在肠管内结合，受精后的大孢子为卵囊，随粪便排出体外。卵囊在外界适宜的条件下，1 天或几天后即可完成孢子发育（孢子化）。此时卵囊内含有 2 个孢子囊，每个孢子囊内有 4 个子孢子。孢子化的卵囊具有感染性，当犬吞食孢子化卵囊后即可感染。

【临床特征】发病主要见于幼狗。急性期出现水泻或糊状粪便，粪便带有黏液和血液。低热，进行性消瘦。食欲不振，被毛无光。严重的因继发细菌感染，出现体温较高而衰竭死亡。慢性发病主要见于老龄狗，感染较轻，无并发症的情况下，一般能自然康复。

【诊断】用饱和盐水浮集法检查粪便中的虫卵可确诊。

【防治措施】

（1）预防　保持狗舍干燥，搞好用具卫生，母狗产仔前 10 天饮用氨丙啉溶液。

（2）磺胺甲氧嘧啶，每日 50 毫克/千克，口服，连用 7 天；或呋喃唑酮，1.25 毫克/千克，口服，用药 7～10 天。

（3）对症治疗　腹泻脱水时需补液，有细菌并发感染应用抗生素。

**（九）狗疥螨病**

狗疥螨病是体外寄生虫疥螨引起的皮肤性疾病。

【病原及生活史】疥癣虫属螨目中的疥螨科，成虫体呈圆形，微黄白色，背面隆起，腹面扁平。疥螨的发育需经过卵、幼虫、稚虫和成虫四个阶段，其全部发育过程都在犬身上度过，一般在 2～3 周完成。疥螨在皮肤的表皮挖凿隧道，雌虫在隧道内产卵，每个雌虫一生可产卵 20～50 个。孵出的幼虫爬到皮肤表面，在皮肤上凿小穴，并在穴内蜕化为稚（若）虫，稚虫也钻入皮肤，形成狭而浅的穴道，并在里面蜕化为成虫。雌虫寿命为 3～4 周，雄虫于交配后死亡。

【临床特征】强烈瘙痒，狗持续地搔抓、摩擦和啃咬，皮肤变为血疹和红斑，因搔抓和啃咬常见病变部位出血、结痂、脱毛和皮下组织增厚。狗出现烦躁不安，饮食下降。病变常发部位是四肢末端、面部、耳廓、腹侧及腹下部。

【诊断】用刀片刮取病变部位与正常皮肤交界处的皮屑（刮见血），放在载玻片上，加 10％氢氧化钾液，待皮屑溶解后，低倍镜下可见疥螨。

【防治措施】

（1）预防　保持狗舍的干燥、清洁，患狗隔离治疗。

（2）剪去病变部位的毛，除污垢和痂皮，用温肥皂水或 0.2％来苏儿溶液洗刷，然后再用 0.5％敌百虫水溶液或鱼藤酮等涂擦。3 周后再治疗 1 次，连用 2 次或 3 次，每日涂药面积不要超过狗体面积的 1/3。虫克星 2％粉剂拌料口服，1 周后再服 1 次。针剂皮下注射一次即愈，效果最好。

（十）狗眼虫病

狗眼虫病是犬眼虫寄生于狗的结膜囊，第二眼睑和泪管引起的一种线虫病。

【病原及生活史】狗眼虫病的病原为吸吮属的犬眼虫（结膜吸吮线虫），为乳白色细小线虫。从虫体排出的子虫卵，通过降落伞状的被囊，浮游于眼房液中，并被吸附在眼脂上，等待中间宿主的摄取。带有感染性子虫的寄生蝇在吸吮其他狗的眼泪时，感染性子虫就从蝇的口中飞出，而寄生到其他狗的眼中。

【临床特征】初期结膜充血，流泪，羞明，继之有黏液分泌物流出。病狗不时用趾抓蹭面部，痛痒难忍，上下眼睑频频启闭，眼球凹陷，角膜混浊，后期眼睑黏合，视力减退，甚至形成溃疡。

【诊断】眼内有如线头状的虫体蠕动，即可确诊。

【防治措施】

（1）左旋咪唑，8～10 毫克/千克，每日口服 1 次，连服 2 天。

（2）将 5％～10％左旋咪唑或 10％的敌百虫溶液滴入眼结膜内，

数分钟后用镊子夹纱布或棉纤轻轻清除虫体。

（3）清除虫体后涂布四环素或红霉素眼膏。

**（十一）狗弓形虫病**

狗弓形虫病是人、兽共患的原虫病。

【病原及生活史】弓形虫病的病原是龚地弓形虫，简称弓形虫。它的整个发育过程需要两个宿主。猫是弓形虫的终宿主，在猫小肠上皮细胞内进行类似于球虫发育的裂体增殖和配子生殖，最后形成卵囊，随猫粪排出体外，卵囊在外界环境中经过孢子增殖发育为含有两个孢子囊的感染性卵囊。

【临床特征】多数为无症状的隐性感染。幼年狗和青年狗感染较普遍，症状较为严重，成年狗也有致死病例。症状类似狗瘟热、狗传染性肝炎，主要表现为发热、咳嗽、厌食、精神萎靡、虚弱、眼和鼻有分泌物，黏膜苍白，呼吸困难，甚至发生剧烈性的出血性腹泻。少数病狗有剧烈呕吐，随后出现麻痹和其他神经症状。怀孕母狗发生流产或早产。所产仔狗出现排稀便、呼吸困难和运动失调等症状。

【诊断】对此病在进行流行病学分析、临床症状等综合判定后，还必须以检出病原体或证实血清中抗体滴度升高予确诊。

【防治措施】不喂生肉及防止狗捕食啮齿类动物，防止饲喂猫粪污染的饲料及饮水。对急性感染，可用磺胺嘧啶（SD），70毫克/千克，或甲氧苄氨嘧啶（TMP），14毫克/千克。每日2次口服，连用3～4天。也可用磺胺-6-甲氧嘧啶（磺胺间甲氧嘧啶、制菌磺、SMM、DS-36）。

**（十二）狗巴贝斯虫病**

本病是一种经硬蜱传播的血液原虫病。

【病原及生活史】犬巴贝斯虫病的病原有3种：犬巴贝斯虫、吉氏巴贝斯虫和韦氏巴贝斯虫。犬巴贝斯虫的传播媒介为血红扇头蜱、边缘革蜱、网纹革蜱、美丽革蜱、李氏血蜱和铅色璃眼蜱；吉氏巴贝斯虫的传播媒介为血红扇头蜱、二棘血蜱和长角血蜱。两种巴贝斯虫都可经卵传递，也可经变态阶段传递。

【临床特征】主要表现为高热、黄疸、呼吸困难。有此病狗脾脏肿大、触之敏感。尿中含蛋白质，间或含血红蛋白。吉氏巴贝斯虫病常呈慢性经过，仅病初发热或为间歇热。病狗高度贫血，但无黄疸。虽食欲良好，却高度消瘦，尿含蛋白质或兼有微量的血红蛋白。病狗死于衰竭。如能耐过，则于3～6周后贫血逐渐消失而康复。

【诊断】采病狗耳尖血做涂片，姬氏液染色后检查，如发现典型虫体即可确诊。

【防治措施】

（1）预防措施　在疫区要做好狗体的防蜱灭蜱工作，可用杀虫药，如25mg/kg溴氧菊酯溶液，每隔7～10天喷淋一次狗体。对病狗应早发现、早诊断、早治疗，发现病例后可应用三氯咪、咪唑苯脲的治疗剂量对其他健康狗进行药物预防。

（2）治疗措施　三氯脒（贝氏尔、血虫净），用量为3.5毫克/千克，皮下注射或肌内注射，每日1次，连用2天；或咪唑苯脲，用量5毫克/千克，一次皮下注射或肌内注射或间隔24小时再用1次，或5～7毫克/千克肌内注射，间隔14天再用1次。

（十三）狗黑热病

狗黑热病是由寄生于内脏的杜氏利什曼原虫引起的双源性人、兽共患慢性寄生虫病。

【病原及生活史】杜氏利什曼原虫呈圆形。当雌性白蛉吸食病狗（人）或其他患病动物血液时，无鞭毛体被摄入蛉胃，随后在白蛉消化道内发育成为前鞭毛体，并逐步向白蛉的口腔集中，当白蛉再吸健康人或其他动物血液时，成熟的前鞭毛体便进入健康犬体内，而后失去游离鞭毛成为无鞭毛体，随血液循环到达机体各部。无鞭毛体被巨噬细胞吞噬后，在其中分裂繁殖。

【临床特征】潜伏期数周、数月乃至1年以上，病狗早期没有明显症状，晚期则出现皮肤损害，表现为脱毛、皮脂外溢、结节和溃疡。以头部尤其是耳、鼻、脸面和眼睛周围最为显著。并伴有食欲不振、精神萎靡、消瘦、贫血及嗓音嘶哑等症状，最后死亡。

【诊断】从病狗的骨骼抽取骨髓或从耳部病变部刮取病料进行涂片染色检查，发现利杜体可确诊。

【防治措施】在流行区，应加强对狗类的管理，组织力量定期进行检查，发现病狗，除了特别珍贵的狗种进行隔离治疗外（治疗通常使用镁制剂，如葡萄糖酸锑钠），其他病狗以扑杀为宜。在流行季节结合爱国卫生运动，发动群众消灭白蛉幼虫滋生地，用菊酯类杀虫药定期喷洒狗舍及狗体。

### （十四）狗肝吸虫病

狗、猫肝吸虫病的病原体主要为华支睾吸虫，寄生于胆囊及胆管内。本病分布很广。

【病原及生活史】病原为后睾科的华支睾吸虫（中华支睾吸虫），虫体扁平，柔软，半透明，柳叶状。主要寄生在犬的肝胆管内，所产虫卵随粪便排出，入水后被第一中间宿主淡水钉螺吞食，再在螺体内发育成胞蚴、雷蚴和尾蚴。此后，发育成熟的尾蚴从钉螺逸出，在水中游动时，又被第二中间宿主淡水鱼（或淡水虾）吞食，再在鱼体各部（肌肉内最多）经 20 余天的发育，即成椭圆形的囊蚴。当狗吞食含有囊蚴的生鱼或虾后就会被感染。

【临床特征】在本病流行区，有以生鱼喂狗、猫的习惯。患狗出现消化不良、下痢、消瘦、贫血、黄疸、水肿等临床症状。

【诊断】用水洗沉淀法或甲醛乙醚沉淀法进行粪便检验，发现虫卵即可确诊。

【防治措施】在疫区禁止以生的或未煮熟的鱼喂养狗、猫；在流行地区，对狗、猫进行全面检查和治疗。吡喹酮，用量为 50～70 毫克/千克，一次口服，连用 3～5 天。六氯对二甲苯，口服量为 50 毫克/千克，每日 1 次，连用 10 天。丙硫咪唑，口服量为 30 毫克/千克，每日 1 次，连用 12 天。

## 四、营养代谢病

### （一）狗缺钙及佝偻病

饲料中钙、磷不足或比例不当是发病的重要原因，冬季缺乏阳光照射，也易发生此病。

【临床特征】病狗喜卧，异嗜，骨骼变形，骨端肿胀，常见于膝、腕、跗及系关节。肋骨和肋软骨结合部呈念珠状肿胀，四肢骨骼弯曲，呈 O 形或 X 形肢势，病狗站立时，四肢频频交换负重。头骨、鼻骨肿胀、硬腭突出，肋骨扁平，胸廓狭窄。体温、脉搏、呼吸一般无变化。

【防治措施】

(1) 一般治疗　应早期应用维生素 D 制剂，如饲料中添加鱼肝油，内服量为 400 单位/千克。维生素 $D_2$ 胶性钙注射液（骨化醇胶性钙注射液），狗用量为 0.25 万～0.5 万单位/次，肌内注射或皮下注射。如用维生素 $D_3$ 注射液时，以 1500～3000 单位/(千克·次)，作肌内注射。还可应用钙制剂，如沉降碳酸钙，内服，0.5～2 克/次。也可静脉注射 10% 氯化钙或 10% 葡萄糖酸钙液。

(2) 扶正支持疗法　先治表，缓解缺钙症状，增强机体代谢率，及时补钙，尽快减轻或消除病狗的痛苦，从而使病狗早日康复。用 5% 葡萄糖溶液 250～500 毫升加维生素 C 0.5～1 克，静脉滴注，每日 1 次或 2 次，连用 3 天；或用 10% 葡萄糖酸钙 10～20 毫升，静脉注射，连用 2～3 天（或用 10% 氯化钙溶液 10～20 毫升静脉注射）；或胶性钙注射液，用量为 0.25 万～0.5 万单位/次，肌内或皮下注射；或维生素 $D_3$ 注射液，以 1500～3000 单位/千克一次作肌内注射；或用钙制剂，如沉降碳钙，内服，0.5～4 克/次，或乳酸钙，内服，0.5～2 克/次。

(3) 对症治疗

① 体温较高的病狗用抗生素药物降温，如青霉素 40 万～80 万单位肌内注射。

② 对粪血的病狗应及时止血。用酚磺乙胺注射液，一次 0.25～0.5 克，肌内注射，每日 2 次，上、下午各 1 次，连用 3 天或静脉滴注，一次 0.25～0.75 克，每日 2 次或 3 次，稀释后静脉滴注。也可用安络血注射液止血，一次 5～10 毫克，每日 10～20 毫克，肌内注射。

③ 中枢神经极度兴奋的病狗给予镇静药，对抽搐、痉挛较严重的病狗，首先缓解病情，用盐酸氯丙嗪注射液 0.05 毫升或静松灵进行催眠，一般用量为 1～3 毫升，肌内注射。

(4) 加强饲养管理　应给妊娠母狗及哺乳母狗全价饲料，经常补给钙。幼狗要加强室外锻炼，增加阳光照射时间，积极防治幼狗的胃肠病。

(二) 维生素缺乏症

维生素是狗体物质代谢不可缺少的微量物质。维生素的吸收与饲料中的含量、阳光、寄生虫、疾病、遗传因子等因素有关。当狗缺乏某种维生素时，会出现相应的临床症状（表 6-10），直接影响狗个体和群体的发展，最终影响经济效益。

表 6-10　狗的维生素缺乏症

| 病名 | 病因 | 主要症状 | 防治 |
|---|---|---|---|
| 维生素A缺乏症 | 狗对维生素A的需要量较大，如果长期吃不到青绿饲料，或饲料煮沸过度，导致胡萝卜素的破坏，或长期患慢性肠炎的狗易患此病 | 为夜盲、角膜变厚和混浊的干眼病；皮肤干燥，被毛蓬乱，共济失调，运动功能障碍。还可出现贫血，体力衰竭 | 可口服鱼肝油或维生素A，每日400国际单位/千克。在孕狗、哺乳母狗和幼狗的日粮中保证足够的维生素A，可皮下或肌内注射三联维生素（含维生素A、维生素D、维生素E)0.5～1毫升或在狗饲料中加一滴三联维生素，连用3～4周 |
| B族维生素缺乏症 | 盐酸硫胺（维生素B$_1$)缺乏 | 病狗可发生不可修复的神经症状，病狗消瘦、厌食，全身无力，视力减退或丧失，有时步态不稳，颤抖，随后轻瘫，抽搐 | B族维生素缺乏的治疗，应根据病情对症下药。维生素B$_1$缺乏时，可给狗口服盐酸硫胺10～25毫克/次，或优硫胺内服10～25毫克/次。维生素B$_2$缺乏时，可内服核黄素10～20毫克/次。维生素PP缺乏时，可内服烟酰胺或烟酸，按0.2～0.6毫克/千克给予。维生素B$_{12}$缺乏可应用维生素B$_{12}$ 100微克，肌内注射 |
| | 核黄素（维生素B$_2$)缺乏 | 患狗出现痉挛、贫血、心搏徐缓和虚脱以及干性脱屑性皮炎、肥厚脂肪性皮炎等 | |
| | 维生素B$_{12}$缺乏 | 表现为恶性贫血，肝功能和消化功能障碍。患病狗长期食欲不振，异嗜，生长停滞，营养不良，肌肉萎缩，心跳、呼吸次数增加，可视黏膜苍白，喜卧懒动，运动不协调，抗病能力下降，皮炎等 | |
| | 烟酰胺与烟酸（维生素PP）缺乏 | 黑舌病是其特征，即病狗表现食欲不振，口渴，口腔黏膜潮红，在唇黏膜和舌尖上形成密集的脓疱，舌苔增厚并呈灰黑色(黑舌)，口内发出臭气，并流出黏稠有臭味的唾液，有的伴有带血的腹泻 | |

续表

| 病名 | 病因 | 主要症状 | 防治 |
|------|------|----------|------|
| 维生素E缺乏症 | 长期喂含多量酸败脂肪和不饱和脂肪酸的鱼肉等,可使机体维生素E消耗量增大而引起缺乏,长期腹泻,脂质吸收不良,维生素E由肠道吸收也受影响,导致维生素E缺乏 | 幼狗呈现肌肉变性、萎缩,贫血,肝脏呈慢性功能障碍;母狗不孕,公狗睾丸萎缩 | 可口服维生素E1~2片/天或肌内注射醋酸生育酚0.1毫克/千克,隔日一次 |
| 维生素C缺乏症 | 由于长期饲喂缺少维生素C的饲料所致 | 表现伤口愈合缓慢,毛细血管脆性增强,皮炎,新生仔狗死亡率增加 | 口服维生素C150~300毫克,每天3次。必要时可静脉注射100~200毫克,每天一次 |

## (三)营养性皮肤病

(1)脂肪酸缺乏所致皮肤病　脂肪酸是细胞膜的重要成分,并具有合成前列腺素及防止上皮水分丧失的功能。当必需脂肪酸缺乏时,除繁殖率降低外,还使皮肤创伤难以愈合,皮屑增多,皮肤形成脓皮症,脱毛、水肿;外耳道、趾(指)间出现湿性皮肤炎。当不饱和脂肪酸缺乏时,可引起黄色脂肪症,皮肤呈结节状,有痛感。可用维生素B治疗,用量为50毫克/千克,并与类皮质激素共用,以抑制炎症,用量为1毫克/千克。

(2)微量元素缺乏所致的皮肤病　锌缺乏症,面部、趾(指)端、掌部及腹部皮肤干燥、增厚,并形成痂皮,脱毛。尤以口腔、眼睑、肛门、趾(指)端的病变最明显。可用硫酸锌,200~300毫克/只,混饲料中内服,连用1~2周。铜缺乏症,被毛颜色改变,皮肤粗糙,脱毛,贫血,下痢。可用硫酸铜5毫克/千克内服。

## (四)异嗜癖

异嗜癖是由于代谢功能紊乱所引起的综合征。

【临床特征】异嗜癖一般多以消化不良开始,接着出现味觉异常和异嗜症状。病狗喜欢舔食、啃咬木块、墙土、石块、煤渣等异物。皮肤干燥，被毛无光泽，便秘与腹泻交替出现，渐行性贫血与消瘦。

【防治措施】异嗜癖的发生原因很多，一般与钠、钙、磷、钴、铜、铁、锰、硫等矿物质有关，另外同体内寄生虫、传染病、缺少复合维生素 B、蛋白质、氨基酸也有关。根据发病原因结合疾病治疗可收效。

（五）肥胖症

肥胖症是由代谢障碍而引起的脂肪过度沉积，造成功能障碍和运动障碍的疾病。

【临床特征】体躯丰满而圆，皮下脂肪蓄积过盛，体力减弱，容易疲劳，不耐热。轻度肥胖出现消化不良，性欲降低和皮炎。高度肥胖症将出现呼吸困难，心悸动亢进，脉搏增数，可继发肝、肾或胰脏的功能障碍。

【防治措施】种狗体质直接影响繁殖力。出现肥胖迹象及时查明原因，有针对性地加以防治。如果是饲养问题，就要在饲料调制上下工夫，饲喂高蛋白、低碳水化合物和低脂肪的食物，要有足够的运动量。如是因甲状腺功能减退而引起的肥胖症，为增加基础代谢，可口服甲状腺素浸膏，30 毫克/次，每天 2 次。用药后可根据病狗临床表现情况，逐渐加量，但剂量不可超过 300 毫克。如是因生殖腺功能减退者，可肌内注射己烯雌酚 0.1～0.5 毫克/次或丙酸睾丸酮 50～75 毫克/次，每天 1 次。公狗临时措施：可肌内注射 100～150 毫克/次，每天 1 次，连注 3 天，公狗体重大的还可以适当的加大剂量。

## 五、中毒病

（一）亚硝酸中毒

由误食过量的亚硝酸而引起的中毒病为亚硝酸中毒病。

【临床特征】发病突然，呼吸困难逐渐加重，脉搏频而弱，体温正常，肌肉无力，共济失调，结膜发绀，1 小时内痉挛致死，但一般病例常在 3～4 小时死亡。有的病轻者 1～2 周内可恢复，有时妊娠母狗可引起流产。

【防治措施】青绿饲料贮存应摊开，不要堆积，而且时间尽量缩短，一旦发现霉烂发酵，立即废弃。煮食过程中，应加足火力，敞开锅盖迅速煮熟，不要焖在锅里过夜，也不要趁热焖在缸里。

如果发现中毒，应用特效解毒剂美蓝和甲苯胺蓝，同时配合使用维生素 C 和高渗葡萄糖效果较好。方法是：肌内注射或静脉注射 1％美蓝溶液，每千克体重 1 毫升；或 5％甲苯胺蓝溶液，每千克体重 5毫克，静脉、腹腔或肌内注射。

## （二）狗食物中毒

狗吃了腐败变质、发馊的食品、臭肉、臭鱼和酸奶等，容易发生食物中毒。在腐败变质、发馊的食物中，常污染有多种细菌，如葡萄球菌、沙门杆菌、肉毒梭菌等，尤以前两种菌污染最多见。

【临床特征】葡萄球菌毒素中毒可引起严重的呕吐、腹痛、下痢和急性胃肠炎症状。病狗精神沉郁，心力衰竭，体温正常或稍降低。中毒严重时，可引起抽搐、不安、呼吸困难和严重的惊厥（据饲喂腐败变质食物的前因，结合临床症状作出诊断）。

【防治措施】狗饲料现吃现配现煮熟，不喂腐败变质、发霉饲料及臭肉、臭鱼和被细菌污染的食物，严防狗食物中毒。

发病初期可静脉注射催吐剂阿扑吗啡，其用量为 0.04 毫克/千克，必要时进行洗胃、补液及适当的对症治疗。同时对中毒狗进行饥饿疗法，停止饲喂。

对由肉毒梭菌毒素引起的中毒，可早期应用抗毒素血清进行治疗。

## （三）狗肉毒梭菌中毒

本病是因食入肉毒梭菌污染的肉类、食品等引起的以运动中枢神经系统麻痹和延脑麻痹为特征的中毒症。肉毒梭菌产生的毒素力强，在消化道内不易被破坏，并耐高温，饲养管理不当极易发生。

【临床特征】病狗失声嗷叫、呕吐、口吐白沫，两眼有多量脓性分泌物，表现不同程度的神经麻痹，步态不稳，喜卧地，心跳加快，呼吸困难，食欲减退或废绝。

【防治措施】不喂病死肉及腐败食品，严禁病死畜在场内剥皮、解剖检查，肉制品不在室温下放置过久，必须煮熟后再喂。

治疗以解毒、补液、强心为原则。用 5％碳酸氢钠或 0.2％高锰酸钾液催吐、灌肠，肌内注射 A、B 型肉毒抗毒各 10000 单位，6～

12 小时重复 1 次。适量补充维生素 $B_1$ 和维生素 C。

## （四）狗有机磷中毒

有机磷化合物是一种杀虫剂、驱虫剂，常用的有敌百虫、敌敌畏、蝇毒磷、林丹、乐果等，当用上述药物治疗狗体内、外寄生虫病，喂给农药喷洒的饲料、蔬菜，或饮用农药污染的水，均能引起狗中毒。

【临床特征】病狗频频呕吐，流涎，腹泻，呼吸快。呕吐物和排泄物呈大蒜臭味。重症狗吐白沫，兴奋不安，瞳孔缩小，呼吸困难，后肢麻痹，不能行动，最后多因呼吸中枢麻痹或心力衰竭而死亡。

【防治措施】

（1）发现病狗，立即停喂有机磷杀虫剂污染的食物。经皮肤中毒者，立即用 1%肥皂水或 4%碳酸氢钠溶液洗涤皮肤。

（2）经口中毒者，可用 1%肥皂水或 4%碳酸氢钠溶液洗胃或灌服，如为敌百虫中毒，宜用 1%醋酸处理。为防止毒物继续吸收，促进毒物排出，可灌服活性炭 20～50 克，硫酸镁 15～20 克，但禁用油类泻剂。重症狗静脉注射阿托品 0.2～0.5 毫克/千克，每 0.5 小时 1 次，直到病情好转。最好用解磷定、双复磷等胆碱酯酶复活剂，解磷定按 40 毫克/千克静脉滴注，双复磷按 15～30 毫克/千克肌内注射或静脉注射。促进毒物从肾脏排出，大剂量静脉输液，常用葡萄糖生理盐水或林格液，按 40 毫克/千克静脉滴注。

（3）甘露醇导泻治疗狗中毒　用甘露醇（MNT）导泻法，治疗狗误服农药引起的急性中毒，疗效较好。病狗在常规催吐、洗胃、应用特效解毒药物以及镇静、补液等对症治疗的同时，在催吐后一次按 10 毫升/千克灌服甘露醇（每升含 200 克），治愈率为 96.67%（甘露醇内服后在胃肠内不被吸收，可使肠内容物的渗透压升高，阻止肠道内水分的吸收，使肠内容积增大，肠管扩张，刺激肠壁，加速肠蠕动，加快胃肠内毒物的排出，同时可减轻肠壁水肿，改善腹腔微循环，有利于脏器功能恢复，提高治愈率）。

## （五）狗有机氟中毒

不合理地使用和保存氟化合物；狗饮用了被有机氟化物污染的水和吃了被氟乙酰胺毒死的鼠而引起。

【临床特征】主要发现中枢神经兴奋症状。中毒狗呈现不安，呕吐，呼吸困难，心律失常，排粪次数增加，病狗疯跑狂叫，肌肉呈阵发性或强直性痉挛，口吐泡沫，最后表现昏迷与喘息。中毒犬在抽搐中因呼吸抑制和心力衰竭而死。

【防治措施】

乙酰胺（解氟灵）是治疗氟中毒的解毒剂，它具有延长中毒潜伏期、减轻发病症状、制止发病等作用，其剂量为每次 0.1 克/千克。有机氟的毒性作用迅速，故应尽早使用乙酰胺，剂量一定要足够，若与氯丙嗪、巴比妥类镇静药配合作用，可降低中枢神经的兴奋性。可配合催吐和洗胃，病犬可服绿豆汤，吃生鸡蛋清，保护消化道黏膜，吸附毒素，阻止毒素的吸收，效果较好。静脉注射葡萄糖酸钙 5～10 毫升也有益处。

## 六、狗的其他疾病

### （一）感冒

【临床特征】病狗精神沉郁，表情淡漠，皮温不整，耳尖、鼻端发凉。眼潮红或有轻度肿胀，流泪，体温升高，有咳嗽、流水样鼻涕，病狗鼻黏膜发痒，常以前爪搔鼻。严重时畏寒怕光，口舌干燥，呼吸加快，脉搏增数。

【防治措施】早期肌内注射 30%安乃近、安痛定液或百尔定注射液，每日 1 次，每次 2 毫升。也可内服扑热息痛，用量为 0.1～1 克/次。改善饲养管理条件，注意保温，防止贼风侵袭。气候骤变时，加强防寒措施及耐寒锻炼，以增强狗的抵抗力。

### （二）鼻炎

因寒冷刺激及吸入氨气、氯气，烟熏、尘埃、花粉、昆虫等直接刺激鼻腔黏膜或继发于某些传染病均可引发鼻炎。

【临床特征】急性鼻炎病初鼻腔黏膜潮红、肿胀，频打喷嚏，病狗常摇头或用前爪搔抓鼻子，随之有一侧或两侧鼻孔流出鼻涕，初为透明的浆液性，后变为黏液性或黏液脓性，干燥后于鼻孔周围形成干痂。病情严重时，鼻黏膜明显肿胀，使鼻腔变狭窄，影响呼吸，常可听到鼻塞音。伴发结膜炎时，羞明流泪。伴发咽喉炎时，病狗呈现吞咽困难、咳嗽、下颌淋巴结肿大。慢性鼻炎病情发展缓慢，鼻涕时多时少，多为黏液脓性。炎症若波及鼻旁窦时，常可引起骨质坏死和组织崩解，因而鼻涕内可能混有血丝，并有腐败臭味。慢性鼻炎常可成为窒息或脑病的原因，应予以重视。

【防治措施】应除去病因，将病狗置于温暖的环境中，适当休息。一般来说，急性轻度病狗常不需用药即可痊愈。对重症鼻炎，可选用以下药物给病狗冲洗鼻腔：1%食盐水、2%～3%硼酸液等，但冲洗鼻腔时，必须将病狗头低下，冲洗后，鼻内滴入消炎剂。为了促使血管收缩及降低敏感性，可用0.1%肾上腺素或水杨酸苯酯（萨罗）石蜡油（1∶10）滴鼻，也可用滴鼻净滴鼻。

（三）肺 炎

因感冒、吸入刺激性气体及继发某些疾病等情况而引发肺炎。

【临床特征】病狗全身症状明显，精神沉郁，食欲减退或废绝，结膜潮红或蓝紫，脉搏增数，呼吸浅表且快，甚至呈现呼吸困难。体温升高，但时高时低，呈弛张热型。病狗流鼻涕，咳嗽。胸部叩诊，可听到捻发音，胸部叩诊有小片浊音区（通常在肺前下三角区内）。

【防治措施】注重日常锻炼，提高机体的抗病能力；避免机械因素和化学因素的刺激，保护呼吸道的自然防御功能；及时治疗原发病。发病后采取如下措施。

（1）消除炎症 消炎常用抗生素，如青霉素、链霉素、四环素、红霉素、卡那霉素及庆大霉素等。若与磺胺类药物并用，可提高疗效。

（2）祛痰止咳 对频发咳嗽，分泌物黏稠，咳出困难时，可选用溶解性祛痰剂，如氯化铵，0.2～1克/次。以10%～20%痰易净（易咳净）溶液喷雾咽喉部及上呼吸道，一般用量为2～5毫升/次，每日3次，一般病例可用药4～6天，重症和慢性病例应持续用药。也可用远志酊（10～15毫升/次）、远志流浸膏（2～5毫升/次）、桔梗酊（10～15毫升/次）、桔梗流浸膏（5～15毫升/次）等。

（3）制止渗出和促进炎性渗出物吸收 可静脉注射10%葡萄糖酸钙，或10%安钠咖2～3毫升，10%水杨酸钠10～20毫升、40%乌洛托品3～5毫升，混合后静脉注射。

（4）对症治疗 主要是强心和缓解呼吸困难。为了防止自体中毒，可应用5%硫酸氢钠注射液等。

（四）口炎

【临床特征】病狗喜食液状饲料和较软的肉，不加咀嚼即行吞咽或嚼几下又将食团吐出，拒食粗硬饲料。唾液增多，呈白色泡沫附于口唇，或呈牵丝状流出。炎症严重时，流涎更明显。检查口腔时，可见黏膜潮红、肿胀、口温增高，感觉过敏，呼出气恶臭。水疱性口炎时，可见到大小不等的水疱。溃疡性口炎时，可见到黏膜上有糜烂、坏死或溃疡。

【防治措施】

（1）消除病因　拔除刺在黏膜上的异物，修整锐齿，停止口服刺激性药物。

（2）加强护理　给以液状食物，常饮清水，喂食后用清水冲洗口腔等。

（3）药物治疗　用1％食盐水或2％～3％硼酸液，或2％～3％碳酸氢钠液冲洗口腔，每日2次或3次。口腔恶臭的，可用0.1％高锰酸钾液洗口。唾液过多时，可用1％明矾或鞣酸液洗口。口腔黏膜或舌面糜烂或溃疡时，在冲洗口腔后，用碘甘油（5％碘酒1份，甘油9份），或2％龙胆紫或1％磺胺甘油乳剂涂布创面，每日2次或3次。对严重的口炎，可口衔磺胺明矾合剂（长效磺胺粉10克，明矾2～3克，装入布袋内）或服中药青黛散，都有较好的疗效。

（五）咽炎

多因粗硬的食物、尖锐异物、化学药物或冷热的刺激所致。此外，也继发于某些传染病。

【临床特征】吞咽障碍和流涎是本病的特征。病狗头颈伸展，不愿活动，触压咽部时，病狗躲闪，表现伸颈摇头，并发咳嗽。吞咽食物时甚感困难，或将食块吐出。口腔内常蓄积有多量黏稠的唾液，呈牵丝状流出，或开口时大量流出。病狗因吞咽障碍，采食减少而迅速消瘦。继发性咽炎，全身症状明显。根据病史和临床症状即可确诊。

【防治措施】加强护理，将病狗置于温暖、干燥、通风良好的狗舍内。给予流质食物，勤饮水。重症不能吃食时，应停止喂饲，可静脉注射10％～25％葡萄液，以补充营养。为了促进炎性渗出物的吸收，可用温水或白酒于咽部温敷，每次20～30分钟，每日2次或3

次。或咽部涂擦 10％樟脑酒精，或用复方醋酸铅散涂敷等。重症病例应配合全身疗法，注射抗生素或磺胺类药物。

### （六）胃 炎

胃炎可分为急性胃炎和慢性胃炎两种，狗以急性胃炎为多。

【临床特征】精神沉郁、呕吐和腹痛是其主要症状。初期吐出的主要是食糜，以后则为泡沫样黏液和胃液。由于致病原因不同，其呕吐物中可混有血液、胆汁甚至黏膜碎片。病狗渴欲增加，但饮水后即发生呕吐。食欲明显降低或拒食，或因腹痛而表现不安。呕吐严重时，可出现脱水或电解质紊乱症状。检查口腔时，常可看到黄白色舌苔和闻到臭味。

【防治措施】

（1）限制饮食　一般至少要停饲 24 小时。然后喂以糖盐米汤，或高糖、低脂、低蛋白、易消化的流质食物，数天后逐步恢复正常饮食。

（2）清理胃容物　病初当胃内尚残留有害物质时，可使用催吐剂。如皮下注射盐酸阿扑吗啡 3～5 毫克，或口服吐根末 0.5～3 克。后期有害物质进入肠道时，则应使用泻剂，如灌服麻油 10～20 毫升。

（3）镇静止吐　当病狗呕吐严重有脱水危险时，应给予镇静止吐，可肌内注射盐酸氯丙嗪 1.1～6.6 毫克/（千克·次），或用硫酸阿托品 0.3～1 毫克/次，肌内注射或皮下注射，每日 2 次或 3 次。

（4）健胃止痛　健胃可用稀盐酸 2 毫升，含糖胃蛋白酶 3 克，水200 毫升，分 2 天内服。为了制酸和镇痛可用合成硅酸铝 3～5 克，颠茄浸膏 0.04～0.05 克，淀粉酶 0.6 克，炼乳 1 毫升，分 3 份，每日 3 次内服或混于食物中喂予。

（5）及时补液　当呕吐剧烈时，应及时补液，如 5％葡萄糖溶液、复方氯化钠液静脉注射，如加入维生素 $B_1$、维生素 C，可获良好效果。

### （七）胃内异物

【临床特征】病狗主要是急性或慢性胃炎的症状，长期消化障碍。当异物阻塞于幽门部时，症状更为严重，呈顽固性呕吐，完全拒食，高度口渴，经常改变躺卧地点和位置，表现出痛苦不安，呻吟，甚至嚷叫。有时伴有痉挛和咬癖，病狗高度沉郁。触诊胃部有疼痛感。尖锐的异物可能损伤胃黏膜而引起呕血或发生胃穿孔（根据病史、临床表现和 X 线检查确诊）。

【防治措施】遇多量而大的异物时，可用胃切开手术把异物取出，对于少量而小的异物，可试用阿扑吗啡皮下注射，以促其吐出，或用胃镜取出，也可试用甲基纤维素，每次口服一茶匙，每日 3 次。对出现异嗜的狗及时补给相应的微量元素。

### （八）胃扩张

由于采食过量、干燥和难以消化或容易发酵的饲料，立即剧烈运动或饮用大量冷水而引起。也有的继发于胃扭转、便秘等病。

【临床特征】病狗有明显腹痛表现，号叫不安，迅速发生腹部膨大，病狗嗳气，流涎和呕吐，呼吸浅表，脉搏增数，结膜潮红或发绀，后期多因脱水、自体中毒而导致心力衰竭，使病情恶化。

【防治措施】依据不同的病情，给以适当的治疗。对继发性胃扩张着重治疗原发病。对急性胃扩张病狗，应设法排除胃内气体，插入胃管排气，或用粗针头经腹壁刺入扩张的胃内进行缓慢放气。对过食的狗，可皮下注射阿扑吗啡，促其呕吐，腹痛严重的狗，可皮下注射或肌内注射杜冷丁，用量为 2.5~6.5 毫克/（千克·次）。

因胃扭转或幽门狭窄引起的胃扩张，则于放气后症状不能立即获得显著改善，应进行剖腹术检查，并做整复或肠吻合术。对有脱水症状的病狗，应及时补液，可在静脉注射葡萄糖盐水时，加入氢化可的松，剂量为 5~10 毫克/千克。急性期应禁食 24 小时，3 天内给流质食物。

### （九）肠便秘

因吃的饲料中混有骨头、毛发；环境改变，打乱狗的排便习惯；患肛门胀肿、肛瘘、直肠肿瘤等；肠套叠、肠疝、胃盆骨折、前列腺肥大等情况引起。

【临床特征】排便困难，病狗常试图排粪，但排不出，常因疼痛而吠叫，肠音减弱或停止，持续性呕吐，肛门部指压过敏，在直肠内可触到干燥、坚硬的粪便。

【防治措施】

(1) 对原发性便秘，疏通肠管，促进排粪。可用温肥皂水、甘油或液体石蜡（5～30毫升）灌汤。服用缓泻药，如硫酸钠（或硫酸镁）5～30克，常水200毫升，一次灌服。轻度便秘：内服蜂蜜，也可获良好效果。

（2）对继发性便秘重要治疗原发病，排便畅通后，宜适当运动，合理调配饲料，要给以足够的饮水。

（十）肠炎

采食腐败或污染的食物，或误食了毒饵、刺激性药物、异物等。也有继发于某些传染病、寄生虫病而致的。

【临床特征】以腹泻为重要症状。病初粪便呈液体样，具有恶臭，后期混有黏液、血液和泡沫等。腹部听诊，可听到雷鸣音，腹部紧张，腰背弯曲。炎症波及十二指肠前部或胃时，病狗有轻微或中等发热，若细菌感染时，体温可高达39～39.5℃，病狗可出现脱水或酸中毒的症状。此时，病狗常卧地，皮肤缺乏弹性，眼球下陷，结膜发绀，尿量减少、色暗。

【防治措施】

（1）食饵疗法　应禁食24小时，只给少量饮水，之后可喂给糖盐水米汤（每100毫升米汤中加入食盐1克，多维葡萄糖10克）或给以肉汤、淀粉糊、牛奶、豆浆等，然后逐步变稠，直至完全恢复正常饮食为止。

（2）清理胃肠　应使用缓泻剂如硫酸钠、人工盐适量内服。

（3）消炎止泻　磺胺脒0.1～0.3克/千克，分3次或4次内服；黄连素0.1～0.5克，每日3次内服。抗生素中可选用金霉素、土霉素。对非细菌性肠炎，当积粪已基本排除，粪便已无酸、臭味，但仍剧泻不止的病狗，应给以收敛药物以止泻，如活性炭0.5～2克，鞣酸蛋白0.5～2克，次硝酸铋0.3～1克，每日内服3次。

（4）强心补液　为防止脱水与电解质失调，应给病狗静脉滴注复方氯化钠溶液或5%糖盐水100～1000毫升、5%碳酸氢钠溶液50～100毫升、20%安钠咖5～10毫升、维生素C 100～500毫克，一次量，每日1～2次。也可静脉滴注乳酸复方氯化钠溶液（乳酸1.5毫升，复方氯化钠液500毫升）。

（5）对症治疗　可补给维生素B、维生素C和维生素K，特别是血便的，应补给维生素K。对重金属盐类中毒的病狗，应使用各种特异的解毒剂，一般常用 20％硫代硫酸钠溶液，剂量为 20 毫克/千克，有良好的疗效。心脏衰弱的狗应给以强心剂，如强尔心 1 毫升、安钠咖 1 毫升，皮下注射或肌内注射。

（十一）肠套叠

【临床特征】突然发生剧烈的腹痛，病狗高度不安，卧地打滚，用镇静剂也不能使之安静。病初排稀粪，常混有多量黏膜和血丝，严重时可排出黑红色稀便，后期排粪停止，至发生肠管坏死时，病狗转为安静，腹痛似乎消失，但精神仍然萎顿，出现虚脱症状。当小肠套叠时，常发生呕吐，触摸腹部，有时摸到套叠的肠管如香肠样，压迫该肠段，疼痛明显，如无并发症，体温一般正常，如继发肠炎、肠坏死或腹膜炎时，则体温升高。

【防治措施】少数轻症病狗，进行对症治疗，如镇静、灌肠等能自行恢复。否则，应尽早实施手术整复。

（十二）肝炎

因某些传染病、寄生虫病、胃肠病等经过毒素刺激肝脏而引起。也有的因某些化学有毒药物、农药、霉变食物等作用而引起肝炎。

【临床特征】病狗精神沉郁，食欲减退，体温正常或稍高。有的病狗先表现兴奋，以后转为沉郁，甚至昏迷。可视黏膜出现不同程度的黄染。病狗主要呈现消化不良症状，其特点粪便初干燥，之后腹泻，粪便稀软，味臭，色淡。肝脏肿大，于后肋骨确诊。

【防治措施】

（1）消除病因，主要是治疗原发病，停止应用有损肝脏功能的药物等。

（2）保肝利胆，可用 25％葡萄糖注射液 50～100 毫升，维生素 C 注射液 2 毫升，维生素 $B_1$ 21 毫升，维生素 K 1 毫升，一次静脉注射，每日 1 次。为促进胆汁排泄，可用人工盐或硫酸镁或硫酸钠 10～20 克内服。

（3）增强肝脏解毒功能：可应用谷氨酸，每次内服 0.5～2 克，每日 3 次。

（十三）心肌炎

大多数继发于某些传染病、寄生虫病、中毒病、风湿病及贫血等。

【临床特征】急性心肌炎多以心肌兴奋症状开始，表现为脉搏疾速而充实，心悸亢进，心音增强。病狗稍作运动之后，心跳迅速增数，即使运动停止，仍可持续较长时间。当心肌出现营养不良和变性时，则主要表现心力衰竭的症状，常可听到第二心音显著减弱，多伴收缩期杂间，出现明显的期前收缩，心律不齐。当心脏的代偿适应能力丧失时，则病狗的黏膜发绀，呼吸高度困难，体表静脉怒张，四肢末端、胸腹下水肿。

【防治措施】

（1）加强护理　病狗要安静休息，避免过度兴奋和运动，限制过多饮水。

（2）促进心肌代谢，可用三磷酸腺苷 15～20 毫克，辅酶 A 35～50 国际单位或肌苷 25～50 毫克，肌内注射，每日 1 次或 2 次，或加用细胞色素 C 15～30 毫克，加入 10% 葡萄糖溶液 200 毫升中，静脉注射。

（3）对症治疗　高度呼吸困难时，可行氧气吸入；对尿少而水肿明显的狗，可用利尿药。

（十四）膀胱炎

【临床特征】典型症状是疼痛性频频排尿。病狗频尿，或作排尿姿势，但每次仅排出少量尿液或不断呈滴状排出（尿淋漓），且表现疼痛不安。严重时由于膀胱颈黏膜肿胀或膀胱括约肌痉挛性收缩，可引起尿闭，病狗疼痛不安，呻吟。尿液混浊，间或含有黏膜絮片、脓液絮片和血凝块。慢性膀胱炎的症状与急性相似，但程度较轻，病程较长。根据病史、病因、临床症状和尿沉渣检查可做出诊断（尿沉渣镜检时，见有多量的白细胞、脓细胞、红细胞、膀胱上皮细胞及碎片）。

【防治措施】

（1）改善饲养管理，适当休息，喂以无刺激性、富有营养且易消化的饲料，应适当限制高蛋白质饲料。

（2）用消毒液或收敛药冲洗膀胱，先用导尿管排出膀胱内的尿，用微温盐水反复冲洗后，再用药液冲洗。为了消毒，可用 0.05% 高锰酸钾溶液，0.02% 呋喃西林溶液，0.1% 雷佛奴尔液。为了收敛，可用 1%～3%硼酸溶液、0.5%鞣酸溶液、1%～2%明矾溶液等。严重的膀胱炎在冲洗膀胱后，灌注青霉素 80 万～120 万单位（溶于 50～100 毫升蒸馏水中）于膀胱中，并全身应用青霉素、链霉素或其他抗生素。

（3）可适当应用尿路消毒剂　呋喃坦啶，每次 4.4 毫克/千克，每日内服 3 次。

（4）防止微生物的侵袭和感染　实施导尿术时，应遵守消毒、无菌要求，对其他泌尿器官的疾病应及时治疗，以防蔓延。

（十五）结膜炎

单纯结膜炎是由各种刺激所引起的，如异物、鼻泪管闭塞、药物、外伤等，也可继发于各种传染病的经过中。

【临床特征】本病的症状为结膜充血，羞明，疼痛，流泪，眼角流出分泌物，其性质视结膜炎的病情而异。有的呈浆液性，有的呈黏液性或黏液脓性，有的为脓性分泌物。排出的脓性分泌物常把上下眼睑黏合在一起。有时炎症波及角膜，引起角膜溃疡。

【防治措施】对单纯性结膜炎，可用 2%～3%硼酸水或 0.1%雷佛奴尔溶液清洗患眼，如果渗出物已减少，可用 0.5%～1%硫酸锌溶液滴眼，雷佛奴尔溶液冷敷。疼痛剧烈的可用 2%盐酸可卡因液点眼；对化脓性结膜炎，应在小心清洗患眼后，涂以四环素眼膏、金霉素眼膏等。

（十六）角膜炎

狗的角膜炎通常系由外伤或异物所致。某些传染病和寄生虫病时也可发生。

【临床特征】主要症状是羞明、流泪、疼痛、眼睑闭锁、结膜潮红。外伤所致的则角膜表面粗糙不平，角膜混浊，有的较轻微，只是一层半透明的薄，有的较厚，呈不透明的白膜，因而病狗失明。病程较久的病例，引起角膜周缘充血和新生血管。严重时可引起角膜穿孔。

【防治措施】

（1）控制或预防角膜感染　可在清洗病眼后，涂以低浓度的抗生素眼药水，如 0.5%～1%链霉素、0.5%四环素、0.5%～1%新霉素等，每日点眼 4～6 次，每次 1 滴或 2 滴。严重的可用高浓度眼药水，如 4 万单位/毫升的青霉素，5％链霉素，4 万单位/毫升的多黏菌素，每 0.5 小时点眼 1 次；或涂以抗生素软膏。

（2）促进角膜吸收 可用 1％～2％狄奥宁或 1％白降汞或黄降汞眼膏，或撒布甘汞粉末。

### （十七）外耳炎

引起外耳炎的因素很多，如摩擦、搔抓、异物、寄生虫的寄生，特别是水的浸入是引起外耳炎的常见原因。

【临床特征】初期只见外耳道潮红、微肿、发痒，自耳道流出淡黄色浆液性分泌物，玷污耳下部被毛。患狗表现不安，常摇头晃脑，或磨蹭或搔抓耳朵。随着病情发展，局部肿胀加剧，或出现脓疱，流出棕黑色恶臭的脓性分泌物，常导致耳根部被毛脱落或发生皮炎，病狗听力降低，转为慢性时，则时好时坏，反复发作，并可引起耳道的组织增厚、甚至发生肿瘤，导致耳廓皮肤增厚、耳廓变形和听觉障碍。

【防治措施】急性病狗治疗前，应先以脱脂棉球堵塞外耳道，然后剪去周围的被毛，用生理盐水、0.1％新洁尔灭或 3％过氧化氢液冲洗外耳道。灌入外耳道内的水，可将狗头部向患耳一侧倾斜，以利冲洗液流出，然后取出塞于耳道内的棉球，再用棉球吸干耳道内的液体。用耳镜检查外耳道深部，并用耳科镊子取出深部异物、耳垢或组织碎片，最后用硼酸甘油（1∶2）液或鞣酸甘油（1∶20）液涂擦外耳道，每日涂擦 2 次或 3 次。对化脓性外耳炎，按前述方法清洗后，用抗生素软膏涂擦耳道。严重时，每日冲洗 1 次或 2 次，然后涂软膏。全身症状明显的狗，可用抗生素作全身治疗。对耳壳变形或长瘤状物的病狗，均应施行外引流术。

### （十八）风湿症

风湿症的发病原因尚不清。但目前认为它是一种自体免疫性疾病。风寒、潮湿、阴冷、雨淋、过劳以及咽炎、喉炎、扁桃体炎等都是引起风湿症的诱因。

【临床特征】突然发病，局部红肿，有游走性且反复发作。

（1）肌肉风湿 常发生于肩部、颈部、背腰部和股部的肌群，患病肌群肿胀、疼痛，触摸时肌肉僵硬，可引起运动功能障碍，步态强拘不灵活，但随着运动量的增加和时间的延长，症状有所减轻或消失。从整个病程看，患部具有游走性的特点。病狗体温可升高1～1.5℃，呼吸、脉搏也稍有改变。若全身肌肉风湿，则患狗表现全身肌肉僵直，行走困难，常卧地不起。

（2）关节风湿　发生于活动性大的关节，如肩关节、肘关节、髋关节、膝关节等。患病关节囊及其周围组织水肿，关节外形粗大，触诊时有热、痛感。患狗起卧困难，运动时表现跛行，运步强拘，特别清晨或卧地刚站起时更明显，但随运动量的增加和时间的延长，跛行症状可减轻或消失。

【防治措施】

（1）药物治疗　可应用解热镇痛抗风湿药，如水杨酸钠、阿司匹林等对急性风湿症有一定疗效。其用量是10％水杨酸钠20毫升/次，每日1次。阿司匹林用量为0.2～0.5克/次。甲氯灭酸（抗炎酸）0.1～0.25克/次，内服，每日3次或4次。消痛灵，狗首次内服5毫克/（千克·次），维持量1.2～2.8毫克/（千克·次），每日1次。

（2）加强护理　注意保温，狗舍保持干燥和足够的阳光，勤换垫料，加强户外锻炼，及时消除各种诱因。

（十九）骨折

各种直接或间接的暴力都可引起骨折，此外在佝偻病、骨软症等患病幼狗，即使外力作用不大，也会发生四肢长骨骨折。

【临床特征】骨折的特有症状是：变形、骨折两端移位（如成角移位、纵轴移位、侧方移位、旋转移位等），患肢呈短缩、弯曲、延长等异常姿势。其次是异常活动，如让患肢负重或被动运动时，出现屈曲、旋转等异常活动（但肋骨、椎骨的骨折，异常活动不明显）。在骨断端听到骨摩擦音，此外，尚可能看到出血、肿胀、疼痛和功能障碍等症状。

在开放性骨折时常伴有软组织的重大外伤、出血及骨碎片。此时，病狗全身症状明显，拒食，疼痛不安，有时体温升高。

【防治措施】

（1）紧急救护　在发病地点进行，以防因移动病狗时骨折断端移位或发生严重并发症。紧急救护包括：一是止血，在伤口上方用绷带、布条、绳子等结扎止血，患部涂擦碘酒，创内撒布碘仿磺胺粉；二是对骨折进行临时包扎、固定后，立即送兽医站治疗。

（2）整复　取横卧保定，在局部麻醉下整复。四肢骨折部移位时，可由助手沿肢轴向远端牵引，使移位的骨折部伸直，以便两断端正确复位。

（3）固定　对非开放性骨折的患部做一般性清洁处理，开放性骨折则在一般处理后，创面撒布磺仿磺胺粉，再装着石膏绷带或小夹板固定。固定时，应填以棉花或棉垫，以防摩擦。固定后尽量减少运动，经3～4周后可适当运动，一般经40～60天后可拆绷带和夹板。

（4）全身疗法　可内服接骨药（云南白药等），加喂动物生长素、钙片和鱼肝油等。对开放性骨折患狗，可应用抗生素及破伤风抗毒素，以防感染。

（二十）创伤

创伤有刺创、切创、砍创、撕创和咬创等。

【临床特征】主要症状为出血、疼痛、撕裂及功能障碍。严重的创伤可引起功能障碍，如四肢跛行等。

【防治措施】

（1）新鲜创伤　在进行剪毛、消毒、清洗创伤附近的污物、泥土后，根据受伤的程度，采取相应措施，如小的创伤可直接涂擦碘酒、5％龙胆紫液。创伤面积较大，出血严重及组织受损较重时，首先以压迫法或钳压法或结扎法止血，并修整创缘，切除挫伤的坏死组织，清除创内异物，然后进行必要的缝合等。

（2）陈旧创或感染创　应以3％～5％过氧化氢溶液洗涤，创口周围3～4厘米处剪毛或剃毛。对皮肤消毒后，涂以5％碘酒，然后根据创伤性质及解剖部位进行创伤部分或全部切除，如创缘缝合时，必须留有渗出物排泄口，并装纱布引流，也可装防腐绷带或实行开放治疗。治疗中应根据病狗精神状态作全身治疗。

（二十一）脓肿

主要继发于各种局部损伤，然后又感染了各种化脓菌后形成脓肿。也见于有刺激性的药物，如10％氯化钙、10％氯化钠等。

【临床特征】各个部位的任何组织和器官都可发生，其临床表现基本相似。初期局部肿胀、温度增高，触摸时有痛感，稍坚固，以后逐渐增大变软，有波动感。脓肿成熟时，皮肤变薄，局部被毛脱落，有少量渗出液，不久脓肿破损，流出黄白色、黏稠的脓汁，在脓肿形成时，有的可引起体温升高等全身症状，待脓肿破溃后，体温很快恢复正常。脓肿如处理及时，很快恢复，如处理不及时或不适应，有时能形成经久不愈的瘘管，有的病例甚至引起脓毒血症而死亡。

发生在深层肌肉、肌间及内脏的深在性脓肿，因部位深，波动不明显，但其表层组织常有水肿现象，局部有压痛，全身症状明显和相应器官的功能障碍。

【防治措施】

（1）对初期硬固性肿胀，可涂敷复方醋酸铅、鱼石脂软膏等；或以 0.5％盐酸普鲁卡因 20～30 毫升、青霉素 G 40 万～80 万国际单位在病灶周围封闭，以促进炎症消退。

（2）脓肿出现波动时，应及时切开排脓，冲洗脓肿腔，安装纱布引流或行开放疗法，必要时配合抗生素等全身疗法。

## （二十二）中暑

中暑又称热衰竭，可分为日射病（在强烈的日光照射下，引起脑和脑膜充血和脑实质的急性病变，导致中枢神经系统功能严重障碍现象）和热射病（在高温高湿度而又通风不良环境中，新陈代谢旺盛，产热多，散热少，体内积热，引起中枢神经系统功能紊乱现象）。

【临床特征】

（1）痉挛型　神经兴奋，狂躁不安，意识异常，目光狰恶，眼球突出，神情恐惧。步态不稳，共济失调，突然倒地，肌肉痉挛和抽搐，体温升高，呼吸促迫，瞳孔散大。

（2）衰竭型　精神沉郁，四肢无力，步态踉跄，站立不稳，卧地不起，呈昏迷状态，瞳孔缩小，呼吸浅表，脉搏急速。

（3）热射病型　体温急速增高，反复呕吐，突然晕厥倒地，从嗜睡陷入昏迷，呼吸促迫，节律不齐，口吐白沫或血沫，结膜发绀，终因心脏麻痹而死亡。

【防治措施】原则是防暑降温，镇静安神，强心利尿，缓解酸中毒。将病狗放置于通风凉爽处，冷水浇头，冷盐水灌肠，肌内注射氯丙嗪。强心可用洋地黄、强尔心等，心力衰竭可用尼可刹米，全身治疗可应用复方氯化钠或 5%～10%葡萄糖溶液，如果有肺水肿，立即泻血 100～300 毫升。

### （二十三）母狗不孕症

1.5 岁以上或以往能正常发情交配的母狗，在较长时间内（10～24 个月）不见发情，或发情不正常且屡配不孕的，均可认为是不孕症。其原因有先天性的（如两性畸形、生殖器官发育不全等）、饲养管理不当（如饲料单纯、缺乏某种必需氨基酸、无机盐、维生素等）、母狗过肥过瘦、年老衰弱、感染某些疾病（如布氏杆菌病、结核病、卵巢囊肿、子宫内膜炎）等。

【临床特征】母狗不发情，或发情却屡配不孕，甚至无法交配。

【防治措施】可试用孕马血清、绒毛膜促性腺激素及雌激素进行治疗。用量：孕马血清（精制品每支含 400 国际单位，1000 国际单位，3000 国际单位）狗为 25～200 国际单位/次，皮下注射或肌内注射，每日或隔日 1 次；绒毛膜促性腺激素的用量为 25～300 国际单位/次，肌内注射；己烯雌酚为 0.2～0.5 毫克/次。此外，应改善饲养管理条件。

### （二十四）公狗不育症

公狗不育症是指在交配中不能射精，或排出精液中无精子、为死精、精子畸形，或成活率低等而不能使卵子受精。

【临床特征】公狗无性欲，见发情母狗阴茎也不能勃起（阳痿）或勃起后也不射精。检查精液品质不良。

【防治措施】注意改善饲养管理条件，给以足够的营养物质，以增强体质。要加强体力锻炼，配种要适度，防止过多或过少，对生殖道的疾病要给以适当的治疗；对性欲缺乏的公狗，可内服甲基睾丸素（甲基睾丸酮）10 毫克/次或肌内注射丙酸睾丸素（丙酸睾丸酮）20～50 毫克/次。对治疗无效或年老体衰的公狗，应淘汰不做种用。

<<<<

# 第七章

# 狗场的经营管理

狗场的经营管理就是通过对狗场的人、财、物等生产要素和资源进行合理的配置、组织、使用，以最少的消耗获得尽可能多的产品产出和最大的经济效益。人们常说管理出效益，但许多狗场只重视技术管理而忽视经营管理，只重视饲养技术的掌握而不愿接受经营管理知识，导致经营管理水平低，养殖效益差。狗狗的经营管理包含市场调查、经营预测、经营决策、经营计划制订以及经济核算等内容。

## 第一节　经营管理的概念、意义、内容及步骤

### 一、经营管理的概念

经营是经营者在国家各项法律法规、政策方针的规范指导下，利用自身资金、设备、技术等条件，在追求用最少的人、财、物消耗取得最多的物质产出和最大的经济效益的前提下，合理确定生产方向与经营目标，有效地组织生产、销售等活动。管理是经营者为实现经营目标，如何合理组织各项经济活动，这里不仅包括生产力和生产关系两个方面的问题，还包括经营生产方向、生产计划、生产目标如何落实，以及人、财、物的组织协调等方面的具体问题。经营和管理之间有着密切的联系，有了经营才需要管理；经营目标需要借助于管理才能实现，离开了管理，经营活动就会混乱，甚至中断。经营的使命在于宏观决策，管理的使命在于如何实现经营目标，是为实现经营目标

服务的，两者相辅相成，不能分开。

## 二、经营管理的意义

狗场的经营管理对于狗场的有效管理和生产水平提高具有重要意义。

### 1. 有利于实现决策的科学化

通过对市场的调研和信息的综合分析和预测，可以正确地把握经营方向、规模、狗群结构、生产数量，使产品既符合市场需要，又获得最高的价格，取得最大的利润。否则，把握不好市场，遇上市场价格低谷，即使生产水平再高，生产手段再先进，也可能出现亏损。

### 2. 有利于有效组织产品生产

根据市场和狗场情况，合理制订生产计划，并组织生产计划的落实。根据生产计划科学安排人力、物力、财力和狗群结构、周转、出栏等，不断提高产品产量和质量。

### 3. 有利于充分调动劳动者的积极性

人是第一生产要素。任何优良品种、先进的设备和生产技术都要靠人来饲养、操作和实施。在经营管理上通过明确责任制，制订合理的产品标准和劳动定额，建立合理的奖惩制度和竞争机制并进行严格考核，可以充分调动肉狗场员工的积极因素，使肉狗场员工的聪明才智得以最大限度的发挥。

### 4. 有利于提高生产效益

通过正确的预测、决策和计划，有效的组织产品生产，可以在一定的资源投入基础上生产出最多的适销对路的产品；加强记录管理，不断总结分析，探索、掌握生产和市场规律，提高生产技术水平；根据记录资料，注重进行成本核算和盈利核算，找出影响成本的主要因素，采取措施降低生产成本。产品产量的增加，产品成本的降低，必然会显著提高肉狗养殖效益和生产水平。

## 三、经营管理的内容

肉狗场经营管理的内容比较广泛，包括肉狗场生产经营活动的全过程。其主要内容有：市场调查、分析和营销、经营预测和决策、生产计划的制订和落实、生产技术管理、产品成本和经营成果的分析。

# 第二节　经营预测和决策

## 一、经营预测

预测是决策的前提，要做好产前预测，必须首先开展市场调查。即运用适当的方法，有目的、有计划、系统地搜集、整理和分析市场情况，取得经济信息。调查的内容包括市场需求量、消费群体、产品结构、销售渠道、竞争形式等。调查的方法常用的有访问法、观察法和实践法三种。搞好市场调查是进行市场预测、决策和制订计划的基础，也是搞好生产经营和产品销售的前提条件（详见第一章第二节市场调查分析）。

经营预测就是对未来事件做出的符合客观实际的判断。如市场预测（销售预测）就是在市场调查的基础上，在未来一定时期和一定范围内，对产品的市场供求变化趋势做出估计和判断。市场预测的主要内容包括：市场需求预测、销售量预测、产品寿命周期预测、市场占有率预测等。预测期分为短期和长期两种。预测方法有判断性预测法和数学模型分析预测法。

## 二、经营决策

经营决策就是狗场为了确定远期和近期的经营目标和实现与这些目标有关的一些重大问题作出最优的选择的决断过程。狗场经营决策的内容很多，大至狗场的生产经营方向、经营目标、远景规划，小到规章制度的制订、生产活动的具体安排等，狗场饲养管理人员每时每刻都在决策。决策的正确与否直接影响到经营效果。有时一次重大的决策失误就可能导致狗场的亏损，甚至倒闭。正确的决策是建立在科学预测的基础上的，通过收集大量的有关的经济信息，进行科学预测后，才能进行决策。正确的决策必须遵循一定的决策程序，采用科学的方法。

### （一）决策的程序

#### 1. 提出问题

即确定决策的对象或事件。也就是要决策什么或对什么进行决策。如经营项目选择、经营方向的确定、人力资源的利用以及饲养方式、饲料配方、疾病治疗方案的选择等。

**2. 确定决策目标**

决策目标是指对事件作出决策并付诸行动之后所要达到的预期结果。如经营项目和经营规模的决策目标是一定时期内使销售收入和利润达到多少。狗的饲料配方的决策目标是使单位产品的饲料成本降低到多少、增重率和产品品质达到何种水平。发生疾病时的决策目标是治愈率多高。有了目标，拟定和选择方案就有了依据。

**3. 拟定多种可行方案**

多谋才能善断，只有设计出多种方案，才可能选出最优方案。拟订方案时，要紧紧围绕决策目标，充分发扬民主，大胆设想，尽可能把所有的方案包括无遗，以免漏掉好的方案。如对狗场经营规模的决策的方案有大型、中小型以及庭院饲养等；对经营方向决策的方案有办种狗场、商品狗场等；对饲料配方决策的方案有甲、乙、丙、丁等多个配方；对饲养方式决策的方案有大栏饲养、单栏饲养、地面饲养以及网面饲养等；对狗场的某一种疾病防治可以有药物防治（药物又有多种药物可供选择）、疫苗防治等。

对于复杂问题的决策，方案的拟订通常分两步进行。

（1）轮廓设想　可向有关专家和职工群众分别征集意见。也可采用头脑风暴法（畅谈会法），即组织有关人士座谈，让大家发表各自的见解，但不允许对别人的意见加以评论，以便使大家相互启发、畅所欲言。

（2）可行性论证和精心设计　在轮廓设想的基础上，可召开讨论会或采用特尔斐法，对各种方案进行可行性论证，弃掉不可行的方案。如果确认所有的方案都不可行或只有一种方案可行，就要重新进行设想，或审查调整决策目标。然后对剩下的各种可行方案进行详细设计，确定细节，估算实施结果。

**4. 选择方案**

根据决策目标的要求，运用科学的方法，对各种可行方案进行分析比较，从中选出最优方案。如狗舍建设，有豪华型、经济适用型和简陋型，不同建筑类型投入不同，使用效果也有很大差异。豪华型投入过大，生产成本太高，简陋型投入少，但环境条件差，狗的生产性能不能发挥，生产水平低。而经济适用型投入适中，环境条件基本能够满足肉狗的需要，生产性能也能充分发挥，获得的经济效益好，所以，作为肉狗场来说，应选择建筑经济适用型狗舍。

**5. 贯彻实施与信息反馈**

最优方案选出之后，贯彻落实、组织实施，并在实施过程中进行跟踪检查，发现问题，查明原因，采取措施，加以解决。如果发现客观条件发生了变化，或原方案不完善甚至不正确，就要启用备用方案，或对原方案进行修改。

**（二）常用的决策方法**

经营决策的方法较多，生产中常用的决策方法有下面几种。

**1. 比较分析法**

比较分析法是将不同的方案所反映的经营目标实现程度的指标数值进行对比，从中选出最优方案的一种方法。如对不同品种杂交狗的饲养结果分析，可以选出一个能获得较好经济效益的经济杂交模式进行饲养。

**2. 综合评分法**

综合评分法就是通过选择对不同的决策方案影响都比较大的经济技术指标，根据它们在整个方案中所处的地位和重要性，确定各个指标的权重，把各个方案的指标进行评分，并依据权重进行加权得出总分，以总分的高低选择决策方案的方法。例如在狗场决策中，选择建设狗舍时，往往既要投资效果好，又要设计合理、便于饲养管理，还要有利于防疫等。这类决策，称为多目标决策。但这些目标（即指标）对不同方案的反映有的是一致的，有的是不一致的，采用对比法往往难以提出一个综合的数量概念。为求得一个综合的结果，需要采用综合评分法。

**3. 盈亏平衡分析法**

这种方法又叫量、本、利分析法，是通过揭示产品的产量、成本和盈利之间的数量关系进行决策的一种方法。产品的成本划分为固定成本和变动成本。固定成本如肉狗场的管理费、固定职工的基本工资、折旧费等，不随产品产量的变化而变化；变动成本是随着产销量的变动而变动的，如饲料费、燃料费和其他费。利用成本、价格、产量之间的关系列出总成本的计算公式：

$$PQ = F + QV + PQx$$
$$Q = F/[P(1-x) - V]$$

式中　$F$——某种产品的固定成本；

$x$——单位销售额的税金；

$V$——单位产品的变动成本；

$P$——单位产品的价格；

$Q$——盈亏平衡时的产销量。

如企业计划获利 $R$ 时的产销量 $Q_R$ 为：

$$Q_R = (F+R)/[P(1-x) - V]$$

盈亏平衡公式可以解决如下问题。

（1）规模决策　当产量达不到保本产量，产品销售收入小于产品总成本，就会发生亏损，只有在产量大于保本点条件下，才能盈利，因此保本点是企业生产的临界规模。

（2）价格决策　产品的单位生产成本与产品产量之间存在下面的关系。

$$CA(单位产品生产成本) = F/(Q+V)$$

即随着产量增加，单位产品的生产成本会下降。可依据销售量作出价格决策。

① 在保证利润总额（$R$）不减少的情况下，可依据产量来确定价格。由 $PQ = F + VQ + R$

可知：$P = (F+R)/Q + V$

② 在保证单位产品利润（$r$）不变时，如何依据产销量来确定价格水平。

由 $PQ = F + VQ + R$　　　　$(R = rQ)$

则 $P = F/Q + V + r$

【例1】某狗场，修建狗舍、征地及设备等固定资产总投入 100 万元，计划 10 年收回投资（每年的固定资产折旧为 10.00 万元）；每千克肉狗增重的变动成本为 12.5 元，40 千克体重出栏的市场价格为 20.3 元，购入仔狗体重为 10 千克，求盈亏平衡时的经营规模和计划赢利 20 万元时的经营规模。

**解**：设盈亏平衡时的养殖规模是 $Y$。根据上述题意有：市场价格 $P = 20.3$ 元，变动成本 $V = 12.5$ 元，固定成本 $F = 100$ 万元/10 年 =

10 万元/年，税金 $x=0$，则盈亏平衡时的产销量是：

$Q=F/[P(1-x)-V]=100000÷(20.3-12.5)=12820$ 千克/年

$Y=12820$ 千克$÷40$ 千克$=320$ 只/年

计划赢利 20 万元时的经营规模为：

$Y_1=Q_1÷40$ 千克/只$=[(100000+200000)/(20.3-12.5)]÷40$

$≈962$ 只/年

计算结果显示。该狗场年出栏 40 千克体重肉狗 320 只达到盈亏平衡，要盈利 20 万元需要出栏 962 只肉狗。

**4. 决策树法**

利用树形决策图进行决策的基本步骤如下。

第一步：绘制决策树形图，然后计算期望值。

第二步：剪枝，确定决策方案。

**【例2】** 某狗场计划扩大再生产，一种是改建狗舍，一种是新建狗舍。根据所掌握的材料，经仔细分析，在不同条件状态下的结果估计各方案的收益值如表 7-1，请作出决策！

表 7-1 不同方案在不同状态下的收益值　　单位：万元

| 状态 | 概率 | 新建狗舍 | | 改建狗舍 | |
|------|------|------|------|------|------|
| | | 畅销 0.7 | 滞销 0.3 | 畅销 0.6 | 滞销 0.4 |
| 饲料涨价 | 0.5 | 5 | −3 | 4 | −2 |
| 饲料持平 | 0.3 | 9 | 4 | 12 | 3 |
| 饲料降价 | 0.2 | 15 | 10 | 18 | 5 |

（1）绘制决策树形示意图并填上各种状态下的概率和收益值。如图 7-1。

（2）计算期望值，分别添入各状态点和结果点的框内。

① 扩建狗舍$=[0.7×5+0.3×(-3)]×0.5+(0.7×9+0.3×4)×0.3+(0.7×15+0.3×10)×0.2=6.25$

② 改建狗舍$=[0.7×4+0.3×(-2)]×0.5+(0.7×12+0.3×3)×0.3+(0.7×18+0.3×5)×0.2=6.71$

（3）剪枝　扩建狗舍的期望值小，剪去，剩下期望值大的——改建狗舍。改建狗舍就是最优方案。

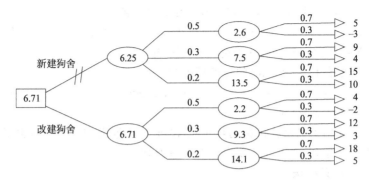

图 7-1　决策树形图

□表示决策点，由它引出的分支叫决策方案枝；○表示状态点，
由它引出的分支叫状态分支，上面标明了这种状态发生的概率；
▷表示结果点，它后面的数字是某种方案在某状态下的收益值

# 第三节　狗场的计划管理

计划是决策的具体化，计划管理是经营管理的重要职能。计划管理就是根据狗场确定的目标，制订各种计划，用以组织协调全部的生产经营活动，达到预期的目的和效果。

狗场生产经营计划是狗场计划体系中的一个核心计划，狗场应制订详尽的生产经营计划。生产经营计划主要有生产计划、基建设备维修计划、饲料供应计划、物质消耗计划、设备更新购置计划、产品销售计划、疫病防治计划、劳务使用计划、财务收支计划、资金筹措计划等。

## 一、交配分娩计划

交配分娩计划是养狗场实现狗的再生产的重要保证，是狗群周转的重要依据。其工作内容是依据狗的自然再生产特点，合理利用狗舍和生产设备，正确确定母狗的配种和分娩期。编制交配分娩计划应考虑气候条件、饲料供应、狗舍、生产设备与用具、市场情况、劳动力情况等因素。

**1. 需要资料**

（1）年初狗群结构。

（2）上年度已配种母狗的头数和时间。

（3）母狗分娩的胎次、每胎的产仔数和仔狗的成活率。

（4）计划年预期淘汰的母狗头数和时间。

**2. 编制**

把去年没有配种的母狗根据实际情况填入计划年的配种栏内；然后把去年配种而今年分娩的母狗填入相应的分娩栏内；再把今年配种后分娩的母狗填入相应的分娩栏内，依次填入至计划年12月份。狗场交配分娩计划见表7-2。

表 7-2　狗场交配分娩计划

| 年度 | 月份/月 | 配种数/只 | 分娩数/只 | 产仔数/只 | 断奶仔狗数/只 |
|---|---|---|---|---|---|
| | | 基础母狗 | 基础母狗 | 基础母狗 | 基础母狗 |
| 上年度 | 11 | | | | |
| | 12 | | | | |
| 本年度 | 1 | | | | |
| | 2 | | | | |
| | 3 | | | | |
| | 4 | | | | |
| | 5 | | | | |
| | 6 | | | | |
| | 7 | | | | |
| | 8 | | | | |
| | 9 | | | | |
| | 10 | | | | |
| | 11 | | | | |
| | 12 | | | | |
| 全年合计 | | | | | |

## 二、狗群周转计划

狗群周转计划是制订其他各项计划的基础，只有制订好周转计划，才能制订饲料计划、产品计划和引种计划。制订狗群周转计划，应综合考虑狗舍、设备、人力、成活率、狗群的淘汰和转群移舍时间、数量等，以保证各狗群的增减和周转能够完成规定的生产任务，又最大限度地降低各种劳动消耗。

**1. 需要材料**

（1）年初结构。

（2）母狗的交配分娩计划。

（3）出售和购入狗的头数。

（4）计划年内种狗的淘汰数和死亡数。

（5）各狗组的转入转出头数。

（6）淘汰率、仔狗成活率以及各月出售的产品比例。

**2. 编制**

根据各种狗的淘汰、选留、出售计划，累计出各月份狗的头数的变化情况，并填入狗群周转计划表。狗场的周转计划表见表 7-3。

表 7-3　狗场的周转计划表

| 项　目 | | 年初结构 | 1 | 2 | 3 | 4 | 5 | 6 | 7 | 8 | 9 | 10 | 11 | 12 | 合计 |
|---|---|---|---|---|---|---|---|---|---|---|---|---|---|---|---|
| 基础公狗/只 | 月初数 | | | | | | | | | | | | | | |
| | 淘汰数 | | | | | | | | | | | | | | |
| | 转入数 | | | | | | | | | | | | | | |
| 后备公狗/只 | 月初数 | | | | | | | | | | | | | | |
| | 淘汰(出售)数 | | | | | | | | | | | | | | |
| | 转出数 | | | | | | | | | | | | | | |
| | 转入数 | | | | | | | | | | | | | | |
| 基础母狗 | 月初数 | | | | | | | | | | | | | | |
| | 淘汰数 | | | | | | | | | | | | | | |
| | 转入数 | | | | | | | | | | | | | | |
| 哺乳仔狗/只 | 0~1月龄 | | | | | | | | | | | | | | |
| | 1~2月龄 | | | | | | | | | | | | | | |
| 后备母狗/只 | 2~3月龄 | | | | | | | | | | | | | | |
| | 3~4月龄 | | | | | | | | | | | | | | |
| | 4~5月龄 | | | | | | | | | | | | | | |
| | 5~6月龄 | | | | | | | | | | | | | | |
| | 6~7月龄 | | | | | | | | | | | | | | |
| | 7~8月龄 | | | | | | | | | | | | | | |
| | 8~9月龄 | | | | | | | | | | | | | | |

续表

| 项　　目 | | 年初结构 | 1 | 2 | 3 | 4 | 5 | 6 | 7 | 8 | 9 | 10 | 11 | 12 | 合计 |
|---|---|---|---|---|---|---|---|---|---|---|---|---|---|---|---|
| 商品肉狗/只 | 2～3月龄 | | | | | | | | | | | | | | |
| | 3～4月龄 | | | | | | | | | | | | | | |
| | 4～5月龄 | | | | | | | | | | | | | | |
| | 5～6月龄 | | | | | | | | | | | | | | |
| | 6～7月龄 | | | | | | | | | | | | | | |
| 月末存栏总数/只 | | | | | | | | | | | | | | | |
| 出售、淘汰总数/只 | 出售断奶仔狗 | | | | | | | | | | | | | | |
| | 出售后备公狗 | | | | | | | | | | | | | | |
| | 出售后备母狗 | | | | | | | | | | | | | | |
| | 出售肉狗 | | | | | | | | | | | | | | |
| | 出售淘汰狗 | | | | | | | | | | | | | | |

## 三、饲料使用计划

饲料使用计划见表7-4。

表 7-4　饲料使用计划

| 项　　目 | | 头数 | 动物性饲料总量/千克 | 植物性饲料总量/千克 | 矿物质饲料总量/千克 | 添加剂饲料总量/千克 | 饲料支出/元 |
|---|---|---|---|---|---|---|---|
| 1月份(31天) | 种公狗 | | | | | | |
| | 种母狗 | | | | | | |
| | 后备狗 | | | | | | |
| | 哺乳仔狗 | | | | | | |
| | 断奶仔狗 | | | | | | |
| | 育成狗 | | | | | | |
| | 肉用狗 | | | | | | |
| 2月份(28天) | 种公狗 | | | | | | |
| | 种母狗 | | | | | | |
| | 后备狗 | | | | | | |

续表

| 项　目 | | 头数 | 动物性饲料总量/千克 | 植物性饲料总量/千克 | 矿物质饲料总量/千克 | 添加剂饲料总量/千克 | 饲料支出/元 |
|---|---|---|---|---|---|---|---|
| 2月份（28天） | 哺乳仔狗 | | | | | | |
| | 断奶仔狗 | | | | | | |
| | 育成狗 | | | | | | |
| | 肉用狗 | | | | | | |
| 全年各类饲料合计 | | | | | | | |
| 全年各类狗群饲料合计 | 种公狗需要量 | | | | | | |
| | 种母狗需要量 | | | | | | |
| | 哺乳仔狗需要量 | | | | | | |
| | 断奶仔狗需要量 | | | | | | |
| | 育成狗需要量 | | | | | | |
| | 肉用狗需要量 | | | | | | |

## 四、产品生产计划

产品生产计划见表7-5。

表 7-5　产品生产计划表

| 狗组 | 年内各月出栏数/头 | | | | | | | | | | | | 总计/只 | 活重/千克 | 总计/千克 |
|---|---|---|---|---|---|---|---|---|---|---|---|---|---|---|---|
| | 1 | 2 | 3 | 4 | 5 | 6 | 7 | 8 | 9 | 10 | 11 | 12 | | | |
| 出售种狗 | | | | | | | | | | | | | | | |
| 肉狗 | | | | | | | | | | | | | | | |
| 淘汰肉狗 | | | | | | | | | | | | | | | |
| 总计 | | | | | | | | | | | | | | | |

## 五、年财务收支计划

年财务收支计划表见表7-6。

表 7-6　年财务收支计划表

| 收入 | | 支出 | | 备注 |
|---|---|---|---|---|
| 项目 | 金额/元 | 项目 | 金额/元 | |
| 仔狗 | | 种（苗）狗费 | | |
| 肉狗 | | 饲料费 | | |
| 淘汰狗 | | 折旧费（建筑、设备） | | |
| 狗产品加工 | | 燃料、药品费 | | |
| 粪肥 | | 基建费 | | |
| 其他 | | 设备购置维修费 | | |
| | | 水电费 | | |
| | | 管理费 | | |
| | | 其他 | | |
| 合计 | | | | |

# 第四节　生产运行过程的经营管理

## 一、制订技术操作规程

技术操作规程是狗场生产中按照科学原理制订的日常作业的技术规范。狗群管理中的各项技术措施和操作等均通过技术操作规程加以贯彻。同时，它也是检验生产的依据。不同饲养阶段的狗群，按其生产周期制订不同的技术操作规程。如空怀母狗群（或妊娠母狗或哺乳母狗或仔狗或育成育肥狗等）技术操作规程。

技术操作规程的主要内容是：对饲养任务提出生产指标，使饲养人员有明确的目标；指出不同饲养阶段狗群的特点及饲养管理要点；按不同的操作内容分段列条、提出切合实际的要求等。

技术操作规程的指标要切合实际，条文要简明具体，易于落实执行。

## 二、制订工作程序

规定各类狗舍每天的工作内容，制订每周的工作程序，使饲养管理人员有规律的完成各项任务。

## 三、制订综合防疫制度

为了保证狗群的健康和安全生产，场内必须制订严格的防疫措施，规定对场内、人员、车辆、场内环境、设备用具等进行及时或定期的消毒，狗舍在空出后的冲洗、消毒，各类狗群的免疫，狗种引进的检疫等。详见第七章第一节疾病综合控制。

## 四、劳动组织

### 1. 生产组织精简高效

生产组织与狗场规模大小有密切关系，规模越大，生产组织就越重要。规模化狗场一般设置有行政、生产技术、供销、财务和生产班组等组织部门，部门设置和人员安排尽量精简，提高直接从事养狗生产的人员比例，最大限度地降低生产成本；中小型狗场虽然没有那么多人员和机构，但也要有很好的安排。

### 2. 人员的合理安排

养狗是一项脏、苦而又专业性强的工作，所以必须根据工作性质来合理安排人员，知人善用，充分调动饲养管理人员的劳动积极性，不断提高专业技术水平。

### 3. 建立健全岗位责任制

岗位责任制规定了狗场每一个人员的工作任务、工作目标和标准。完成者奖励，完不成者被罚，不仅可以保证狗场各项工作顺利完成，而且能够充分调动劳动者的积极性，使生产完成得更好，生产的产品更多，各种消耗更少。

## 五、记录管理

记录管理就是将狗场生产经营活动中的人、财、物等消耗情况及有关事情记录在案，并进行规范、计算和分析。目前许多狗场认识不到记录的重要性，缺乏系统的、原始的记录资料，导致管理者和饲养者对生产经营情况，如各种消耗是多是少、产品成本是高是低、单位产品利润和年总利润多少等都不清楚，更谈不上采取有效措施降低成本，提高效益。

（一）记录管理的作用

**1. 狗场记录反映狗场生产经营活动的状况**

完善的记录可将整个狗场的动态与静态记录无遗。有了详细的狗场记录，管理者和饲养者通过记录不仅可以了解现阶段狗场的生产经营状况，而且可以了解过去狗场的生产经营情况。有利于加强管理，有利于对比分析，有利于进行正确的预测和决策。

**2. 狗场记录是经济核算的基础**

详细的狗场记录包括了各种消耗、狗群的周转及死亡淘汰等变动情况、产品的产出和销售情况、财务的支出和收入情况以及饲养管理情况等，这些都是进行经济核算的基本材料。没有详细的、原始的、全面的狗场记录材料，经济核算也是空谈，甚至会出现虚假的核算。

**3. 狗场记录是提高管理水平和效益的保证**

通过详细的狗场记录，并对记录进行整理、分析和必要的计算，可以不断发现生产和管理中的问题，并采取有效的措施来解决和改善，不断提高管理水平和经济效益。

（二）狗场记录的原则

**1. 及时准确**

及时是根据不同记录要求，在第一时间认真填写，不拖延、不积压，避免出现遗忘和虚假；准确是按照狗场当时的实际情况进行记录，既不夸大，也不缩小，实实在在。特别是一些数据要真实，不能虚构。如果记录不精确，将失去记录的真实可靠性，这样的记录也是毫无价值的。

**2. 简洁完整**

记录工作繁琐就不易持之以恒地去实行。所以设置的各种记录簿册和表格力求简明扼要，通俗易懂，便于记录；完整是记录要全面系统，最好设计成不同的记录册和表格，并且填写完全、工整，易于辨认。

**3. 便于分析**

记录的目的是为了分析狗场生产经营活动的情况，因此在设计表格时，要考虑记录下来的资料便于整理、归类和统计，为了与其他狗场的横向比较和本场过去的纵向比较，还应注意记录内容的可比性和稳定性。

**（三）狗场记录的内容**

记录的内容因狗场的经营方式与所需的资料而有所不同，一般应包括以下内容。

**1. 生产记录**

（1）狗群生产情况记录　狗的品种、饲养数量、饲养日期、死亡淘汰、产品产量等。

（2）饲料记录　将每日不同狗群（或以每栋或栏或群为单位）所消耗的饲料按其种类、数量及单价等记载下来。

（3）劳动记录　记载每天出勤情况、工作时数、工作类别以及完成的工作量、劳动报酬等。

**2. 财务记录**

（1）收支记录　包括出售产品的时间、数量、价格、去向及各项支出情况。

（2）资产记录　固定资产类，包括土地、建筑物、机器设备等的占用和消耗；库存物资类，包括饲料、兽药、在产品、产成品、易耗品、办公用品等的消耗数、库存数量及价值；现金及信用类，包括现金、存款、债券、股票、应付款、应收款等。

**3. 饲养管理记录**

（1）饲养管理程序及操作记录　饲喂程序、光照程序、牛群的周转、环境控制等记录。

（2）疾病防治记录　包括隔离消毒情况、免疫情况、发病情况、诊断及治疗情况、用药情况、驱虫情况等。

**（四）狗场生产记录表格**

除计划管理部分的计划表格外，还应该设置如下记录表格。

**1. 日常生产记录表格**

母狗生产记录表见表7-7。

母狗产仔哺育登记表见表7-8。

### 表 7-7　母狗生产记录表

| 狗号 | | 狗名 | | | 产狗日期 | | 胎次 | | 妊娠天数 | | 公狗号 |
|---|---|---|---|---|---|---|---|---|---|---|---|

| 产仔数 | 特征 | 性别 | 毛色 | 出生体重 | 是否正常 | 第一周体重情况 | | | | | | | 2周体重 | 3周体重 | 4周体重 | 45天体重 |
|---|---|---|---|---|---|---|---|---|---|---|---|---|---|---|---|---|
| | | | | | | 1 | 2 | 3 | 4 | 5 | 6 | 7 | | | | |
| 1 | | | | | | | | | | | | | | | | |
| 2 | | | | | | | | | | | | | | | | |
| 3 | | | | | | | | | | | | | | | | |
| 4 | | | | | | | | | | | | | | | | |
| 5 | | | | | | | | | | | | | | | | |
| 6 | | | | | | | | | | | | | | | | |
| 7 | | | | | | | | | | | | | | | | |
| 8 | | | | | | | | | | | | | | | | |
| 9 | | | | | | | | | | | | | | | | |

| 分娩起止时间 | | 成活数/只 | | | 死亡数/只 | | | 育成数/只 | | | 备注 |
|---|---|---|---|---|---|---|---|---|---|---|---|
| | | 公 | 母 | 计 | 死胎 | 即死 | 其他死亡 | 公 | 母 | 计 | |

### 表 7-8　母狗产仔哺育登记表

狗舍栋号＿＿＿＿＿　　　　　　　　　　　　年＿＿月＿＿日

| 窝号 | 产仔日期 | 母狗号 | 母狗品种 | 与配公狗 | | 交配日期 | 怀孕日期 | 产次 | 产仔数/只 | | | 存活数/只 | | | 死胎数/只 | 备注 |
|---|---|---|---|---|---|---|---|---|---|---|---|---|---|---|---|---|
| | | | | 品种 | 编号 | | | | 公 | 母 | 计 | 公 | 母 | 计 | | |
| | | | | | | | | | | | | | | | | |

负责人＿＿＿＿＿＿＿　　　　　　　　　　　填表人

配种登记表见表 7-9。

### 表 7-9　配种登记表

狗舍栋号＿＿＿＿＿　　　　　　　　　　　　年＿＿月＿＿日

| 母狗号 | 母狗品种 | 与配公狗 | | 第一次配种时间 | 第二次配种时间 | 分娩时间 | 备注 |
|---|---|---|---|---|---|---|---|
| | | 品种 | 编号 | | | | |
| | | | | | | | |
| | | | | | | | |

负责人＿＿＿＿＿＿＿　　　　　　　　　　　填表人

狗只死亡登记表见表7-10。

### 表7-10 狗只死亡登记表

狗舍栋号_____          年____月____日

| 品种 | 编号 | 性别 | 年龄 | 死亡狗只 | | | | 备注 |
|------|------|------|------|----------|------|------|------|------|
| | | | | 只数/只 | 体重/千克 | 时间 | 原因 | |
| | | | | | | | | |

负责人_____          填表人

种狗生长发育记录表见表7-11。

### 表7-11 种狗生长发育记录表

狗舍栋号_____          年____月____日

| 测定时间 | | | 耳号 | 品种 | 性别 | 月龄/月 | 体重/千克 | 胸围/厘米 | 体高/厘米 |
|------|------|------|------|------|------|------|------|------|------|
| 年 | 月 | 日 | | | | | | | |
| | | | | | | | | | |

负责人_____          填表人

### 2. 收支记录表格

收支记录表格见表7-12。

### 表7-12 收支记录表格

| 收入 | | 支出 | | 备注 |
|------|------|------|------|------|
| 项目 | 金额/元 | 项目 | 金额/元 | |
| | | | | |
| | | | | |
| | | | | |
| 合计 | | | | |

### 3. 狗场的报表

为了及时了解狗场生产动态和完成任务的情况，及时总结经验与教训，在狗场内部建立健全各种报表十分重要。各类报表力求简明扼要，格式统一，单位一致，方便记录。常用的报表有以下几种，见表7-13、表7-14。

表 7-13 狗群饲料消耗月报表或日报表

| 领料时间 | 料号 | 栋号 | 饲料消耗/千克 | | | 备注 |
|---|---|---|---|---|---|---|
| | | | 青料 | 精料 | 其他 | |
| | | | | | | |
| | | | | | | |

填表人

表 7-14 狗群变动月报表或日报表

| 群别 | 月初只数/只 | 增加 | | | | 合计 | 减少 | | | | | 合计 | 月末只数/只 | 备注 |
|---|---|---|---|---|---|---|---|---|---|---|---|---|---|---|
| | | 出生 | 调入 | 购入 | 转入 | | 转出 | 调出 | 出售 | 淘汰 | 死亡 | | | |
| 种公狗 | | | | | | | | | | | | | | |
| 种母狗 | | | | | | | | | | | | | | |
| 后备公狗 | | | | | | | | | | | | | | |
| 后备母狗 | | | | | | | | | | | | | | |
| 肉狗 | | | | | | | | | | | | | | |
| 仔狗 | | | | | | | | | | | | | | |

填表人

## （五）狗场记录的分析

通过对狗场的记录进行整理、归类，可以进行分析。分析是通过一系列分析指标的计算来实现的。利用受精率、产仔数、成活率、窝重、增重率、饲料转化率等技术效果指标来分析生产资源的投入和产出产品数量的关系以及分析各种技术的有效性和先进性。利用经济效果指标分析生产单位的经营效果和赢利情况，为狗场的生产提供依据。

# 六、产品销售管理

## （一）销售预测

规模狗场的销售预测是在市场调查的基础上，对产品的趋势做出正确的估计。产品市场是销售预测的基础，市场调查的对象是已经存在的市场情况，而销售预测的对象是尚未形成的市场情况。产品销售预测分为长期预测、中期预测和短期预测。长期预测指 5～10 年的预测；中期预测一般指 2～3 年的预测；短期预测一般为每年内各季度月份的预测，主要用于指导短期生产活动。进行预测时可采用定性预测和定量预测两种方法，定性预测是指对对象未来发展的性质方向进行判断性、经验性的预测，定量预测是通过定量分析对预测对象及其影响因素之间的密切程度进行预测。两种方法各有所长，应从当前实际情况出发，结合使用。狗场的产品虽然只有肉狗和其他副产品，但其产品可以有多种定位，要根据市场需要和销售价格，结合本场情况有目的进行生产，以获得更好效益。

（二）销售决策

影响企业销售规模的因素有两个：一是市场需求；二是狗场的销售能力。市场需求是外因，是狗场外部环境对企业产品销售提供的机会；销售能力是内因，是狗场内部自身可控制的因素。对具有较高市场开发潜力，但目前在市场上占有率低的产品，应加强产品的销售推广宣传工作，尽力扩大市场占有率；对具有较高的市场开发潜力，且在市场有较高占有率的产品应有足够的投资维持市场占有率。但由于其成长期潜力有限，过多投资则无益；对那些市场开发潜力小，市场占有率低的产品，应考虑调整企业产品组合。

（三）销售计划

肉狗产品的销售计划是狗场经营计划的重要组成部分，科学地制订产品销售计划，是做好销售工作的必要条件，也是科学地制订狗场生产经营计划的前提。主要内容包括销售量、销售额、销售费用、销售利润等。制订销售计划的中心问题是要完成企业的销售管理任务，能够在最短的时间内销售产品，争取到理想的价格，及时收回贷款，取得较好的经济效益。

（四）销售形式

销售形式指产品从生产领域进入消费领域，由生产单位传送到消费者手中所经过的途径和采取的购销形式。依据不同服务领域和收购部门经销范围的不同而各有不同，主要包括国家预购、国家订购、外贸流通、狗场自行销售、联合销售、合同销售6种形式。合理的销售形式可以加速产品的传送过程，节约流通费用，减少流通过程的消耗，更好地提高产品的价值。目前，狗场自行销售已经成为主要的渠道，自行销售可直销，销售价格高，但销量有限，也可以选择一些大型的商场或大的消费单位进行销售。

### （五）销售管理

肉狗场销售管理包括销售市场调查、营销策略及计划的制订、促销措施的落实、市场的开拓、产品售后服务等。市场营销需要研究消费者的需求状况及其变化趋势。在保证产品质量并不断提高的前提下，利用各种机会、各种渠道刺激消费、推销产品，做好以下三个方面工作。

**1. 加强宣传、树立品牌**

有了优质产品，还需要加强宣传，将产品推销出去。广告是被市场经济所证实的一种良好的促销手段，应很好地利用。一个好企业，首先必须对企业形象及其产品包装（含有形和无形）进行策划设计，并借助广播电视、报刊等各种媒体做广告宣传，以提高企业及其产品的知名度，在社会上树立起良好的形象，创造产品品牌，从而促进产品的销售。

**2. 加强营销队伍建设**

一是要根据销售服务和劳动定额，合理增加促销人员，加强促销力量，不断扩大促销辐射面，使促销人员无所不及。二是要努力提高促销人员业务素质。促销人员的素质高低直接影响着产品的销售。因此，要经常对促销人员进行业务知识的培训和职业道德、敬业精神的教育，使他们以良好的素质和精神面貌出现在用户面前，为用户提供满意的服务。

**3. 积极做好售后服务**

售后服务是企业争取用户信任，巩固老市场，开拓新市场的关键。因此，种狗场要高度重视，扎实认真地做好此项工作：一是要建立售后服务组织，经常深入用户做好技术咨询服务；二是对出售的种狗等提供防疫、驱虫程序及饲养管理等相关技术资料和服务跟踪卡，规范售后服务，并及时通过用户反馈的信息，改进狗场的工作，加快狗场的发展。

# 第五节　经济核算

## 一、资产核算

### （一）流动资产管理

流动资产是指可以在一年内或者超过一年的一个营业周期内变现

或者运用的资产。流动资产是企业生产经营活动的主要资产。主要包括狗场的现金、存款、应收款及预付款、存货（原材料、在产品、产成品、低值易耗品）等。流动资产周转状况影响到产品的成本。

流动资产管理就是加快流动资产周转，减少流动资产占用量。措施：一是合理安排流动资金。加强采购物资的计划性，防止盲目采购，合理地储备物质，避免积压资金，加强物资的保管，定期对库存物资进行清查，防止鼠害和霉烂变质。二是促进流动资产周转。科学地组织生产过程，采用先进技术，尽可能缩短生产周期，节约使用各种材料和物资，减少在产品资金占用量。及时销售产品，缩短产成品的滞留时间。及时清理债权债务，加速应收款限的回收，减少成品资金和结算资金的占用量。

（二）固定资产管理

固定资产是指使用年限在一年以上，单位价值在规定的标准以上，并且在使用中长期保持其实物形态的各项资产。狗场的固定资产主要包括建筑物、道路、基础狗群以及其他与生产经营有关的设备、器具、工具等。

**1. 固定资产的折旧**

（1）固定资产的折旧　固定资产在长期使用中，在物质上要受到磨损，在价值上要发生损耗。固定资产的损耗分为有形损耗和无形损耗两种。有形损耗是指固定资产由于使用或者由于自然力的作用，使固定资产物质上发生磨损。无形损耗是由于劳动生产率提高和科学技术进步而引起的固定资产价值的损失。固定资产在使用过程中，由于损耗而发生的价值转移，称为折旧，由于固定资产损耗而转移到产品中去的那部分价值叫折旧费或折旧额，用于固定资产的更新改造。

（2）固定资产折旧的计算方法　狗场提取固定资产折旧，一般采用平均年限法和工作量法。

① 平均年限法　它是根据固定资产的使用年限，平均计算各个时期的折旧额，因此也称直线法。其计算公式：

固定资产年折旧额＝[原值－（预计残值－清理费用）]÷固定资产预计使用年限

固定资产年折旧率＝固定资产年折旧额÷固定资产原值×100％＝（1－净残值率）÷折旧年限×100％

②　工作量法　它是按照使用某项固定资产所提供的工作量，计算出单位工作量平均应计提折旧额后，再按各期使用固定资产所实际完成的工作量，计算应计提的折旧额。这种折旧计算方法适用于一些机械等专用设备。其计算公式为：

单位工作量(单位里程或每工作小时)折旧额＝(固定资产原值－预计净残值)÷总工作量(总行驶里程或总工作小时)

**2. 加强固定资产的管理**

(1) 合理配置固定资产　根据轻重缓急，合理购置和建设固定资产，把资金使用在经济效果最大而且在生产上迫切需要的项目上；购置和建造固定资产要量力而行，做到与单位的生产规模和财力相适应；各类固定资产务求配套完备，注意加强设备的通用性和适用性，使固定资产能充分发挥效用。

(2) 加强固定资产管理　建立严格的使用、保养和管理制度，对不需用的固定资产应及时采取措施，以免浪费，注意提高机器设备的时间利用强度和它的生产能力利用程度。

## 二、成本核算

产品的生产过程，同时也是生产的耗费过程。企业要生产产品，就是发生各种生产耗费。生产过程的耗费包括劳动对象（如饲料）的耗费、劳动手段（如生产工具）的耗费以及劳动力的耗费等。企业为生产一定数量和种类的产品而发生的直接材料费（包括直接用于产品生产的原材料、燃料动力费等）、直接人工费用（直接参加产品生产的工人工资以及福利费）和间接制造费用的总和构成产品成本。

产品成本是一项综合性很强的经济指标，它反映了企业的技术实力和整个经营状况。肉狗场的品种是否优良、饲料质量好坏、饲养技术水平高低、固定资产利用的好坏、人工耗费的多少等，都可以通过产品成本反映出来。所以，狗场通过成本和费用核算，可发现成本升降的原因，降低成本费用耗费，提高产品的竞争能力和盈利能力。

### (一) 做好成本核算的基础工作

**1. 建立健全各项原始记录**

原始记录是计算产品成本的依据，直接影响着产品成本计算的准确性。如原始记录不实，就不能正确反映生产耗费和生产成果，就会使成本计算变为"假账真算"，成本核算就失去了意义（饲料、燃料动力的消耗、原材料、低值易耗品的领退、生产工时的耗用、畜禽变动、畜群周转、畜禽死亡淘汰、产出产品等都必须认真如实地登记原始记录）。

**2. 建立健全各项定额管理制度**

狗场要制订各项生产要素的耗费标准（定额）。不管是饲料、燃料动力，还是费用开支、资金占用等，都应制订比较先进、切实可行的定额。定额的制订应建立在先进的基础上，对经过努力仍然达不到的定额标准或不需努力就很容易达到定额标准的定额，要及时进行修订。

**3. 加强财产物质的计量、验收、保管、收发和盘点制度**

财产物资的实物核算是其价值核算的基础。做好各种物资的计量、收集和保管工作，是加强成本管理、正确计算产品成本的前提条件。

（二）狗场成本的构成项目

**1. 饲料费**

饲料费指饲养过程中耗用的自产和外购的混合饲料和各种饲料原料。凡是购入的按买价加运费计算，自产饲料一般按生产成本（含种植成本和加工成本）进行计算。

**2. 劳务费**

从事养狗的生产管理劳动，包括饲养、清粪、防疫、转群、消毒、购物运输等所支付的工资、资金、补贴和福利等。

**3. 母狗摊销费**

饲养过程中应负担的产畜摊销费用。

**4. 医疗费**

医疗费指用于狗群的生物制剂，消毒剂及检疫费、化验费、专家咨询服务费等。但已包含在配合饲料中的药物及添加剂费用不必重复计算。

**5. 固定资产折旧维修费**

固定资产折旧维修费指狗舍、栏具和专用机械设备等固定资产的基本折旧费及修理费。根据狗舍结构和设备质量，使用年限来计损。如是租用土地，应加上租金；土地、狗舍等都是租用的，只计租金，不计折旧。

**6. 燃料动力费**

燃料动力费指饲料加工、狗舍保暖、排风、供水、供气等耗用的燃料和电力费用，这些费用按实际支出的数额计算。

**7. 杂费**

杂费包括低值易耗品费用、保险费、通信费、交通费、搬运费等。

**8. 利息**

利息是指对固定投资及流动资金一年中支付利息的总额。

**9. 税金**

税金指用于养狗生产的土地、建筑设备及生产销售等一年内应交税金。

以上九项构成了狗场生产成本，从构成成本比重来看，饲料费、母狗摊销费、劳务费、固定资产折旧维修费、利息五项价额较大，是成本项目构成的主要部分，应当重点控制。

**（三）成本的计算方法**

成本的计算方法分为分群核算和混群核算。

**1. 分群核算**

分群核算的对象是每种畜的不同类别，如基本狗群、仔狗群、肉狗群等，按畜群的不同类别分别设置生产成本明细账户，分别归集生产费用和计算成本。

（1）仔狗和肉狗群成本计算　主产品是增重，副产品是粪肥和死淘畜的残值收入等。

增重单位成本＝总成本/该群本期增重量＝（全部的饲养费用－副产品价值）÷（该群期末存栏活重＋本期销售和转出活重－期初存栏活重－本期购入和转入活重）

活重单位成本＝（该群期初存栏成本＋本期购入和转入成本＋该群本期饲养费用－副产品价值）÷该群期末活重＝（该群期初存栏成本＋本期购入和转入成本＋该群本期饲养费用－副产品价值）÷[该群期末存栏活重＋本期销售或转出活重（不包括死畜重量）]

（2）基本狗群成本核算　基本畜群包括基本母畜、种公畜和未断奶的仔畜。主产品是断奶仔畜，副产品是畜粪，在产品是未断奶仔畜。基本畜群的总饲养费用包括母畜、公畜、仔畜饲养费用和配种受精费用。本期发生的饲养费用和期初未断乳的仔狗成本应在产成品和期末在产品之间分配，分配办法是活重比例法。

仔狗活重单位成本＝（期初未断乳仔狗成本＋本期基本狗群饲养费用－副产品价值）÷（本期断乳仔狗活重＋期末未断乳仔狗活重）

（3）狗群饲养日成本计算　饲养日成本是指每头狗饲养日平均成本。它是考核饲养费用水平和制订饲养费用计划的重要依据。应按不同的狗群分别计算。

某狗群饲养日成本＝（该狗群本期饲养费用总额-副产品价值）÷该群本期饲养头日数

**2. 混群核算**

混群核算的对象是每类畜禽，如牛、羊、狗、鸡、狗等，按畜禽种类设置生产成本明细账户归集生产费用和计算成本。资料不全的小型狗场常用。

畜禽类别生产总成本＝期初在产品成本（存栏价值）＋购入和调入畜禽价值＋本期饲养费用－期末在产品价值（存栏价值）－出售、自食、转出畜禽价值－副产品价值

单位产品成本＝生产总成本÷产品数量

# 三、赢利核算

赢利是企业在一定时期内的货币表现的最终经营成果，是考核企业生产经营好坏的一个重要经济指标。赢利核算是对狗场的赢利进行观察、记录、计量、计算、分析和比较等工作的总称。所以赢利也称税前利润。

## （一）赢利的核算公式

赢利＝销售产品价值－销售成本＝利润＋税金

## （二）衡量赢利效果的经济指标

### 1. 销售收入利润率

表明产品销售利润在产品销售收入中所占的比重。越高，经营效果越好。

销售收入利润率＝产品销售利润÷产品销售收入×100％

### 2. 销售成本利润率

它是反映生产消耗的经济指标，在畜产品价格、税金不变的情况下，产品成本愈低，销售利润愈多，其愈高。

销售成本利润率＝产品销售利润÷产品销售成本×100％

### 3. 产值利润率

它说明实现百元产值可获得多少利润，用以分析生产增长和利润增长比例关系。

产值利润率＝利润总额÷总产值×100％

### 4. 资金利润率

把利润和占用资金联系起来，反映资金占用效果，具有较大的综合性。

资金利润率＝利润总额÷流动资金和固定资金的平均占用额×100％

【提示】开办狗场获得较好收益需从市场竞争、提高产量和降低生产成本三方面着手。一是生产适销对路的产品。进行市场调查和预测，根据市场变化生产符合市场需求的、质优量多的产品。二是提高资金的利用效率。合理配备各种固定资产，注意适用性、通用性和配套性，减少固定资产的闲置和损毁。加强采购计划制订，及时清理回收债务等。三是提高劳动生产率。购置必要的设备减轻劳动强度。制订合理劳动指标和计酬考核办法，多劳多得，优劳优酬。四是提高产品产量。选择优良品种、创造适宜条件、合理饲喂、应用添加剂、科学管理、加强隔离卫生和消毒等，控制好疾病，促进生产性能的发挥。五是制订好狗场周转计划，保证生产正常进行，一年四季均衡生产。六是降低饲料费用。购买饲料要货比三家，选择质量好、价格低的饲料。利用科学饲养技术、创造适宜的饲养环境、严格细致的观察和管理、制订周密的饲料计划、及时淘汰老弱病残狗等，减少饲料的消耗和浪费。

# 附　　录

## 一、常见的抗菌药物配伍结果

附表 1　常见的抗菌药物配伍结果

| 类别 | 药物 | 禁忌配合的药物 | 变　化 |
|---|---|---|---|
| 抗生素 | 青霉素 | 酸性药液如盐酸氯丙嗪、四环素类的注射液 | 沉淀、分解失效 |
| | | 碱性药液如磺胺药、碳酸氢钠的注射液 | 沉淀、分解失效 |
| | | 高浓度酒精、重金属盐 | 破坏失效 |
| | | 氧化剂如高锰酸钾 | 破坏失效 |
| | | 快效抑菌剂如四环素、氯霉素 | 疗效减低 |
| | 红霉素 | 碱性溶液如磺胺、碳酸氢钠注射液 | 沉淀、析出游离碱 |
| | | 氯化钠、氯化钙 | 混浊、沉淀 |
| | | 林可霉素 | 出现拮抗作用 |
| | 链霉素 | 较强的酸、碱性液 | 破坏、失效 |
| | | 氧化剂、还原剂 | 破坏、失效 |
| | | 利尿酸 | 对肾毒性增大 |
| | | 多黏菌素 E | 骨骼肌松弛 |
| | 多黏菌素 E | 骨骼肌松弛药 | 毒性增强 |
| | | 先锋霉素 I | 毒性增强 |
| | 四环素类抗生素如四环素、土霉素、金霉素、强力霉素 | 中性及碱性溶液如碳酸氢钠注射液 | 分解失效 |
| | | 生物碱沉淀剂 | 沉淀、失效 |
| | | 阳离子(一价、二价或三价离子) | 形成不溶性难吸收的络合物 |
| | 氯霉素 | 铁剂、叶酸、维生素 $B_{12}$ | 抑制红细胞生成 |
| | | 青霉素类抗生素 | 疗效减低 |
| | 先锋霉素 II | 强效利尿药 | 增大对肾脏毒性 |

续表

| 类别 | 药物 | 禁忌配合的药物 | 变　化 |
|---|---|---|---|
| 化学合成抗菌药 | 磺胺类药物 | 酸性药物 | 析出沉淀 |
| | | 普鲁卡因 | 疗效减低或无效 |
| | | 氯化铵 | 增大对肾脏毒性 |
| | 氟喹诺酮类药物如诺氟沙星、环丙沙星、洛美沙星、蒽诺沙星等 | 氯霉素、呋喃类药物 | 疗效减低 |
| | | 金属阳离子 | 形成不溶性难吸收的络合物 |
| | | 强酸性药液或强碱性药液 | 析出沉淀 |
| 消毒防腐药 | 漂白粉 | 酸类 | 分解放出氯 |
| | 酒精 | 氧化剂、无机盐等 | 氧化、沉淀 |
| | 硼酸 | 碱性物质 | 生成硼酸盐 |
| | | 鞣酸 | 疗效减弱 |
| | 碘及其制剂 | 氨水、铵盐类 | 生成爆炸性碘化氮 |
| | | 重金属盐 | 沉淀 |
| | | 生物碱类药物 | 析出生物碱沉淀 |
| | | 淀粉 | 呈蓝色 |
| | | 龙胆紫 | 疗效减弱 |
| | | 挥发油 | 分解失效 |
| | 阳离子表面活性消毒药 | 阴离子活性剂如肥皂类、合成洗涤剂 | 作用相互拮抗 |
| | | 高锰酸钾、碘化物、过氧化物 | 沉淀 |
| | 高锰酸钾 | 氨及其制剂 | 沉淀 |
| | | 甘油、酒精 | 失效 |
| | | 鞣酸、甘油、药用炭 | 研磨时爆炸 |
| | 过氧化氢溶液 | 碘及其制剂、高锰酸钾、碱类、药用炭 | 分解、失效 |
| | 过氧乙酸 | 碱类如氢氧化钠、氨溶液 | 中和失效 |
| | 氨溶液 | 酸及酸性盐 | 中和失效 |
| | | 碘溶液如碘酊 | 生成爆炸性的碘化氮 |

| 类别 | 药物 | 禁忌配合的药物 | 变化 |
|---|---|---|---|
| 抗蛔虫药 | 左旋咪唑 | 碱类药物 | 分解、失效 |
| | 敌百虫 | 碱类、新斯的明、肌松药 | 毒性增强 |
| | 硫双二氯酚 | 乙醇、稀碱液、四氯化碳 | 增强毒性 |
| 抗球虫药 | 氨丙啉 | 维生素 $B_1$ | 疗效减低 |
| | 二甲硫胺 | 维生素 $B_1$ | 疗效减低 |
| | 莫能菌素或盐霉素或马杜霉素或拉沙洛菌素 | 泰秒菌素、竹桃霉素 | 抑制动物生长,甚至中毒死亡 |
| 中枢兴奋药 | 咖啡因(碱) | 盐酸四环素、鞣酸、碘化物 | 析出沉淀 |
| | 尼可刹米 | 碱类 | 水解、沉淀 |
| | 山梗菜碱 | 碱类 | 沉淀 |
| 镇静药 | 氯丙嗪 | 碳酸氢钠、巴比妥类钠盐、氧化剂 | 析山沉淀,变红色 |
| | 溴化钠 | 酸类、氧化剂 | 游离出溴 |
| | | 生物碱类 | 析出沉淀 |
| | 巴比妥钠 | 酸类 | 析出沉淀 |
| | | 氯化铵 | 析出氨、游离出巴比妥酸 |
| 镇痛药 | 吗啡 | 碱类 | 毒性增强 |
| | 盐酸哌替啶(度冷丁) | 巴比妥类 | 析出沉淀 |
| 解热镇痛药 | 阿司匹林 | 碱类药物如碳酸氢钠、氨茶碱、碳酸钠等 | 分解、失效 |
| | 水杨酸钠 | 铁等金属离子制剂 | 氧化、变色 |
| | 安乃近 | 氯丙嗪 | 体温剧降 |
| | 氨基比林 | 氧化剂 | 氧化、失效 |
| 麻醉药与化学保定药 | 水合氯醛 | 碱性溶液、久置、高热 | 分解、失效 |
| | 戊巴比妥钠 | 酸类药液 | 沉淀 |
| | | 高热、久置 | 分解 |
| | 苯巴比妥钠 | 酸类药液 | 沉淀 |

续表

| 类别 | 药物 | 禁忌配合的药物 | 变　化 |
|---|---|---|---|
| 麻醉药与化学保定药 | 普鲁卡因 | 磺胺药、氧化剂 | 疗效减弱或失效、氧化 |
| | 琥珀胆碱 | 水合氯醛、氯丙嗪、普鲁卡因、氨基苷类 | 肌松过度 |
| | 盐酸二甲苯胺噻唑 | 碱类药液 | 沉淀 |
| 自主神经药物 | 硝酸毛果芸香碱 | 碱性药物、鞣质、碘及阳离子表面活性剂 | 沉淀或分解失效 |
| | 硫酸阿托品 | 碱性药物、鞣质、碘及碘化物、硼砂 | 分解或沉淀 |
| | 肾上腺素、去甲肾上腺素 | 碱类、氧化物、碘酊 | 易氧化变棕色、失效 |
| | | 三氯化铁 | 失效 |
| | | 洋地黄制剂 | 引起心律失常 |
| 强心药 | 毒毛旋花子苷 K | 碱性药液如碳酸氢钠、氨茶碱 | 分解、失效 |
| | 洋地黄毒苷 | 钙盐 | 增强洋地黄毒性 |
| | | 钾盐 | 对抗洋地黄作用 |
| | | 酸或碱性药物 | 分解、失效 |
| | | 鞣酸、重金属盐 | 沉淀 |
| 止血药 | 安络血 | 脑垂体后叶素、青霉素 G、盐酸氯丙嗪 | 变色、分解、失效 |
| | 止血敏 | 抗组胺药、抗胆碱药 | 止血作用减弱 |
| | | 磺胺嘧啶钠、盐酸氯丙嗪 | 混浊、沉淀 |
| | 维生素 $K_3$ | 还原剂、碱类药液 | 分解、失效 |
| | | 巴比妥类药物 | 加速维生素 $K_3$ 代谢 |
| 抗凝血药 | 肝素钠 | 酸性药液 | 分解、失效 |
| | | 碳酸氢钠、乳酸钠 | 加强肝素钠抗凝血 |
| | 枸橼酸钠 | 钙制剂如氯化钙、葡萄糖酸钙 | 作用减弱 |
| 抗贫血药 | 硫酸亚铁 | 四环素类药物 | 妨碍吸收 |
| | | 氧化剂 | 氧化变质 |

续表

| 类别 | 药物 | 禁忌配合的药物 | 变　化 |
|---|---|---|---|
| 祛痰药 | 氯化铵 | 碳酸氢钠、碳酸钠等碱性药物 | 分解 |
| | | 磺胺药 | 增强磺胺对肾毒性 |
| | 碘化钾 | 酸类或酸性盐 | 变色游离出碘 |
| 平喘药 | 氨茶碱 | 酸性药液如维生素C,四环素类药物盐酸盐 | 中和反应、析出茶碱 |
| | | 盐酸氯丙嗪 | 沉淀 |
| | 麻黄素(碱) | 肾上腺素、去甲肾上腺素 | 增强毒性 |
| 健胃与助消化药 | 胃蛋白酶 | 强酸、强碱、重金属盐、鞣酸溶液 | 沉淀 |
| | 乳酶生 | 酊剂、抗菌剂、鞣酸蛋白、铋制剂 | 疗效减弱 |
| | 干酵母 | 磺胺类药物 | 疗效减弱 |
| | 稀盐酸 | 有机酸盐如水杨酸钠 | 沉淀 |
| | 人工盐 | 酸性药液 | 中和、疗效减弱 |
| | 胰酶 | 酸性药物如稀盐酸 | 疗效减弱或失效 |
| | 碳酸氢钠 | 酸及酸性盐类 | 中和失效 |
| | | 鞣酸及其含有物 | 分解 |
| | | 生物碱类、镁盐、钙盐 | 沉淀 |
| | | 次硝酸铋 | 疗效减弱 |
| 泻药 | 硫酸钠 | 钙盐、钡盐、铅盐 | 沉淀 |
| | 硫酸镁 | 抗生素如链霉素、卡那霉素、新霉素、庆大霉素 | 增强中枢抑制 |
| 利尿药 | 呋喃苯胺酸(速尿) | 头孢噻啶 | 增强肾毒性 |
| | | 骨骼肌松弛剂 | 骨骼肌松弛加重 |
| 脱水药 | 甘露醇 | 生理盐水或高渗盐水 | 疗效减弱 |
| | 山梨醇 | 生理盐水或高渗盐水 | 疗效减弱 |
| 糖皮质激素 | 盐酸可的松、泼尼松、氢化可的松、泼尼松龙 | 苯巴比妥钠、苯妥英钠 | 代谢加快 |
| | | 强效利尿药 | 排钾增多 |
| | | 水杨酸钠 | 消除加快 |
| | | 降血糖药 | 疗效降低 |

续表

| 类别 | 药物 | 禁忌配合的药物 | 变　化 |
|---|---|---|---|
| 生殖系统药 | 促黄体素 | 抗胆碱药、抗肾上腺素药、抗惊厥药、麻醉药、安定药 | 疗效降低 |
| 影响组织代谢药 | 维生素 $B_1$ | 生物碱、碱 | 沉淀 |
| | | 氧化剂、还原剂 | 分解、失效 |
| | | 氨苄青霉素、头孢菌素Ⅰ和Ⅱ、氯霉素、多黏菌素 | 破坏、失效 |
| | 维生素 $B_2$ | 碱性药液 | 破坏、失效 |
| | | 氨苄青霉素、头孢菌素Ⅰ和Ⅱ、氯霉素、多黏菌素、四环素、金霉素、土霉素、红霉素、新霉素、链霉素、卡那霉素、林可霉素 | 破坏、灭活 |
| | 维生素 C | 氧化剂 | 破坏、失效 |
| | | 碱性药液如氨茶碱 | 氧化、失效 |
| | | 钙制剂溶液 | 沉淀 |
| | | 氨苄青霉素、头孢菌素Ⅰ和Ⅱ、氯霉素、多黏菌素、四环素、金霉素、土霉素、红霉素、新霉素、链霉素、卡那霉素、氯霉素、林可霉素 | 破坏、灭活 |
| | 氯化钙、葡萄糖酸钙 | 碳酸氢钠、碳酸钠溶液 | 沉淀 |
| | | 水杨酸盐、苯甲酸盐溶液 | 沉淀 |
| 解毒药 | 碘解磷定 | 碱性药物 | 水解为氰化物 |
| | 亚甲蓝 | 强碱性药物、氧化剂、还原剂及碘化物 | 破坏、失效 |
| | 亚硝酸钠 | 酸类 | 分解成亚硝酸 |
| | | 碘化物 | 游离出碘 |
| | | 氧化剂、金属盐 | 被还原 |

续表

| 类别 | 药物 | 禁忌配合的药物 | 变　化 |
|------|------|---------------|--------|
| 解毒药 | 硫代硫酸钠 | 酸类 | 分解沉淀 |
|  |  | 氧化剂如亚硝酸钠 | 分解失效 |
|  | 依地酸钙钠 | 铁制剂如硫酸亚铁 | 干扰作用 |

注：氧化剂：漂白粉、双氧水、过氧乙酸、高锰酸钾等。

还原剂：碘化物、硫代硫酸钠、维生素C等。

重金属盐：汞盐、银盐、铁盐、铜盐、锌盐等。

酸类药物：稀盐酸、硼酸、鞣酸、醋酸、乳酸等。

碱类药物：氢氧化钠、碳酸氢钠、氨水等。

生物碱类药物：阿托品、安钠咖、肾上腺素、毛果芸香碱、氨茶碱、普鲁卡因等。

有机酸盐类药物：水杨酸钠、醋酸钾等。

生物碱沉淀剂：氢氧化钾、碘、鞣酸、重金属等。

药液显酸性的药物：氯化钙、葡萄糖、硫酸镁、氯化铵、盐酸、肾上腺素、硫酸阿托品、水合氯醛、盐酸氯丙嗪、盐酸金霉素、盐酸四环素、盐酸普鲁卡因、糖盐水、葡萄糖酸钙注射液等。

药液显碱性的药物：安钠咖、碳酸氢钠、氨茶碱、乳酸钠、磺胺嘧啶钠、乌洛托品等。

# 二、允许使用的饲料添加剂品种目录

附表2　允许使用的饲料添加剂品种目录

| 类　别 | 饲料添加剂名称 |
|--------|----------------|
| 饲料级氨基酸（7种） | L-赖氨酸盐酸盐；DL-蛋氨酸；DL-羟基蛋氨酸；DL-羟基蛋氨酸钙；N-羟甲基蛋氨酸；L-色氨酸；L-苏氨酸 |
| 饲料级维生素（26种） | $\beta$-胡萝卜素；维生素A；维生素A乙酸酯；维生素A棕榈酸酯；维生素$D_3$；维生素E；维生素E乙酸酯；维生素$K_3$（亚硫酸氢钠甲萘醌）；二甲基嘧啶醇亚硫酸甲萘醌；维生素$B_1$（盐酸硫胺）；维生素$B_1$（硝酸硫胺）；维生素$B_2$（核黄素）；维生素$B_6$；烟酸、烟酰胺；D-泛酸钙；DL-泛酸钙；叶酸；维生素$B_{12}$（氰钴胺）；维生素C（L-抗坏血酸）；L-抗坏血酸钙；L-抗坏血酸-2-磷酸酯；D-生物素；氯化胆碱；L-肉碱盐酸盐；肌醇 |
| 饲料级矿物质、微量元素（43种） | 硫酸钠；氯化钠；磷酸二氢钠；磷酸氢二钠；磷酸二氢钾；磷酸氢二钾；碳酸钙；氯化钙；磷酸氢钙；磷酸二氢钙；磷酸三钙；乳酸钙；七水硫酸镁；一水硫酸镁；氧化镁；氯化镁；七水硫酸亚铁；一水硫酸亚铁；三水乳酸亚铁；六水柠檬酸亚铁；富马酸亚铁；甘氨酸铁；蛋氨酸铁；五水硫酸铜；一水硫酸铜；蛋氨酸铜；七水硫酸锌；一水硫酸锌；无水硫酸锌；氯化锌；蛋氨酸锌；一水硫酸锰；氯化锰；碘化钾；碘酸钾；碘酸钙；六水氯化钴；一水氯化钴；亚硒酸钠；酵母铜；酵母铁；酵母锰；酵母硒 |

| 类　别 | 饲料添加剂名称 |
|---|---|
| 饲料级酶制剂 (12类) | 蛋白酶(黑曲霉,枯草芽孢杆菌);淀粉酶(地衣芽孢杆菌,黑曲霉);支链淀粉酶(嗜酸乳杆菌);果胶酶(黑曲霉);脂肪酶;纤维素酶(reesei 木霉);麦芽糖酶(枯草芽孢杆菌);木聚糖酶(insolens 腐质霉);β-葡聚糖酶(枯草芽孢杆菌,黑曲霉);甘露聚糖酶(缓慢芽孢杆菌);植酸酶(黑曲霉,米曲霉);葡萄糖氧化酶(青霉) |
| 饲料级微生物添加剂(12种) | 干酪乳杆菌;植物乳杆菌;粪链球菌;屎链球菌;乳酸片球菌;枯草芽孢杆菌;纳豆芽孢杆菌;嗜酸乳杆菌;乳链球菌;啤酒酵母菌;产朊假丝酵母;沼泽红假单胞菌 |
| 饲料级非蛋白氮(9种) | 尿素;硫酸铵;液氨;磷酸氢二铵;磷酸二氢铵;缩二脲;异丁叉二脲;磷酸脲;羟甲基脲 |
| 抗氧化剂(4种) | 乙氧基喹啉;二丁基羟基甲苯(BHT);丁基羟基茴香醚(BHA);没食子酸丙酯 |
| 防腐剂、电解质、平衡剂(25种) | 甲酸;甲酸钙;甲酸铵;乙酸;双乙酸钠;丙酸;丙酸钙;丙酸钠;丙酸铵;丁酸;乳酸;苯甲酸;苯甲酸钠;山梨酸;山梨酸钠;山梨酸钾;富马酸;柠檬酸;酒石酸;苹果酸;磷酸;氢氧化钠;碳酸氢钠;氯化钾;氢氧化铵 |
| 着色剂(6种) | β-阿朴-8′-胡萝卜素醛;辣椒红;β-阿朴-8′-胡萝卜素乙酯;虾青素;β,β′-胡萝卜素-4,4-二酮(斑蝥黄);叶黄素(万寿菊花提取物) |
| 调味剂、香料[6种(类)] | 糖精钠;谷氨酸钠;5′-肌苷酸二钠;5′-鸟苷酸二钠;血根碱;食品用香料均可作饲料添加剂 |
| 黏结剂、抗结块剂和稳定剂[13种(类)] | 淀粉;海藻酸钠;羧甲基纤维素钠;丙二醇;二氧化硅;硅酸钙;三氧化二铝;蔗糖脂肪酸酯;山梨醇酐脂肪酸酯;甘油脂肪酸酯;硬脂酸钙;聚氧乙烯20山梨醇酐单油酸酯;聚丙烯酸树脂Ⅱ |
| 其他(10种) | 糖萜素;甘露低聚糖;肠膜蛋白素;果寡糖;乙酰氧肟酸;天然类固醇萨洒皂角苷(YUCCA);大蒜素;甜菜碱;聚乙烯聚吡咯烷酮(PVPP);葡萄糖山梨醇 |

# 三、允许作治疗使用，但不得在动物性食品中检出残留的兽药

附表3　允许作治疗使用，但不得在动物性食品中检出残留的兽药

| 药物及其他化合物名称 | 标志残留物 | 动物种类 | 靶组织 |
|---|---|---|---|
| 氯丙嗪 | 氯丙嗪 | 所有食品动物 | 所有可食组织 |
| 地西泮(安定) | 地西泮 | 所有食品动物 | 所有可食组织 |

| 药物及其他化合物名称 | 标志残留物 | 动物种类 | 靶组织 |
|---|---|---|---|
| 地美硝唑 | 地美硝唑 | 所有食品动物 | 所有可食组织 |
| 苯甲酸雌二醇 | 雌二醇 | 所有食品动物 | 所有可食组织 |
| 雌二醇 | 雌二醇 | 猪/鸡 | 可食组织(鸡蛋) |
| 甲硝唑 | 甲硝唑 | 所有食品动物 | 所有可食组 |
| 苯丙酸诺龙 | 诺龙 | 所有食品动物 | 所有可食组织 |
| 丙酸睾酮 | 丙酸睾酮 | 所有食品动物 | 所有可食组织 |
| 赛拉嗪 | 赛拉嗪 | 产奶动物 | 奶 |

# 四、禁止使用，并在动物性食品中不得检出残留的兽药

附表4 禁止使用，并在动物性食品中不得检出残留的兽药

| 药物及其他化合物名称 | 禁用动物 | 靶组织 |
|---|---|---|
| 氯霉素及其盐、酯及制剂 | 所有食品动物 | 所有可食组织 |
| β-兴奋剂类:克仑特罗、沙丁胺醇、西马特罗及其盐、酯 | 所有食品动物 | 所有可食组织 |
| 性激素类:己烯雌酚及其盐、酯及制剂 | 所有食品动物 | 所有可食组织 |
| 氨苯砜 | 所有食品动物 | 所有可食组织 |
| 硝基呋喃类:呋喃唑酮、呋喃它酮、呋喃苯烯酸钠及制剂 | 所有食品动物 | 所有可食组织 |
| 催眠镇静类:安眠酮及制剂 | 所有食品动物 | 所有可食组织 |
| 具有雌激素样作用的物质:玉米赤霉醇、去甲雄三烯醇酮、醋酸甲孕酮及制剂 | 所有食品动物 | 所有可食组织 |
| 硝基化合物:硝基酚钠、硝呋烯腙 | 所有食品动物 | 所有可食组织 |
| 林丹 | 水生食品动物 | 所有可食组织 |
| 毒杀芬(氯化烯) | 所有食品动物 | 所有可食组织 |
| 呋喃丹(克百威) | 所有食品动物 | 所有可食组织 |
| 杀虫脒(克死螨) | 所有食品动物 | 所有可食组织 |
| 双甲脒 | 所有食品动物 | 所有可食组织 |

续表

| 药物及其他化合物名称 | 禁用动物 | 靶组织 |
|---|---|---|
| 酒石酸锑钾 | 所有食品动物 | 所有可食组织 |
| 孔雀石绿 | 所有食品动物 | 所有可食组织 |
| 锥虫砷胺 | 所有食品动物 | 所有可食组织 |
| 五氯酚酸钠 | 所有食品动物 | 所有可食组织 |
| 各种汞制剂:氯化亚汞(甘汞)、硝酸亚汞、醋酸汞、吡啶基醋酸汞 | 所有食品动物 | 所有可食组织 |
| 雌激素类:甲基睾丸酮、苯甲酸雌二醇及其盐、酯及制剂 | 所有食品动物 | 所有可食组织 |
| 洛硝达唑 | 所有食品动物 | 所有可食组织 |
| 群勃龙 | 所有食品动物 | 所有可食组织 |

注:食品动物是指各种供人食用或其产品供人食用的动物。

# 参 考 文 献

[1] 胡功政主编. 新全实用兽药手册. 郑州：河南科学技术出版社，2008.
[2] 赵兴绪主编. 畜禽疾病处方指南. 第 2 版. 北京：金盾出版社，2011.
[3] 金笑梅主编. 兽医手册（修订版）. 上海：上海科技出版社，2010.
[4] 胡功政主编. 狗猫常用药物手册. 北京：中国农业科技出版社，2000.
[5] 魏刚才主编. 养殖场消毒指南. 北京：化学工业出版社，2011.
[6] 王克振主编. 肉狗饲养及疾病防治新技术. 长沙：湖南科学技术出版社，2008.
[7] 孙好勤主编. 肉用狗养殖技术手册. 北京：中国农业出版社，2000.
[8] 李德远主编. 肉狗养殖技术图说. 郑州：河南科学技术出版社，2001.
[9] 魏刚才主编. 肉狗养殖技术一本通. 北京：化学工业出版社，2011.